U0159975

SKYLINE
天 际 线

望远　知新

前往世界彼端的旅程

DAVID
ATTENBOROUGH

Journeys
to the
Other Side
of the
World

[英国] 大卫·爱登堡 著

曾毅 译

张劲硕 审校

译林出版社

图书在版编目（CIP）数据

前往世界彼端的旅程 ／ （英）大卫·爱登堡
（David Attenborough）著；曾毅译．—南京：译林出
版社，2024.8
（"天际线"丛书）
书名原文：Journeys to the Other Side of the World
ISBN 978-7-5753-0104-6

Ⅰ.①前… Ⅱ.①大… ②曾… Ⅲ.①自然科学－普
及读物 Ⅳ.①N49

中国国家版本馆 CIP 数据核字（2024）第 063265 号

著作权合同登记号　图字：10-2019-414 号

前往世界彼端的旅程　[英国] 大卫·爱登堡／著　曾　毅／译　张劲硕／审校

责任编辑　杨雅婷　杨欣露　田　智
装帧设计　韦　枫
校　　对　戴小娥
责任印制　董　虎

原文出版　Two Roads, 2018
出版发行　译林出版社
地　　址　南京市湖南路 1 号 A 楼
邮　　箱　yilin@yilin.com
网　　址　www.yilin.com
市场热线　025-86633278
排　　版　南京展望文化发展有限公司
印　　刷　苏州市越洋印刷有限公司
开　　本　890 毫米 × 1240 毫米　1/32
印　　张　14.875
插　　页　12
版　　次　2024 年 8 月第 1 版
印　　次　2024 年 8 月第 1 次印刷
书　　号　ISBN 978-7-5753-0104-6
定　　价　98.00 元

目　录

序言

　　从 1954 年到 1964 年的十年中，每一年我都有幸前往热带拍摄自然历史题材的影片。起初，我们的探险由 BBC（英国广播公司）电视台和伦敦动物园共同组织，目的不仅在于拍摄动物，也在于捕

捉搜集。因此，系列节目被总体命名为《动物园探奇》(Zoo Quest)。令人遗憾的是，园方代表杰克·莱斯特因病未能参加第三次旅行。此后，伦敦动物园的参与就减少了，只负责接收我们这些电视台工作人员带回的动物。这样一来，我们在荒野中的首要任务就成了拍摄动物，而非捕捉它们。随着时间的变化，我们的兴趣有所扩大，我们在旅途中遇到的土著部落在影片中的地位变得越来越重要。这时，整个系列似乎就不太应该被叫作《动物园探奇》了。我讲述这些旅程的前三卷书在1980年首次再版，内容稍有删减。2017年，它们得以第二次再版。这一次多了一些修订，书名也变成了《一位年轻博物学家的探险》。本书则是后续的三卷，内容同样稍有修订。

从我们结束最后一次旅程到现在，时间已经过去了六十多年。毫不意外，世界已经发生了巨大变化。新几内亚岛的东半部当时还由澳大利亚管辖，如今已经独立为巴布亚新几内亚。我们对吉米河谷的探索当时才刚刚开始，如今那里已经有了公路，还有了自己的国民议会议员。我们拜访汤加时，那里的统治者还是萨洛特女王。她去世于1965年。王储继位后成为国王陶法阿豪·图普四世，而乔治·图普五世又继承了他的王位。新赫布里底群岛一度拥有一个奇特的殖民管理机构，由英国和法国共治，如今则成了独立国家瓦努阿图。澳大利亚小镇达尔文如今已是一座城市。努尔兰吉周边地区已经成为卡卡杜国家公园，有了符合其地位的旅馆和公路。在我们拜访时，这里的野外还生活着大量水牛。如今，为了让这里神奇而脆弱的生态系统回归到接近其原始状态，这些水牛已被消灭殆尽。

在马达加斯加捕捉蟒蛇

我们是世界上第一批拍摄努尔兰吉岩画的人。今天，这些岩画已经世界闻名，出现在澳大利亚的邮票上。艺术家马加尼曾向我们无私呈现自己的绘画过程，如今他的树皮画已经是澳大利亚国家画廊的藏品。当年在延杜穆的岩石上作画的人们也有了艺术继承者：他们用的是真正的现代颜料；他们的油画作品价值高达数十万乃至上百万美元。为了避免伤害当代原住民的感情，本书对原版中原住民仪式活动的细节描述有所删节。

　　毋庸赘言，和当年相比，电视技术已经变得让人认不出来了。录音机不再使用磁带，也不再因为热带的烈日而罢工。摄像机不再是我们当年使用的庞然大物，而是电子化了，变得小巧玲珑，也不需要用特制的垫子包裹隔音。此外，今天的摄像机还可以立刻回放画面，让我们无须等上几个月才能知道是否拍到了自己想要的东西。

尽管如此，我仍然大体保留了我原来对这些地方和事件的描述。

大卫·爱登堡

2018 年 5 月

第一卷

太平洋上

第一章　瓦基河谷

完成世界第一次环球航行之后，"维多利亚"号于 1522 年 9 月 6 日抵达西班牙。在它带来的珍异之物中，有五张鸟皮。这些鸟的羽毛——尤其是那些从身体两侧伸出、薄如轻纱的饰羽——有着无与伦比的华美光彩，异于世人所曾见。其中两张皮是摩鹿加群岛中的巴占岛国王交给远征队司令麦哲伦的，作为赠予西班牙国王的礼物。远征队的记事官皮加费塔 * 记载了这件礼物，并留下了这样的描述："这些鸟大小如鸫，有着小脑袋和长喙，腿像笔一样纤细，长约一拃。它们没有翅膀，却长着如同饰羽般的多彩长羽。它们的尾部与鸫相似。只有在起风时，它们才会飞翔。他们告诉我们这些鸟来自地上天堂，并称它们为 *bolon dinata*，意思是'神鸟'。"

---

* 即安东尼奥·皮加费塔（Antonio Pigafetta），麦哲伦船队的幸存者之一。本书原文写作 Pigafetti。——译注

由此，这些美丽的动物便被称为"极乐鸟"，也成为有据可查的第一批来到欧洲的标本。皮加费塔关于它们的记录并不怎么令人惊异。毫无疑问，土著剥皮匠为了突出饰羽的华美，切掉了这些鸟儿的翅膀。然而，它们令人屏息的美丽、极度的罕见，以及它们与"地上天堂"的联系，让这些鸟儿笼上了一层神秘与魔幻的光环。很快，种种关于它们的故事就出现了，神奇程度堪比它们的美丽。七十年后，约翰内斯·惠更·范·林斯霍腾*在描述自己的摩鹿加群岛之旅时这样写道："只有在这些海岛上，才能找到被葡萄牙人称为 passeros de sol（意思是'太阳鸟'）的鸟类；意大利人称它们为 Manu codiatas；说拉丁语的人称它们为 Paradiseas；我们则称它们为极乐鸟，因为它们的羽毛之华美胜过其他一切鸟类。没有人见过活着的极乐鸟，但它们死后会落在岛上：正如传说中那样，它们总是向着太阳飞翔，总是待在空中，从不落地，因为它们既没有脚，也没有翅膀，只有头和躯干，大多数还有一条尾巴。"

林斯霍腾关于极乐鸟没有腿的记述很好解释，因为直到今天，当地人仍然会沿袭传统，切掉它们的腿，以简化剥皮的工作。至于皮加费塔曾经提到极乐鸟有腿的事，要么是被林斯霍腾故意忘掉了，要么是后世某些作者急于维护关于这些鸟儿的故事的浪漫性，刻意将之否定。然而，在一位心思缜密的博物学家眼里，林斯霍腾对极乐鸟的生存方式的描述带来了一大堆问题。如果这些鸟总是在飞翔，

---

* Johannes Huygen van Linschoten（1563—1611），文艺复兴时期的荷兰探险家。——译注

它们如何筑巢，如何孵蛋，又以何物为食？人们很快编出了各种答案，每一个都和理性风马牛不相及，正与它们想要理性化的那些想象一样。

一位作者描述道："雄鸟的背部有一个凹坑，用来放置雌鸟所产的蛋，而雌鸟的腹部也有凹陷。有了这两处凹坑，雌鸟可以坐在蛋上将之孵化。"另一位作者先是解释说这些永远飞翔不落的鸟仅以

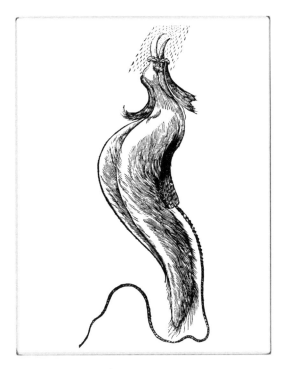

阿尔德罗万杜斯*所绘的极乐鸟插图（1599 年）

---

* Aldrovandus，即 Ulisse Aldrovandi（1522—1605），文艺复兴时期意大利的博物学家和医生。——译注

露水和空气为食，接着又补充说它们并没有肠胃，因为肠胃对如此特异的进食者毫无用处，填满它们腹腔的是脂肪。第三位作者想要让这些鸟没有脚的说法变得更加可信，同时又留意到某些品种的饰羽中还有一对对卷曲的飞羽，便这样写道："它们并不在地上栖息，而是靠身上的一束束羽毛把自己挂在树枝上，像飞蝇或是缥缈的精灵。"

即便在第一批鸟皮来到欧洲两百年之后，这种鸟的故乡"地上天堂"仍不为人所知。直到 18 世纪，人们才发现它们生活在新几内亚及其周边海岛上。欧洲的博物学家第一次在其自然栖息地看到了活生生的极乐鸟，曾经围绕它们的大多数神话随之破灭。不过，从皮加费塔时代开始就笼罩着极乐鸟的那种浪漫氛围从未被人们完全遗忘。当伟大的瑞典博物学家卡尔·林奈为最可能被皮加费塔描述过的那种鸟赋予学名时，他将它们称为 *Paradisea apoda*（大极乐鸟），意思是"无腿极乐鸟"。

然而，过去两百年来的科学发现也向我们表明，关于极乐鸟的真相和那些早期传说同样神奇，因为它们拥有整个鸟类世界中最为灿烂、最不可思议的羽饰。如今得到鉴定的极乐鸟已有五十多种，形态和大小各不相同。其中一些的翅膀之下生有如流瀑一般的金丝饰羽，"无腿极乐鸟"即是一例。一些种类胸前覆盖着厚厚的彩虹色羽毛。一些种类有着光彩照人的长尾，另一些的尾巴上则只有短短的翎毛。威氏极乐鸟头顶光秃，露出亮蓝色的头皮；萨克森极乐鸟头上长着两根双倍于其体长的饰羽，每一根上都覆着一片片浅珠蓝色，宛如瓷釉。极乐鸟中体型最大的有乌鸦大小，最小的，如红色的王极乐鸟，只比欧亚鸲稍大一点。事实上，各种极乐鸟之间的相似点仅仅在于：它们的羽衣都华美得不可思议，它们也都痴迷于狂欢一般的求偶之舞，并在起舞时向外表平平无奇的雌鸟展示它们灿烂的饰羽。

为了目睹如此美丽而浪漫的生灵，当然值得远赴重洋，这也是我多年来挥之不去的念头。此前伦敦动物园已有数年没有展出过极乐鸟，而到了我考虑去探寻它们的时候，动物园里连一只也没有了。此外，展现野生极乐鸟如何表演炫示之舞的影片还从未上映过——至少在英国是如此。我做出了决定，要到新几内亚去，尝试拍摄它们，也争取能把几只活体带回伦敦。

新几内亚幅员辽阔，是世界上最大的非大陆岛，从一端到另一端有 1 000 多英里 * 长。一连串脊状山脉横贯全岛，高度堪比阿尔卑斯山。山地的高坡上覆盖的不是雪原和冰川，而是由巨树组成的森林，树上垂挂着湿漉漉的苔藓。这些山脊之间是丛林密布的巨壑深谷，其中许多几乎从来无人涉足。在靠近海岸的地带，是大片蚊虫滋生的沼泽，面积广达数百平方英里 **。

政治版图上，这座岛被分为接近相等的两半。在我们踏上旅程时，岛的西半部由荷兰管辖，东半部则由澳大利亚管辖。在这片最后的殖民地上，接近全岛中心的位置，有一条位于高地上的山谷。

谷中有一处名为农度格尔的小定居点。澳大利亚富翁及慈善家爱德华·哈尔斯特罗姆爵士在此建立了一座实验性的农场和动物基地。他修起巨大的鸟舍，其中容纳的极乐鸟数量比全世界所有动物园的加起来还要多。最伟大的动物收藏家之一，同时也是极乐鸟专家的弗雷德·肖·迈尔就住在这里。因此，只要能得到许可，农度格尔就是我们最佳的拜访目的地。

爱德华爵士多年来一直与伦敦动物园保持着友谊，也是它的赞助者。当我给他写信提到我们的大胆想法时，他在回信中建议我们把他的基地作为大本营，开展为期四个月的探险。

此前查尔斯·拉古斯和我已经在热带开展过三次动物搜集和拍摄之旅。当我们坐在机舱里，一路向东，朝向第四次旅程进发时，我们两人都沉浸在焦虑中——每一次新旅程开始时，这样的焦虑都会让我们不安。他在心中默默清点自己的摄像器材，担心把什么要紧的设备落在了家里。我则使劲想象我们在抵达农度格尔之前必定会遭遇的各种官僚主义障碍，总想要确认我们对大多数障碍已经有所预期，有所准备。

我们在三天内赶到澳大利亚，然后从悉尼向北飞往新几内亚。在新几内亚岛东北部海边的莱城，我们离开了舒适的四引擎飞机，改乘一架不那么豪华的航班。它每周飞往中央高地的瓦基河谷，给那里运送给养。

我们坐在像架子一样的铝制座椅上。这些座椅沿着机舱一侧排放，占据了一半长度。我们前方是一堆长长的货物，从舱头一直排到舱尾，上面捆着绳子，固定在地板上的系环上。货物中有邮袋、扶手椅、庞大的铸铁柴油机零件、装满刚出生小鸡的纸板箱、许多长条面包。除此之外，还有我们的十六件行李和设备。

同舱旅客是七名半裸身体的巴布亚人。他们的坐姿僵硬而紧张，嘴唇抿得紧紧，表情毫无变化，眼睛死死盯着堆放在他们前方近处的货物，却仿佛什么都没看见。他们中至少有好几个人是第一次坐飞机。在起飞前，我还不得不教他们学会系安全带。他们的皮肤也闪闪发光，因为上面全是细小的汗珠。

雨水拍打着窄小的机窗，但声音却被引擎的轰鸣淹没。窗外除了灰蒙蒙的一片，我什么都看不见。随着我们越飞越高，越过那些看不见的群山，飞机不断颠簸震颤。气温很低，让我微微发抖。我的皮肤却仍然黏湿，那是因为莱城的闷热天气带来的汗水。

飞机不断爬升，直到窗外的灰色云层开始解体，变成一缕缕飘飞涌动的雾气。突然，机舱变得一片通明，仿佛有人打开了一盏电灯。我向窗外看去，正看到飞机那震颤的光滑机翼上闪烁的阳光。几英里之外是一座座暗色的山峰，如同凝固的云浪之上浮出的小岛。我们下方的白色云毯上很快有了一道道裂缝，每一道都像是一块虚幻的奇异图案，时而呈现某条银色河流的拐弯，时而呈现几座小小的茅屋，但大多数时候都只是细节不明的绿色灯芯绒纹样。这些裂口让我们得以窥见下方大地，并且变得越来越大，越来越多，最后连成一片，成为一幅连贯的图画：那是一道道山脊陡峭如锋的山脉，此起彼伏。有的山上覆盖着密林，有的则是光秃秃的，只有些驼黄色的草甸。一座又一座山峰从我们下方掠过，直到突然变得低矮。此时我们已经不再飞翔于蛮荒的崇山峻岭之上，而是在沿着一道宽广的绿色山谷飞行。这便是瓦基河谷了。

地面上间或有些区域已被清理出来，用作飞机跑道。其中一处就是农度格尔的实验农场。我们的飞机降低高度，从基地的建筑物上方掠过。一条细细的红线连接跑道和房舍，将地面风物一分为二。一辆小小的卡车从其中一座棚屋驶出，沿着这条红线缓缓移动。飞机在颠簸中降落。当我和查尔斯动作僵硬地从机舱爬出时，那辆卡车正从弯道转过来，驶上青草覆盖的跑道，最后在吱嘎的刹车声中停在机翼之下。两个男人从车上跳下，其中一个身体粗壮，肌肉发达，头戴满是汗渍的宽边帽，身穿卡其布工装裤，自我介绍说是基地的经理弗兰克·彭博-史密斯。另一个人年纪更大，身材更瘦，正是弗雷德·肖·迈尔。

我们一起把货物从飞机上卸下。弗兰克发现他的农场机械需要的一些零件不在其中，小声咒骂了几句，又和飞行员闲聊了几分钟。随后飞机再次发动引擎，在轰鸣中沿着跑道离开，升上天空，飞向下一站。从此地到那里的飞行时间只有四分钟。弗兰克安排基地的巴布亚帮工把我们的设备装入在附近等候的一辆拖拉机的拖车，然后用卡车载上我们，如旋风一般离开，去他家里和他妻子见面并用茶。

我们坐在他整洁的客厅中，吃着松饼。我能看到屋外站着一个身材高大、半裸身体、蓄着大胡子的男子，纹丝不动，令人惊骇。此人棕色的胳膊和多毛的胸膛被煤烟涂黑，面孔上涂着红、黄、绿色的彩点和彩条；腰上围一条由纤维织成的宽大硬腰带；腰带前方有一条窄长的毛绒织料，直垂到小腿；身后扎一丛浓密的树叶，仿佛裙撑。他全身密密地披挂着珠贝制成的饰物：一根细索系在腰部，上面垂下的小挂件围成腰带形状；一大块珍珠色的胸甲用绳子悬在脖子上；一条宽大的弯月形贝壳环绕他的下颌，将他的胡须遮住一部分；此外，他的鼻中隔上打了孔，穿着一条细细的、从珠贝边缘裁下的弯镰。然而，他身上最炫目、最华丽的私人饰物，既不是那些珠贝，也不是油彩，而是那顶巨大的羽毛头饰。头饰上有着来自五个不同物种的至少三十只极乐鸟的饰羽。这些神奇羽毛的颜色有宝石红、翠绿、紫黑，还有瓷蓝，组成了一顶不可思议的辉煌冠冕。

这样的华贵因为他身处的环境而更显惊人，因为他正站在一片新剪过的草坪上，背景是一处网球场的边网。停在他身边的，是一辆亮红色的拖拉机。我发现自己盯着他的样子就像是在看着一件马戏团的展品或是一处旅游景点。然而，当我抬高目光，望向后方的莽莽群山时，变得突兀刺眼的，反而是网球场、拖拉机，还有我喝茶所用的瓷杯。我才是那个身处马戏中的人，而屋外那个男人，以及他身后森林中的千千万万同胞，才是观众。

留意到我的注视，弗兰克开口了："那是本地人的酋长，也就是

luluai，名叫加莱，是本地最富有、最友好的人中的一位。我告诉他说你们两人会来寻找极乐鸟。我猜他在这里等待，是想成为第一个接触你们的人，免得错过贸易的机会。"

用完茶，我们走出门去见他。他热情地和我们握手，却带着一种莫可名状的笨拙，像是一个对这种礼节并不熟悉的人。他咧嘴而笑，露出一排巨大而洁白的完美牙齿。

"夏午好 *。"他说。

"夏午好。"我回答道，很高兴能用上几乎是我所知的唯一一个巴布亚皮钦英语单词。不幸的是，我没法再多说一个字，因为说巴布亚皮钦语并非在每个普通英语单词后面加上一个 um 或 ee 那样简单。那是一种独立的语言，有自己的句式、语法和词汇。这种语言的产生不算太早，在很大程度上由新几内亚人自己创造出来，以方便交流，进而达成贸易。依赖这种语言的交流和贸易不仅发生在他们与白种外国人之间，也发生在他们彼此之间，因为新几内亚岛内有数以百计的土著语言。

巴布亚皮钦英语的词汇有多种源头。一部分来自马来语，如 *susu*（牛奶）和 *binatang*——后者是我一年前在印度尼西亚学到的，原义是"动物"，但在这里它的含义更为狭窄，仅指"昆虫"。因为新几内亚的这片地区曾是德国殖民地，所以其中也有来自德语的单

---

* Arpi-noon，系英语"下午好"（Good afternoon）变化而来。此处译文改作同音字以体现巴布亚皮钦语与英语的差异。皮钦语（pidgin）一词指操不同语言的群体为相互沟通而发展出的混杂语言，常有几种源语言，语法和词汇通常较为简单。本书译文中，凡涉及皮钦语或不同口音的直接引语，译文风格和选字都有所变化，尽量保留原文词序，以体现对话中的语言差异。下文不再重复说明。——译注

词，例如表示"空出"的 *raus*，仍然常被用来指"先令"的 *mark*（马克），还有像是从 *kapitan* 变化而来、如今指"政府官员"的 kiap。这种语言里当然还有许多美拉尼西亚语单词，但其词汇的主体还是源于英语。在从一种语言向另一种语言转化的过程中，这些单词中有许多发生了融合，其辅音也变得软化，以适合本地人的发音。因此，当这些单词以其正规拼写形式出现时，我们需要一些想象力才能猜到其源头，例如 *kisim* 来自 give him（给他），*pluwa* 来自 the floor（地板），*solwara* 来自 the sea（大海），*motaka* 则源于 a car（一辆汽车）。这样的拼写有时会令人十分困惑，因此，在此地的皮钦英语对话中，我采用了一种不那么精确但更容易理解的版本。在这种语言中，有的单词有了全新的含义：*stop* 不再指"停止"，而是"在场"，而 *fella*（家伙）则变成许多单词的后缀，用来表示某种实体。有的表达法的含义也面目全非，因此随意的自由发挥万万不可取，它很可能会让你的言辞显得十分粗鲁，表达你完全没想到的意思。

弗兰克也将我们来到农度格尔的缘由告诉了加莱。

"你瞅，"他说道，"这俩先生会在农度格尔待上很久，想要找到各种鸟，各种虫子。加莱，你知道全是鸟的地方，你要带他们找到这地方，然后先生们会给加莱许多钱。"

加莱咧嘴笑起来，热烈点头。我向弗兰克提到我们还想拍一部关于当地人和他们的仪式的影片。

"如果你们要搞大歌会，"弗兰克接着说，"这俩先生就给这歌会拍画片。"

加莱用一连串皮钦语回答。他的语速太快，语调也全然陌生，让我没法听明白。弗兰克替我翻译了出来。

"明天晚上，"他说，"加莱的聚居点会有一场被称为 *kanana*（卡纳纳）的求爱仪式。你们想去吗？"

这次轮到我们热烈点头。

"这俩先生想说'太感谢你'，"弗兰克说，"接下来是长夜。他们明天去，他们想去你的地方，看看这场'卡纳纳'。"

第二天晚上，按照约定，加莱来到弗兰克的平房，接我们去参加'卡纳纳'。我们跟随他穿过一丛丛芭蕉林，又走过轻风中嘎吱作响的竹林。冷冽的空气中回荡着喧嚣的虫鸣。时间已近午夜，我们却无须火把照明寻路，因为正值满月，天空也晴朗无云。

大概一刻钟过后，我们来到了加莱那座被木麻黄和芭蕉树围绕的小村庄。他领着我们走过几间低矮的圆形苫草小屋。屋墙用棍子编成，墙缝中透出点点火光，还有变低了的交谈声。在比其他小屋略大的一间屋子前，我们停下了脚步。这间屋子的造型与众不同，大约有 40 英尺* 长，茅顶两端各自露出一对柱子的尾端。每对柱子中，有一根造型为女性生殖器形象，另一根则是男性生殖器形象。星空之下，屋顶之上，是芭蕉树的幽暗轮廓。

加莱指向低矮的入口。

"你们俩先生可以进去看啦，里面有东西。"他说。

---

* 1 英尺等于 30.48 厘米。——编注

"卡纳纳"仪式

　　我们手足并用，爬了进去。一团令人窒息的热气和辛辣刺鼻的烟雾扑面而来。我什么也看不见，因为我的双眼刺痛，无法睁开。过了几秒钟，我强迫自己睁开眼睛，却还是看不见多少东西，因为涌出的泪水挡住了视线。

　　我弓着腰，一只手挡在眼睛前，笨拙地在一团乱糟糟的人影中寻路，最后总算在茅屋另一头找到一个能容我坐下的空位。刚刚坐下，我吃惊地发现我的眼睛不再流泪了，因为烟雾仅仅悬浮在屋椽的位置，下方的空气则是新鲜的，这也让我松了一口气。我开始四面环顾。

烟雾来自屋子中间泥地上的一堆柴火。这堆火也是屋中唯一的光源。一位蓄须的老人坐在火堆旁边，背靠被烟熏黑的中柱。他是屋中除了我们二人之外唯一的男性，而刚才我跟跄穿过的人群竟全是身材丰满的年轻女孩。她们面向里坐成两排，好奇地打量我，彼此笑得嘻嘻哈哈。

　　这些女孩的头上都没有第一天我们看到加莱佩戴的那种华丽头饰，因为屋顶太低，佩戴那样的头饰并不方便。她们戴的是紧贴头顶的小帽，用树袋鼠或是袋貂的毛织成。将她们的帽子系在头顶的，是用劈开的藤条编成的环状网带，里面还夹着亮闪闪的绿甲虫。她们脸上画着点状和条状的图案，色彩斑斓。每个女孩脸上的图样各不相同。这些图样并不受限于仪式的规定，而是发自她们每个人自己的想象。大多数女孩或是脖戴珠串，或是鼻中穿着新月形的珠贝。每个人的腰上都围一条用兰草纤维织成的宽腰带，表明未婚少女的身份。她们的身躯上涂了猪油和烟灰，在昏黄跳跃的火光下闪闪发亮。

　　我们刚找到地方坐下来，一队男子便在咧嘴大笑的加莱率领下爬进茅屋中。他们在两排女孩之间坐下，却面朝屋墙。与女孩们一样，他们的身上也满是华丽的装饰和油彩。除此之外，他们中大多数人的无边圆帽上还插着树叶和蕨叶。然而这些男人并非全都年轻。他们有的蓄着浓密的颔须，另一些人则和加莱一样，其已婚身份已为我们所知。不过，尽管"卡纳纳"是一场求爱仪式，这些人的参加却并非不合礼仪，因为瓦基人社会是多偶制的。这些男子都是受到个人的特意邀请而来，其中不少人还来自许多英里之外的其他村庄。

大家各自坐下的几分钟里，人群中有一阵窃窃私语和笑声。接着，一个犹疑不安的声音唱起歌来。其他声音陆续加入，最后每个人都开始缓慢吟唱。随着歌声力量渐强，男人和女孩们开始左右摇摆身体，头也随之转动。吟唱的节奏不断重复，仿佛有催眠的力量。摇摆着的身体相互靠近，每个男人都将上身倾向自己右边面对他的女孩。随着他们越靠越近，那蜂鸣一样的吟唱也不断上升至高潮，直到每一对闭着眼的男女的鼻尖和额头彼此相触。每一对都陷入了肉欲的喜悦迷狂，在沉醉中左右摆动头颅。

一些舞动者很快彼此脱离，眼神茫然地环顾茅屋，置伴侣于不顾。然而大部分人依旧摇摆不停，面庞相贴，沉浸在愉悦中。

歌声杳然，人们终于分开，开始闲谈。一个女孩点燃一支长长的、用报纸卷成的烟，懒洋洋地将烟气深深吸入。每个男人都开始爬行，绕过刚才和他一起舞动的女孩，靠近队列中的下一个女孩坐下。如此一来，每个人都更换了舞伴，就像保罗·琼斯舞*中那样。吟唱再次响起，舞者们再次摇动；随着歌声重新攀上顶峰，人们再一次面孔相贴，左右摆动。

我们坐着看了好几个小时。屋中太热，让我脱下了衬衣。火光渐暗，我能看见的只有涂油身体上的一点反光，或是一只白色猫头

---

* 20世纪初流行的几种换伴舞的通用名称。"保罗·琼斯"（Paul Jones）指这种舞蹈中的换伴方式。——译注

鹰翅膀的晃动轮廓，那是其中一名男子佩戴在无边圆帽上的东西。

靠近我的模糊人影中，有一个低沉的声音轻笑起来，那是加莱。

"你看。"他低声道，指向从群舞中脱离的一对男女。他们正坐在阴影中，相互拥抱，女孩的双腿横在男人的一条大腿上。

"他们在'抱腿'。"加莱说。

在"卡纳纳"仪式上，除了面孔接触之外，舞者们不可触碰彼此。坐在中心的老人负责保证舞者遵守这条规矩。然而，女孩可以用摩擦鼻尖的热烈程度来暗示自己对舞伴是否中意。如果两人相互感到满意，就可以离开跳舞的行列，开始"抱腿"，由此形成的友谊往往会发展为婚姻。这与英格兰的周六夜舞会颇为相似。

到了凌晨三点钟，舞者的队列已经大为缩小。我们爬出茅屋，回到冷冽的夜色中。

第二天，加莱看上去十分疲惫，他那种欢快的活力却丝毫未减。在他的带领下，我们在周围的山峦间漫步。

走了大约十分钟，我听到远方传来一阵鼓声和歌声。穿过一丛白茅，我们就看到一支炫目的队伍沿路朝这边走来。几名男子走在最前面，头戴庞大羽冠，手持三叉长矛，华丽非凡。然而他们只不过是更为令人惊叹的一幕的前奏。在他们身后，一人高举旗杆，杆顶是一面大纛，宽约 3 英尺，色彩绚烂。旗面用藤条和草叶编成，上面挂着十多片闪亮的珠贝、一块块缀着珍贵货贝的垫子，插着深红色鹦鹉羽毛做成的冠冕，边缘饰以极乐鸟饰羽，大约有三四十簇。旗手身后是更多的男男女女，还有小孩。每个人都拿着几块熏猪肉，有腰肉、背脊肉、腿肉，也有猪头和内脏，全都用树叶包裹。队伍沿路穿过丛丛白茅，朝我们走来。一名男子拿着鼓，喊着号子，以鼓声伴奏。

我们站到路边，让他们通过。加莱向我们解释了这一幕。那些男子来自瓦基河谷对面的山中，正要去迎接一名新娘。很早以前，双方家庭就见了面，谈好了新郎要为迎娶新娘付出多少羽毛、贝壳和多少头猪，定下了婚礼的安排。聘礼价值不菲，凑足数额需要花费数年时间，因此新娘的父母同意提前履行婚约，条件是对方预先支付一大笔钱，并在此后定期付款，直到全部付清。随后，新郎就开始漫长而艰辛的历程，深入丛林猎捕极乐鸟，收集它们的饰羽。珠贝中一部分来自亲友的借贷，一部分是新郎为村中更富有的长者提供劳务而获得的报酬。到最后，他终于挣够了预付款。两天前，他和家中的其他成员开始长途跋涉，前往新娘所在的村庄。出发时他们带上了聘礼，也就是珠贝、猪肉和极乐鸟饰羽。后者被仔细地包裹在由干树叶制成、以劈开的藤条做骨架的封套中，以免它们在旅途中失去那种金丝般的光泽。前一天晚上，迎亲队伍在森林里露宿。到今天拂晓起身之时，他们已经做好了这面大纛，并以珠贝和羽毛为饰，以向众人展示聘礼的丰厚与精美。此时迎亲队伍距离新娘的家已经不远，只剩下一小时脚程。加莱与跟随大纛的一名勇士聊了起来，并请求他们允许我们加入。

　　我们跟随这支迎亲队伍，走了一英里又一英里，最后终于钻出灌木丛，来到新娘家所在的草坡下，开始漫长的攀爬。到了距离新娘家还有 100 码 * 的地方，我们不得不翻过一道布满森然尖刺的围栏——那是一道防御性的藩篱，是数年前才结束的争斗时期的遗留。在围栏的另一边，举纛者正在等待掉队者赶上来。集合之后，全队整理仪容，缓缓开始行进，以庄严的姿态走进村庄。

迎亲队伍

---

* 1 码等于 91.44 厘米。——编注

新娘和她的家人正坐在自家屋前的一小块空地上。我还不确定新娘是哪一个，直到加莱给我指了出来。在人群中，新娘看起来倒是与她的角色最不相称的一个，因为她不仅年纪较大，甚至还抱着一个婴儿。加莱解释说她是一名寡妇。

大纛已经稳稳插在空地中央。新娘和她的家人站起身来，正式欢迎客人。双方相互拥抱，搂着对方的肩和腰，神色亲热，略带一丝不自然，与欧洲人婚宴上那些原本不太熟悉、刚刚在法律意义上成为亲戚的人相互握手时的样子不无相似。

每个人都坐下来。新郎队伍中的一名年长者开始讲话。此人魁梧威严，留着夸张的大胡子，戴着用一丛棕色的鹤鸵羽毛做的头饰。他在听众面前来回踱着方步，侃侃而谈，言辞风格鲜明，高度戏剧化。新娘张着嘴巴，倾听他的演说。

在空地一侧的一株木麻黄树下，人们已将猪肉摆成整整齐齐的长方形，其中四只焦黄的熏猪头放在一排。讲话结束后，来客中的另一名男子拿起一条腰肉。新娘的男性亲属则列队而坐，准备接受。新郎的亲属将肉交给他们。每一个人都从上面咬下肥腻多脂的几块，松开嘴让肉落到自己手中，再放到一张芭蕉叶上。几只可怜巴巴的狗目睹他们分配食物，焦躁不安，却连一丝肉屑也分享不到，因为每个男人在咬下自己那份之后，都将它交给了自己的女性亲眷。

此时人们开始拆分那面旗帜。拆下来的羽毛和贝壳已经一排排陈列在一块垫子上。新娘的男性亲属蹲在周围。每件饰物从旗上被摘下来时，都会引起不短的讨论，有时还相当热烈，因为事关谁才是它的最终拥有者。

一切结束之后，来客们便拿起猪肉，打开用芭蕉叶包裹、事先烹熟的蔬菜，开始享用。新娘离开自家那一群亲属，来到丈夫身边坐下。此时全场才第一次有了放松飨宴的气氛。一名男子热情地为每个人的饭菜调味，嚼烂姜和种种香料，然后将它们轮流吐在每块肉上。此时已是傍晚，我看见人人都开怀大嚼，才想起自己从清晨起就没吃过一点东西。一名男子见我盯着他们，递给我一大块油乎乎的猪肉——上面满是嚼碎的姜末，毫不夸张。这是一种善意而好客的举动。我摇了摇头，指向一堆芭蕉，暗自祈求这不会被认为失礼。他笑容满面，将一根芭蕉递给我，于是我们也加入这场婚宴。

农度格尔基地的所有者爱德华·哈尔斯特罗姆爵士一生都对热带鸟类和热带农业保持兴趣。他在这里修建了巨大的鸟舍，搜罗各种极乐鸟以供应世界上每一座动物园。然而他的这部分计划难以完全实现，因为澳大利亚的移民法出于对意外引入疾病的担忧，禁止任何禽畜入境。这条法律适用于各种禽畜，其中也包括极乐鸟——尽管事实上每年都有成千上万的各种鸟类在迁徙中往返飞行于新几内亚和澳大利亚之间，丝毫不顾那些官僚主义的规定。前往新几内亚东部的所有主要商业航线都途经澳大利亚。因此，除非获得特别许可（而这样的特例少之又少），每一只从农度格尔运出的鸟类都必须通过漫长的海运才能到达外界，并且不可经停任何澳大利亚港口。这样的运输极难安排。我们如果想把一批极乐鸟带回伦敦动物园，也要面对这个问题。

话说回来，农度格尔毕竟拥有其他任何地方都无法比拟的极乐鸟收藏，因此各国鸟类学家都会来到这里研究它们。

负责管理这些鸟儿的人是弗雷德·肖·迈尔。他身形瘦削，略有些驼背，头发已显灰白，为人友善。若是在城市中的街上遇到他，你或许会以为他是一个性情柔弱的人，从不敢离开办公桌或是冒险去往本地社区之外的地方。然而弗雷德是所有动物搜集者中最了不起的人之一。他生于澳大利亚，曾为寻找鸟类、哺乳动物、昆虫和爬行动物而深入世界上最蛮荒、最危险的一些地方。他走遍了新几内亚的荷属地区和澳属地区，也会为了寻找某种鸟类而专程前往荒僻的海岛。他曾在摩鹿加群岛、爪哇、苏门答腊岛和婆罗洲捕捉动物。如今他搜集的种类已经成为众多科研机构珍视的藏品，其中也包括伦敦的大英自然博物馆。他在探险中的许多物种发现后来都被证明是科学史上的第一次。他是三种极乐鸟的科学发现者，还有好几个物种的学名中都包含了"肖-迈尔"这个词，那是命名的动物学家们对他的动物搜集技艺的致敬。

然而，与弗雷德初次见面时，你完全不会想到这些。他其实相当沉默寡言，甚至要想找到他往往也很不容易，因为他的时间都奉献给了鸟舍中的居民。早在天亮之前他就会起床，为鸟儿准备食物，好让它们在日出后马上就能进餐——这样正符合它们在野生状态中的习惯。他也承认自己的当地帮手很可能相当善于调配鸟食，但还是淡然地表示更愿意亲自动手。在清晨那样早的时候，天气相当冷，弗雷德习惯穿上好几层长羊毛衫，足蹬一双厚重的军靴，头戴一顶古怪的猎鹿帽——帽耳垂下，盖住他的耳朵。穿着这样的装束，靠着一盏煤油灯的照明，他用切碎的番木瓜、露兜树果、大蕉和煮蛋为鸟儿调配特制的餐食。每一群鸟各有不同的需求。有的喜欢肉食食谱，就需要为它们找来蝌蚪和蜘蛛。有的偏爱胡蜂幼虫或是熟透的蛋黄。有时，如果找不到其他肉类，弗雷德还会打开自己的冰箱，切一堆新鲜羊肉——那本应该是他自己的晚餐。一天中的其他时候，他会在鸟舍中四处走动，做他的照料和清洁工作。无怪乎当地人会管他叫"鸟先生"。

弗雷德负责的鸟类多种多样，有各种体型和颜色的鹦鹉，有一群群硕大的蓝灰色鸽子——每一只头上都有一顶蓝灰色羽冠，如同一面纱扇，间杂银色斑点。一处装饰性的小池塘里有几只鸭子，那是花纹鸭，是世上最为罕见的种类之一，来自农度格尔背后群山中一座位于高处的小湖。

不过，最让我们目不转睛的，还是极乐鸟。在这里，查尔斯和我亲眼见到了一些我们此前只在书上插图中见过的种类。一天又一天，我们在鸟舍间流连不去，观察它们，想要熟悉它们那种尖厉刺耳的叫声，以便将来进入森林时可以分辨远处的鸟鸣，知道附近有哪些种类。

鸟舍中的一部分极乐鸟看起来毫无魅力，和鸫差不多。这些要

凤冠鸠

么是雌鸟，要么是年齿尚幼的雄鸟，因为雄鸟要到四五岁大时才会
长出灿烂的饰羽。到了那时候，它的外表会发生巨大的变化，让人
几乎无法找到雌鸟和年幼雄鸟与这些羽毛完全长成、面貌焕然不同
的雄鸟之间的联系。弗雷德照料下的大部分雄鸟都是在年幼时来到
鸟舍的，因为当瓦基猎人捉到成鸟时，他们很难抵挡住诱惑不将它
据为己有，不为了它的羽毛而杀死它。弗雷德所能给出的报酬尽管
已经不低，还是无法与这种诱惑相提并论。这些鸟儿中有许多在鸟
舍里居住了很长时间，已经长出了饰羽。它们的美丽令我们神摇意
夺：蓝极乐鸟的饰羽朦胧如烟，蓝如宝石，镶着红边；公主长尾风

鸟仪态庄严高傲，通体黑色发亮，唯有胸前是一块斑斓如虹、变幻如波的绿色；奇异的华美极乐鸟粗短的尾巴上伸出两根卷曲的天线，胸口是绿色，背部是深红色，还披着亮黄色的披肩，缺少其他极乐鸟的那种优雅，看起来好像是某个不够专业的造物者用尽全力，想要创造出色彩最为怪诞的鸟类的初次笨拙尝试。

有两个种类最让我痴迷。第一种是萨克森极乐鸟，拥有至为令人惊叹的羽饰：两条修长的饰带从脑后伸出，长度足有体长的两倍，上面是一连串瓷蓝色的斑点，熠熠生光，如同珠母。第二种是新几内亚极乐鸟，生活在农度格尔周边森林中，正是最经典也最著名的极乐鸟（也就是皮加费塔所描述的、被林奈命名为"无腿极乐鸟"的那一类）在本地的代表。与皮加费塔书中的鸟儿一样，它有绿色的喉部和黄色的脑袋，翅膀下方伸出金丝般的饰羽。不同之处在于，书中所描述的极乐鸟的饰羽是金色的，新几内亚极乐鸟的饰羽则是深红色的。我仔细地观察了农度格尔的收藏。这些鸟儿的羽毛还未完全长成，令人遗憾，但它们正属于查尔斯和我希望在野外找到以拍摄其求偶之舞的物种，正是这种极乐鸟驱使我们来到新几内亚。

本地人因其饰羽而将极乐鸟视为珍物。他们不仅将这些羽毛当成饰品，也当成一种重要的货币用于许多交易。仅仅过了几天，我们就获得了大量证据，表明了他们猎捕极乐鸟的规模。弗兰克听说瓦基河对岸的明季将举办一场盛大的歌会。歌会的场地是一大片修剪过的白茅草地，与足球场有几分相似。紧邻场地的另一侧，是一条灌木丛生的深沟，对面便是山谷的南壁，也就是库博尔山脉，山势高峻，色呈黄绿，在无云的天空下轮廓清晰。舞者们将从山中走出，拜访定居谷中的族人。在路途中，他们会在每一处定居点停留，与那里的人们共同起舞。因此，这段通常只需要几个小时的旅程会拉长到好几天。无人能够向我们说清他们此行的缘由。或许是为了做些生意，或许是为了巩固部族血脉联系而举行的一种仪式性的食物和礼品交换，或许是因为他们曾受到那些族人的恩惠，于是举行盛大的宴席来表达谢意。

上午时分，几名来自明季的女子涂着浓重的油彩，身穿整套仪式盛装，出现在白茅草地上。她们来到这里是为了观看表演。

又过了一小时，隐约的吟唱声响起。通过双筒望远镜，我看见如蚁的人影从攒聚在一座峰巅上的茅屋中走出，排成一列。我正在观察，查尔斯又发现另一支相似的队伍走下右方远处的一道山梁。每隔几分钟，队列便会停止向前移动，收缩成一团。在他们聚集的时候，吟唱声便如潮上涨，又有缥缈的鼓点相和。随后人群再次拉长，变成队列，继续迤逦下行，直到来到沟边，隐入丛林之中。不知位于何处的他们向我们这边慢慢攀爬，歌声变得越来越响。突然，一名舞者戏剧性地出现在深沟这一侧的顶端。他手中擎着鼓，庞然的头饰摇晃不停，缓缓向我们走来，一路走，一路唱。他身后是一个又一个勇士，队伍长得似乎没有尽头，直到正午。此时太阳从头顶上方洒下明晃晃的光线，亮得几乎让人难以忍受，歌会的场地上已挤满数百个狂热歌唱的舞者。

人们排成一个又一个方阵，每个方阵前后一共十行，每行五人，个个不停摇鼓，嘶哑呼喊，猛力跺着脚，在场地中穿行。他们的舞蹈虽然简单，却让每个人完全沉醉其中。赤脚扬起的尘土在他们周围升腾，裹住从胸膛和背脊上淌下的一道道汗水。他们似乎陷入了一种迷狂。

有时他们也会停下来，但即便此时，他们仍会随着鼓声的节奏摇晃身体，踮脚，屈膝，让头饰的闪亮冠部起伏不停，如同巨浪推动的海面。许多男子以红土涂抹肌肉虬结的身体；几乎每个人都在臂环上插着一种红色灌木的叶片，戴着由袋貂皮制成的手镯。几个

查尔斯在一场宴席的准备过程中摄像

人带着长矛或是弓箭；有一两个人身背巨大的石斧，斧身固定在长长的弯木上，木头上裹着一层藤编装饰，似乎是为了平衡斧身的沉重。

这些人的头饰之华丽超出了我的想象。他们猎杀许多不同种类的极乐鸟，才集齐这些羽毛。几乎每个男子都有两根萨克森极乐鸟的饰羽，一根穿过鼻间，一根绑在前额中央，使两根羽毛环绕面部的上半部分，形成一个穿着珠子的漂亮环形。有的人拥有更多的萨克森极乐鸟饰羽，足够让他们在头饰中也加入这些羽毛。一名勇士拥有二三十根小极乐鸟、新几内亚极乐鸟、丽色极乐鸟、公主长尾风鸟和蓝极乐鸟的羽毛，此外竟还有十六根萨克森极乐鸟饰羽。

这一幕是我平生所见最令人惊叹的场景之一。我粗略计算了一下。场中有超过五百名佩戴饰羽的舞者。他们猎杀的极乐鸟数量至少要达到一万只，才能凑齐这场典礼所需的佩饰。

第二章　进入吉米河谷

　　我原本希望能在农度格尔附近的森林中拍到极乐鸟的求偶之舞，尽管那无疑需要大量的时间和耐心。然而，根据已经了解到的情况，如果完全离开瓦基河谷，进入更加荒僻少人的区域，我们的成功率会大得多。

　　此时我还生出了另一种奢望，因为明季舞者中有些人所佩带的华丽石斧令我遐想不已。弗雷德告诉我：二十五年前对瓦基河谷的探索刚刚开始时，山谷中到处都能见到这种石斧，然而到了现在，它们已经几乎被新引进的金属斧完全取代。那些保留下来的石斧只有在典礼上才会出现。瓦基人已经不再制造石斧，而是从群山以北吉米河谷的部落那里购买。

　　"那么，在吉米河谷找到极乐鸟的机会有多大呢？"我问道。

　　"非常大，"弗雷德回答，"因为那里只有少量土著。你在那里不仅能找到极乐鸟和石斧作坊，甚至还可能遇见据说在那一带生活的俾格米人。"

然而安排一次前往吉米河谷的行程并不简单。首先，那里属于未受控地区，只有获得特别许可的人才被允许进入。有权颁发许可的人是地区专员，驻扎在瓦基河谷上游的哈根山基地。

我们用农度格尔的无线电发报机向地区专员发信，询问我们是否可以前去拜访。当下一班运送给养的飞机在农度格尔着陆后，我们便登上飞机，飞往哈根山。

专员的一位副官将我们领进他的办公室。专员本人是一个直率的澳大利亚人，身穿一套一尘不染、压得笔挺的卡其布制服，坐在他的办公桌后，从浓密的眉毛下透出打量的眼神，看着我们。

我有些紧张，尽力向他解释我们的提议：查尔斯和我想要进入吉米河谷，在那里待上一个月，争取拍出一部关于极乐鸟和石斧制作的片子。随后我又补充说，如果有可能，我们还希望能沿一条不同于入谷路线的新路线离开山谷，尽可能多地了解这片土地。

地区专员安静地听着，直到我说完。随后他从抽屉中拿出一张地图，在他的办公桌上展开。

"看这里，"他直截了当地说，"吉米河谷是相当荒蛮的地方。到目前为止，我们也只是派出过几支探索性质的巡逻队穿过那里。"他用手指画过地图上那些穿过一大片空白地带的虚线。

"几年前，从瓦基飞往北部海岸城市马当的飞行员曾报告说看到有村庄着火，还有些从山上下来的人讲述了妇女和儿童成群遭到屠杀的故事。我派出巡逻队前去调查，结果他们直接卷入一场部落战争的旋涡，还遭到伏击。几名警员受了伤，全队只能匆忙撤出。于是我和另一位巡逻官巴里·格里芬带上十多名土著武装警员亲自前往。我们在一个叫塔比布加的地方找到了适合建立基地的地点。我让格里芬留在那里修建基地，尽力恢复秩序。从那以后，他只出来过一两次，都是为了在哈根这里休整一两天。尽管一切似乎都运转正常，但他显然已经无暇分身。除非他乐意接待你们，否则我不会同意你们前往。首先，如果你们要在吉米河谷里四处游荡，寻找鸟类和石斧，你们必须带上护卫队。格里芬是唯一能提供护卫队的人，而他可能会觉得，比起浪费时间去找些蠢鸟，他的警员还有别的事可做。何况，他可能本来就不欢迎你们。他是那种真心喜爱清静的人，唯一希望的就是不受打扰，可以好好干活。从他建好那个地方到现在，从未有人前去拜访过。他大概不会乐意看到两个毫无本地生活经验的陌生人莫名其妙地出现在他门口。如果他这么想，我当然不会命令他接待你们。"

地区专员停了下来，神色严峻地盯着我们。

"如果格里芬真的同意了，我建议你们在进山前往塔比布加时走翻山的小路，那是他运输给养常用的路线。行程需要两天。现在那里的道路状况已经相当不错，而且沿线村庄里的人们大多也乐意充当脚夫。到了塔比布加之后，你们就可以和格里芬商量该如何安排行程。我知道他正计划从基地出发向西巡逻，或许会同意你们跟他一道走。如果你们想从另一条路线出谷，最好是渡过吉米河，从对岸上山，进入俾斯麦山脉，从拉穆河谷里一个叫艾奥梅的地方出来。那里有一座机场，你们肯定可以订到一架过来接你们的飞机。这样安排如何？"

"没问题，先生。"我说。

"很好。"他一边回答，一边站起身来，"下次格里芬与我通电报时，我会将你们的申请转交给他。不过请明白一点：如果他说不，整个行程就得取消。"

他突然咧嘴一笑。

"希望你们喜欢徒步旅行，"他补充道，"因为只要进入山谷，走路可是少不了的。"

四天后，我们在农度格尔收到地区专员发来的电报：格里芬同意接待我们；一个星期后，他手下的两名土著警员将会在塔比布加小道的瓦基一端等候，护送我们入谷。

我们立刻全力投入此次行程所需要的准备工作。我们飞回莱城，采购自己所需的食物、供给脚夫的一袋袋大米、煤油灯、煮锅，还有用作帐篷的防水油布。我们拜访了航空公司办公室，预约了一架单引擎小飞机。它会在四个星期多一点之后的一天飞往艾奥梅，接上结束行程的我们，再飞回农度格尔。我们还采购了成袋的盐、珠子、刀、梳子、口琴、镜子和珠贝，用来支付给脚夫和任何给我们带来动物的人。我们还买了许多火柴和成堆的旧报纸——据我们所知，在高地的偏远地带，这两样东西都很有价值。

我们返回农度格尔，努力想要把所有设备分装为 40 磅 * 一包。这并不容易，因为农度格尔仅剩的天平不久前坏掉了，我只能依靠估算。我曾经多次将一只行李箱装满，将它抬起来，最后又确定它太过沉重，必定超过了规定的重量，无论是谁来扛它，最多只能坚持几分钟。随后我便会从中取出一些东西，用衣物之类轻一点的东西代替。

我们需要步行一个月之久。在这期间，我们不能指望找到食物或住处。所需的装备堆积起来看上去相当庞大。无论如何精打细算，如何削减个人物品，我都只能得出一个结论：我们需要大量脚夫。

一天傍晚，我向弗雷德说了真话。

"或许我们太过追求旅程舒适，在食物和衣物里加上了太多奢侈品，"我说，"但就目前的情况而论，我们或许会需要四十名脚夫。"

"嗨！那很不错了，"弗雷德淡然回答，"我好像从来没法将脚夫数量控制在七十人以下。你也知道，如果当地人不愿合作，要想找到这么多人是相当麻烦的一件事。"

不论他怎么说，到了集合日的前一天，当我发现我们的行李太多，不可能全塞进一辆吉普车时，我还是十分焦虑。最后我们只能把部分行李装进一辆农场拖车，再把拖车连接到一辆拖拉机上，让

---

* 1 磅约等于 453.6 克。——编注

弗兰克的一名资深农工开着它先行出发。我们则和弗兰克一道,乘坐吉普车,带着其余的设备,在下午沿路跟随。

位于塔比布加小道起点的小定居点叫奎阿纳,只有三座小茅屋和一座用编织的藤条围绕木框架建成、苫着茅顶的"官屋",也就是政府设立的驿站。两名身材魁梧、肌肉发达的土著警员已经在那里等候我们。他们赤着脚,袒着胸,身上仅有一条整洁的卡其布围腰和一根光亮的皮带——上面悬着一把带鞘的枪刺。他们与蓄须鹰钩鼻的瓦基人外形迥异,这是因为与大多数新几内亚警员一样,他们是从沿海地区被招募来的。

年纪较大的那一名警员向我敬礼,动作干脆利落。

"夏午好,先生。"他说,然后交给我一封来自巴里·格里芬的信。他在信中写道:持信人瓦瓦维是他属下一名值得信赖的警员,熟悉路线,将护送我们前往塔比布加。他在信中列出了沿线各个村庄的名字,建议我们最好在卡拉普住宿,最后还提到他期待与我们见面。

瓦瓦维已经在"官屋"前的空地上召集了一大群村民。那是些典型的哈根男子,留着大胡子,除了一条编织腰带和一丛树叶"裙撑"之外什么也不穿。大多数人在腰带上挂着刀子或斧头。这些刀斧就垂挂在他们赤裸的大腿旁,锋刃贴着皮肉,这样的位置在我看来相当危险。他们似乎刚刚起床不久,许多人眼神惺忪,"裙撑"也乱糟糟的,还带有泥土。有些人脸上还残留着油彩图案。此时还有些冷,因为太阳尚未升起。这些人为了让自己暖和些,将双臂抱在胸前。

在瓦瓦维的指引下，我们的行李被卸了下来，摆成一长列。将要充当脚夫的人们沮丧地盯着这些货物，不时拿起一件，以确认自己对其重量的最坏估计，然后又悄悄从它旁边挪开，转向其他看起来轻些的东西。然而瓦瓦维却步履轻快地在行李间走动，为每件行李分配了两个人。

分配完成之后，瓦瓦维从一个一直得意扬扬地替他扛着步枪的小家伙那里拿回自己的武器，望向我，确认我已经准备好，然后向脚夫们发出一道命令。他们抬起各自的负荷，跟上了瓦瓦维。后者正大步踏上一条通往山中的宽阔红土路。

头 1 英里左右，道路沿着一条狭窄陡峭的山谷的一侧延伸。我们下方是一条汇入瓦基河的小河。河水在密密麻麻的石间冲撞，白浪翻滚。太阳终于升起来了，晒暖了我们的身体，也驱散了最后一点萦绕着我们的雾气。一名脚夫用最大的嗓门喊着号子，"呼——啊——"，尽可能地拖长最后的低音，直到吐尽肺里的空气。他刚刚起头，每个人就都加入进来。如此形成的喧嚣听起来就像是用一声绵绵不绝的"啊"音为音调更高的断奏式"呼"音做伴奏。这音乐将持续终日，在接下来的几个星期里也一直会是我们的行进曲。

很快，道路就变得陡峭，朝着一条被青草覆盖的长岭的山脊，开始"之"字形攀升。赤脚的脚夫们步履沉重，却毫不犹豫地向上爬，脚趾深深抓进烂泥中——在这样的烂泥地上，就连我的钉靴也会打滑。每隔一个小时左右，瓦瓦维会让队伍暂停一次。在人们休息时，他会重新分配载荷，让每个脚夫轮流负担较重的箱子。

时近中午，我们已将那些漫山遍野、青翠悦目的木麻黄树和灌木丛抛在身后，进入一片稀疏的林地。林中树木枯瘦，枝上缠满凋萎的苔藓和扭结的爬藤。有一段路曲折蛇行，沿着一连串滴水的岩面向上攀升，让我们的队伍步履维艰。我在这里停留一阵，尽可能提供帮助，直到所有行李都被拖上石崖。抬头上望，坡度变得缓和，看起来我们距离路线的最高点已经不远了。薄雾盘旋，穿过萧疏的森林。我缓慢前行，眼睛盯着地面，在砾石中寻找落脚之处，有些微微喘息，因为此时我们已经身处海拔 8 000 多英尺的高处。我看到前面的脚夫们再次停了下来，又觉得此地并非合适的休息点，于是决定超过他们，翻过山口的顶点，找一个更阴凉的地方。然而，走近他们之后，我发现他们并没有坐下来，而是将瓦瓦维团团围住，激烈争吵。

"这些家伙，他们说不想再走了。"看到我走近的瓦瓦维说道。

脚夫们看上去自然是又冷又累，但此时最艰难的攀爬已经过去了，我完全看不出他们突然罢工的真正原因。在这荒僻无人的地方，如果他们真的抛下货物，我们该怎么办？我不愿去想这个问题。我用上了自己最有说服力的语气，解释说此时我们已经来到山顶，后面的路程会更容易，又乐观地宣布从这里开始后面都是下山路。我告诉他们，好好休息一下，到了下一个村庄，我们会付一大笔钱，但现在必须继续下去。我很怀疑他们是否听懂了我的意思，因为回答我的是瓦瓦维。他说出了这些人不愿再走的原因：山口的顶点就是他们部落的边界，过了山口就进入了另一个部落的领地，而那个部落里都是"会嚼嚼人的大坏蛋"。

"哦，"查尔斯淡然说道，"他的意思是，那些人是吃人族。"

我们都笑起来，因为眼下的局面看上去就像一个不着边际的可笑冒险故事。就在此时我留意到，200码外的薄雾中，有一顶羽毛头饰的顶端从一堆石头背后冒出来。我惊讶地眨了眨眼睛，又看到另一顶头饰出现在它附近。我的笑容迅速消失。

"好吧，不管是不是吃人族，"我回答道，稍稍努力让语气显得轻快，"我想他们都在那边等着我们了。"

突然，伴随着一声几乎震裂耳膜的叫喊，一群男子从岩石后面跃出，挥舞着刀斧，向我们奔来。此时我脑中只有一个清晰的想法：必须赶紧说服他们，让他们相信我们是友好的。我朝他们走过去，伸出右手，觉得自己的心脏正猛烈撞击着胸腔。我知道的皮钦语词汇本就少得可怜，此时更是一个也想不起来。令我吃惊的是，我只听见自己用一种听起来文绉绉的古怪腔调大声说："下午好。"这句话没有产生任何效果，因为这些人正在凶猛嘶吼，不可能听得到。转眼间，他们已经冲到我面前。令我意想不到的是，其中几个人握住我的右手，使劲上下摇晃。另一些人则抓住我的左手。那些什么也没抓到的人则满足于猛拍我的肩膀。"夏午好，先生，夏午好。"他们齐声说道。

既然他们的真实意图是友好的，为何还要先躲起来，然后用吓人的姿势向我们冲锋？这令我困惑了好一阵子。随后我反应过来：

在边境上展示攻击姿态多半只是他们在与瓦基诸部处于冷战时的一种惯用策略，用意在于突出自身的力量和好战性格，以免邻居们觉得他们软弱可欺，很容易劫掠。然而那些瓦基男子此时可一点没有会攻击人的样子：他们跪坐在地，可怜兮兮，在刚刚下起的小雨中瑟瑟发抖。瓦瓦维让他们排好队，以清点人数。

"四个十加三，先生。"他说。我打开自己的箱子，取出一袋硬币，把 43 先令交给瓦瓦维去分配。这是官方为一日的脚夫工作规定的酬劳价格，而今天也是我们在回到农度格尔之前使用现金的最后机会。每个脚夫在收到钱后都转过身，往来路方向走去，消失在雾中。

我们的新脚夫比刚才那一群要欢快。他们热情地抬起行李，发出胜利的喊叫，然后开始一路小跑。地面开始下降。我匆匆忙忙跑在最前，想要赶紧回到云层下方，实现与吉米河谷的初次邂逅。在我的想象中，它应该与瓦基河谷相似，是一条单一的、绿草如茵的宽阔山谷，谷底蜿蜒着一条银色的河流。然而，当我终于能看清时，眼前是一片完全不同的景象——在我下方只有一片莽莽大荒。一道道山岭纵横交错，如同一座复杂的迷宫，又完全被森林覆盖。我没有看到河流，没有看到成片的白茅草，也没有看到村庄。除了褶皱起伏、无边无际的林地，我什么也看不见。

我们走下的这道山梁似乎通往一条小山谷，就在我们左侧不远。一个土著走过来站在我身边。我指向那条小山谷。"吉米？"我问道。那人发出震耳欲聋的大笑，摇了摇头，眯起眼睛，指向远方。

接下来，他摆出一副耐心的姿态，如同一位对愚笨不堪的学生解释基本事实的教师，把自己的左手伸到我面前，逐一触碰伸出的四根手指。

"天哪，"我对查尔斯说，"我们还得穿过四条山谷，才能到达吉米河谷。"

"他的意思更像是我们还得走四天。"查尔斯愁眉苦脸地回答。

我尝试弄清楚那个同伴用四根手指到底想表达什么，却只是徒劳。事实上，直到后来我也没有搞明白。共同语言的缺席有时会成为看似无法克服的障碍，而这只是其中一例。我的心中突然涌起一种孤独感。直到喊着号子的脚夫们追上我们，这样的感觉仍然挥之不去。我们正在进入一片崭新的蛮荒，在这里我们并无真正的容身之地。的确，就在前方，在这莽莽森林中，在某道山岭的某个褶痕里，有一个澳大利人在林中清出一块空地，修了一栋房子，但他在这片大地上所营造的，只不过是一个微不足道的斑点。我脚下的小路也来自他的营造，但那只是一条将我们和他连接起来的细线。如果我离开小路，朝别的方向走上五分钟，就会进入欧洲人从未踏足的世界。

小路在一道道山梁的峰巅间盘绕，沿着陡峭泥泞的坡面蛇行而下，深深钻入林间，而我们沿路而行，对它满怀信赖。大约每走上 1 英里，我们就会遇见一群群部落民。他们站在路上等待，显然是为了弄清喊叫声从何而来。当我们路过，他们就会热情地跟上我们的队伍，让自己的声音加入这场喧嚣。

时近三点，我们终于见到了离开瓦基河谷后的第一处人居痕迹。那是一道用尖锐木桩建成的低矮栅栏，只开了一个小口，两侧的柱子上涂抹着部族的符号。又过了半个小时，我们钻出森林，进入一座村庄——两排茅草苫顶的小屋沿着山脊的顶部排开，圈出一块红土空地，外围则是一圈木麻黄树。所有村民都已集合起来迎接我们。女人们坐成一群，男人们则是另一群。酋长和他的部下站在远端，就在最大的那座茅屋前。据我猜测，那是为巡逻官修建的"官屋"。当我们穿过蹲坐的村民，向酋长走去时，他们的叫喊响彻云霄，表示欢迎。酋长陪同我们进入"官屋"。我们的第一天跋涉终于结束了。

　　瓦瓦维又一次负责监督堆放行李和向脚夫支付报酬。这次的酬劳是一餐匙一餐匙的盐。每个脚夫都用一片树叶将自己那一份接住，小心包裹起来，塞进腰带，然后慢悠悠走出村庄，回到森林中。在等待有人把床架好的当儿，我坐在屋外的山梁边上，背靠一株木麻黄树，视线从下方山谷中的树木上扫过。一声小极乐鸟的鸣叫传来，让我惊喜不已。然而，我尽管戴上眼镜，搜寻了好半天，却还是找不到鸟儿的身影。暮色降临，云雾从下方的谷底涌起，最后淹没了村庄之外的一切。查尔斯和我做了晚饭，然后拖着僵硬的身体爬上了床。

　　刚刚天亮，我们就被一阵响亮的号子唤醒。酋长站在木麻黄树间，双手围在嘴边。他的声音在云雾弥漫的山谷间回响。四五十名脚夫响应他的召唤，在"官屋"前集合起来。我能辨认出其中许多

向脚夫支付盐作为报酬

人正是昨天下午我们在路上遇见过的。我们刚要启程，天上开始下雨。温度很低，让人难受，不过我们的箱子是防水的，脚夫们则简单地在各自的无边圆帽上别上几片大树叶，免得头被打湿。到了中午，我们已经穿过云层，雨也停了。

我们的队伍此时就像在举办凯旋仪式，因为随着我们的行进，越来越多部落民小跑着加入我们，如同滚动雪球一般。前一天那种时断时续的"呼——啊——"号子声变得连绵不断。我想清静一点，于是加快步伐，想要和脚夫们拉开距离，可是大群喊着号子的后援队在我身后紧追不舍，让我无法脱身。

一点钟,透过丛林中的一条缝隙,远处的景象突然出现在我们眼前。在下方的暗绿色森林中,我看见一个小小的红点。用上双筒望远镜之后,我才分辨出几座矩形的建筑,还有中间一根旗杆上飘着的旗帜。那就是塔比布加。

一个小时后,我们抵达了目的地。我们的"入城式"夸张得无以复加。此时我们的护送队已经有了好几百人,三四十名油彩涂面、戴着羽毛头饰的勇士充作先锋,一小段一小段地向前冲。每跑完一段,他们便加倍大吼,右脚猛烈跺地,同时挥舞刀矛。这一天的大部分时间里,瓦瓦维的步枪都由一个本地人替他背着,但此时他已

我们的行李抵达塔比布加

经把枪收回，以标准的军人姿势把它扛在肩上，在我们身后迈步跟随。我们的脚夫们兴奋地大喊，尽管身负重荷，还是用尽力气，像前头那些没有负担的勇士一样连跑带跳。队伍浩浩荡荡涌向塔比布加的巨大操场。我看见至少有上千人在等着我们。他们也放声高喊，加入这场喧嚣。当我们的先锋奔向整座基地最显赫的庞大建筑时，他们又纷纷让开道路。我看见走廊上有一名身穿白衣的男子，正坐在那里读书，丝毫不为周遭的扰攘所动，甚至没有抬头看一眼。当我们距离他只有不到20码时，他才抬起头，站起身，缓缓朝我们走来。

"我是巴里·格里芬，"他在与我握手时说道，"我得为这样的喧闹道歉。我的小伙子们有点兴奋，因为你们是我之后第一批到来的欧洲人。我怀疑他们一直以为我是世界上唯一一个，所以在发现还有另外两个之后很可能有点吃惊。"

塔比布加完全出自巴里·格里芬的营造。在抵达这条山谷之后，他的第一项任务是安抚相互攻击的各个部落，并由此决定在最混乱地区的中心建立一座巡逻站，而这样的中心并不在吉米河谷中的低洼平地，而是位于山谷顶端附近高处的峰峦之中，距离河道还有许多英里。要在这样崎岖的地形上整出一块合适修建的平地，他只能在一道山脊的侧面辟出一块100码见方的宽阔平台。这就是那片操场的由来。场地一侧依次排列着巴里的办公室、由他主持司法的法庭，以及一处出售刀斧、布匹、珠子、油彩和贝壳的商店。平台下方是他的土著部下的宿舍、菜园、猪栏、羊圈，还有一间"病人屋"，也就是一座小小的医院，由两名土著医务兵负责。巴里自己的房子位于山脊顶端，在一株高大的松树下，能俯瞰整个基地。房子距离山崖太近，盥洗间悬空伸出崖外，以柱子支撑。这样一来倒是很方便：淋浴帆布桶中流出的水可以穿过稀疏编织的藤质地板下漏，流到山坡上。

除开盥洗间，他的房子就只有一间用百叶窗开闭、没装玻璃窗的大房间，以及一间通过有顶的短通道与主体连接的厨房。房中的一切井然有序。杂志都依照日期、种类和是否读过的顺序，堆放得整整齐齐。门边的靴子笔直地排成一线。行军床一角的毯子都叠得仔仔细细，外面还有一层刺绣床罩。桌上别无一物，只有一盆林中野花。房中丝毫看不到大多数人会杂乱堆放的家用杂物。这是一个对整洁有执念的人的住处。

巴里本人高大瘦削，一头黑发剃得很短。当我们在他家中坐下来礼貌寒暄时，他脸上的表情让我无法看出他对我们的到来是高兴还是厌烦。他语声轻柔，说话时嘴唇几乎不动。一道简短的命令之后，他的男仆便用托盘托着三瓶啤酒走进来。这些啤酒是在澳大利亚酿造的，在吉米河谷这里价值不菲，堪比最好的香槟在伦敦的地位。我们开始喝酒，他似乎也放松下来。

"知道吗，"他说，"能见到你们，我既惊讶，又松了一口气。从哈根发来的电报中，我只知道你们是制片人和鸟类学家，这在我看来是一种古怪的组合。我不知道来的会是衣服鲜亮、戴着玳瑁眼镜的好莱坞人士，还是手拿捕鸟网的大胡子老头子。还好，你们两种都不是。不说那么多了，来吧，吃点东西。"

除开面包和土豆，餐桌上的东西——羊舌、芦笋尖和水果沙拉——都来自罐头。巴里对这一餐评价不高，但很明显，他已经动用了自己小心积累起来的奢侈品储备，才能摆出这一桌菜肴。我迫切觉得不可过分利用他的慷慨，提出我们应该在山脊上较远处扎营。巴里平静地回答说他已经做了安排，我们只要愿意，就可以在房子里留宿。到了晚上，那名男仆再次进来，架起了另外两张备好毛毯的行军床。

第二天早餐时，我们向巴里问起极乐鸟的事。他的表态并不乐观。

"我不太相信本地人会给你们送来极乐鸟，或是告诉你们极乐鸟跳舞树的信息。他们对这些鸟的占有欲很强，非常注意保密。如果某人的土地上有极乐鸟的跳舞树，那所有飞到这棵树上的极乐鸟都会被视为他的财产——哪怕这些鸟飞越的是别人的土地。他们很可能会在一只极乐鸟还是雏鸟时就开始观察，等上好几年，直到它长出饰羽。因此，当一只鸟的羽毛完全长成时，他会十分担心别人把它射死。就我在本地人法庭中审理过的所有案件来说，最为麻烦、造成流血事件最多的，就是关于土地、女人和极乐鸟的争端，而且这三种情况哪一种更麻烦还不一定。所以，你应该能明白为什么他们不喜欢让陌生人知道跳舞树的位置。不过，我已经邀请本地的酋长在今天早上过来，到时候我试试看能不能让他说出点什么。"

酋长到了，站在门口。巴里用皮钦语和他说话，语速很快。他一边听，一边恭敬地点头。

"跟他去，"巴里对我说，"他会带你去看跳舞树。"

我跟着酋长从房中出来，走过操场，从对面的小村中穿过，沿着泥泞而陡峭的小路下行。没过多久，我们已将基地的房舍远远抛在后面，走在了密林中，周遭湿漉漉的树木和爬藤缠结交错，间杂着姿态优雅的树蕨。最后，我们面前出现了一株雄伟的榕树，远远高于周围的林木。巨大而皴裂的树干被人砍出了一排用作梯级的缺口。这些梯级必定是很久以前砍出来的，因为缺口边缘已经变得圆滑，被新生的树皮包裹起来。我抬头向树枝间张望，发现在离地40英尺的高处，有一间简陋的木屋。酋长用皮钦语连比带画地告诉我，极乐鸟飞来后会在距离木屋几码远的一根树枝上起舞。时机成熟时，他就会趁夜爬上去，钻进藏身处，备好弓箭，等待黎明到来。太阳升起时，一只雄极乐鸟会飞到那根树枝上，开始表演。这时，只要弦声一响，那只高视阔步、羽饰绚烂的鸟儿就会变成一具软绵无力、鲜血淋漓的死尸。

我抓住树上垂下的坚韧爬藤，艰难地爬上树干，直到极乐鸟在其上跳舞的那根树枝进入视野。它不久前应该被使用过，因为树皮上还有新鲜的划痕，也没有长出小枝。考虑到下方梯级的年龄，很明显这个藏身处已经被人使用多年。必定有一代又一代的极乐鸟在此殒命。

这时我才发现，这株榕树的枝叶太过繁茂，不论在地面还是在树上的藏身处，都无法清楚地看见极乐鸟起舞的地方。我的视野只够我用枪瞄准射击，却不能让我使用摄像机。就算还有鸟儿活下来，还会在这里跳舞，我们也无法拍摄。

从树上下来，我询问酋长是否还有羽毛长成的极乐鸟光临这棵树。他摇了摇头。在走回基地的途中，我们经过他的茅屋。他从我身边走开了一会儿，钻进茅屋，再出来时，手里已经多了一张晒干的极乐鸟皮。鸟喙中穿着一根竹签，用来将鸟皮别在头饰上，可以使鸟头朝下，让那些灿烂的饰羽位于最高点。这是他上个星期在这株榕树上的猎获。

第二天，操场被上千名米尔马族人占据了。他们并非来自塔比布加附近的乡野，而是来自吉米河一条主要支流的对岸，距离此地有接近一天的脚程。两年前，他们曾与塔比布加本地的马拉卡人作战，正是这场冲突让巡逻站的设立变得必要而紧迫。巴里来到此地后，发现米尔马人已被马拉卡人逐出了他们的田地和村庄。他的第一项措施之一便是命令马拉卡人放弃新近夺得的土地，并将米尔马人重新安置于他们原先的部族领地。如今，米尔马人每周拜访巡逻站一次，带来木薯、番木瓜、薯蓣和甘蔗。这些物资都是巴里供养其基地下属所需要的，他用商店中的刀子、贝壳和布料来交换它们。巴里不得不将这种拜访活动的日子固定在每个星期的同一天，以确保当天不会有大股马拉卡人出现在基地，从而避免旧日争端因为两敌相遇而重燃。

第一眼看上去，米尔马人与瓦基人颇为相似，同样留着大胡子，在脸上涂抹油彩，在鼻中穿孔，挂上新月形的珠贝，也戴着宽大的腰带，前面是钩针编织的下摆，后面是一丛类似裙撑的树叶。不过，他们有一种更粗犷野蛮的气质。几乎每个人脖子上都挂着一条树袋鼠尾皮，直垂过胸。他们的头饰并非全用极乐鸟饰羽，也用一些猫头鹰、老鹰和凤头鹦鹉的羽毛。这些羽毛光泽黯淡，带着泥污，却让他们有了一种野蛮的阳刚之气，与瓦基人那种富丽却略显阴柔的铺张气质截然不同。几乎每个米尔马人都佩带刀子、弓箭、巨大的三叉矛和长达 10 英尺的长枪。

早在我们到达之前几天，巴里就给这些人送去消息，请他们带些野兽和鸟类过来。他发表了一篇简短演说，介绍了我们。基地的"转话人"——也就是翻译——再把他的话传达给米尔马人。听完介绍，他们一个接一个走上前来，向我们呈上一只只神秘的包裹。

我们每打开一只包裹检查其中内容时，我都会根据其稀有程度和保存状态来评估其价值，而巴里则以贸易货品为单位给出价格。第一只呈椭圆形，用树叶包裹，外面是一只整齐编织的藤蔓网兜。我打开包裹，发现里面是一只巨大的绿色鹤鸵蛋。我们并不需要它，但还是付给这名男子一把珠子。第二个人带着毫不掩饰的得意神色，拿出一根竹签，上面穿着几十只一模一样的甲虫尸体。他大概是对巴里的要求有些小小的误解，但他为了搜集这些动物明显花了不少工夫，所以我们也付给他两把珠子。第三件和第四件物品又是鸟蛋，来自大冢雉。蛋呈白色，比鹤鸵的略小，但仍然相当巨大。第五名男子递给我一段竹筒，竹筒开口处塞着一卷草。我拔掉草塞，小心摇晃。筒里掉出一条蛇，落在地上。翻译向后一跳，同时发出一声我不明其意却明显情绪激动的警告。我拿起一根棍子，将这只爬行动物的头叉在地上，然后用大拇指和食指捏住它的后颈，将它提了起来。这是一条呈祖母绿色的漂亮蟒蛇，脊部的白色鳞片连成一条虚线。我知道这样一条美丽且有趣的蛇能让伦敦动物园满意，但很可惜，它的口部有一道可怕的伤口，很快就会让它丧命。

接下来我们见到了三样大为不同的东西，其材质都是石头。第一样是打磨光滑的修长斧身，有一种仿佛可以触及的温润，如同中国玉石。第二样是一只坑坑洼洼的石锤头，形状像去皮的菠萝，大小如网球。第三样是一只沉重的石碗。这最后一样的品类已为人熟知，却仍不乏神秘之感。中部高地的部族从不制作这种石碗，也不知其用途，却经常在翻挖田地时发现它们。这些石碗可能来自某个更早的、在新几内亚山地的现有族群到来之前就在此居住的部族。

最后一件物品更令人兴奋。一名勇士张开他的褐色手掌，我看见他掌心中蜷缩着两只小小的雏鸟。它们的皮肤疙疙瘩瘩，上面覆满钻出不久的羽茎，让它们呈现出刚剃过胡子的下巴的那种青灰色。这些雏鸟的喙大得不成比例，形状毫无疑问属于某种鹦鹉，但在它们羽翼丰满之前，我无法确定它们到底属于哪一种。我希望它们是红脸果鹦鹉。这种鹦鹉极为稀少，也极为有趣，只在新几内亚岛上被人发现过。

红脸果鹦鹉雏鸟

　　它们急需喂食，于是我将它们带回屋中。从这时开始，在接下来的几天里，巴里整洁无瑕的家逐渐被我们变得像是动物园的附属建筑。面对这些鹦鹉，他表现出一种隐忍式的平静。幸运的是，这些小家伙已经大到可以自己进食，毫不客气地啄起了芭蕉。然而仅有芭蕉无法长期维持它们的生命，我必须想办法让它们吃点种子。我带来的东西里有一小包葵花子，但这些鹦鹉从未见过这种又亮又滑、毫无滋味的东西，拒绝把它们当成食物。为此，我在当天和后来的许多天里花费了不少时间，剥开每一粒瓜子，取出种仁埋进芭蕉。雏鸟在吃芭蕉时狼吞虎咽，便会不小心吃到几粒种仁，并且很快习惯了它们的味道。最后，在我们离开新几内亚时，这些小鸟已经学会了自己给葵花籽剥壳，还吃得很香。到了这时，它们的毛羽也已经完全长成，有了碧绿晶莹的身体、鲜红的额头和脸颊，双眼上方还有一小块蓝色，证明它们的确是红脸果鹦鹉。它们的大小和麻雀相若，在我们带回伦敦动物园的所有动物中，它们最为驯顺可喜，也让这座动物园首次得以展出这一物种。

第三章　制斧者

　　我们发现，巴里建屋处的山脊其实是极好的观鸟点。每天我们都能看到几只极乐鸟，可惜它们总是迅速飞远，哪怕用上最好的远摄镜头，我们还是无法拍到令人满意的画面。我们在森林中步行，时不时也会瞥见它们，但这样的瞬间太过短暂，同样无法拍摄。要拍到极乐鸟，我们必须找到它们定期光顾的地点，在近处建好藏身处，这样才能将摄像机准备就绪，坐等鸟儿到来。一株跳舞树或是一个鸟巢都是这样的所在，但我们尽管付出了努力，还是没有找到任何一处。当地人也正如我们预期的那样，宣称他们一无所知。

　　在探索过程中，我们发现了几条蛇、一只长近1英尺的竹节虫、若干色泽鲜艳的树蛙、一窝巨大的毛虫，还有其他许多可供拍摄的小动物。但与我们的主要目标极乐鸟相比，这些作为替补的动物远远不能让人满足。

巴里的起居室墙边有一座壁炉。在寒意森然的傍晚，炉子里就会堆满熊熊燃烧的木柴。这时我们便会和他一起围坐炉边，商量前往艾奥梅的路线规划。巴里从未在单次跋涉中走完全程，但他通过多次巡逻，足迹几乎覆盖了这条路线中的每一段。依靠他的手绘地图，我们才得以制订出一份时间表。他告诉我们：在一座名叫门吉姆的村子里仍然有人制造石斧；此地位于吉米河同侧，与河道的距离和塔比布加差不多；要到达那里，需要沿吉米河谷走两天。前往门吉姆的旅程并不容易，因为唯一的小路跨越诸多与吉米河垂直相交的支流山谷。从每一条山谷走到下一条，都需要先爬上灌木丛生的陡坡到达山口，再下降数千英尺来到河边。门吉姆就位于其中一条名叫甘兹的支流岸边。我们准备从那里开始沿甘兹河谷下行，用一天时间走到吉米河，在一个名叫图姆邦吉的地方，利用土著建造的藤桥过河。河对岸就是俾斯麦山脉，也就是俾格米人的土地。想要翻过山脉的主脊，我们得爬升到 6 000 多英尺高处。接下来，要完成前往艾奥梅的旅程，我们还需要在拉穆河谷中艰难跋涉五天。拉穆河是一条大河，集聚了新几内亚岛中部高地北麓的水流，注入俾斯麦海。

根据这些计算，我们知道至少需要走上八个整天才能到达艾奥梅。在那里与包机会合的日期已经无法更改，若是在塔比布加逗留太久，我们可能无法挤出时间在后续的旅程中拍摄。我迫切想要早早启程，然而巴里意外地需要处理一些与基地有关的本地问题。他觉得自己在这些问题解决之前无法离开基地。于是我们达成一致：查尔斯和我先行出发前往门吉姆，巴里则会尽快赶往那里与我们会合。

到达塔比布加六天之后，我们在一个清晨离开。陪同我们的还是瓦瓦维。他走在前面，查尔斯和我随后，在我们身后蜿蜒着一长队脚夫。装有两只小鹦鹉和蛇的箱子由三名最仔细、最有责任心的脚夫搬运。头一个小时左右的路程相当轻松，小路沿着白茅草覆盖的山脊缓缓下行，时而穿过小片森林，令人不禁有些大意。瓦瓦维派人跑步先行，去募集接力的脚夫。我们每抵达一处新的部落领地，总会发现有人在边界等待，准备继续搬运我们的行李。

大约十点钟，我们来到途中第一座村庄奎邦，在此歇脚。当地人在我们身边聚成一群，兴奋不已，喋喋不休。在脚夫们享用冷木薯点心的时候，我打开装着贸易货品的行李箱，取出一大片珠贝。我一边挥舞珠贝，一边解释说我们要寻找的是"石父"（stone-akis）和"各种没有负伤的鸟"，愿意用"这块基那"*来购买这两种东西，只要质量够好。村民们好奇地听我说话，然后其中一个人离开人群，回到自己的茅屋，返回时带来了一把斧子。

与我们在明季歌会上见过的那些一样，这把斧子也是 T 形，石质斧身，以一块修长的、弯曲的木头作为配重，只是它的尺寸较小，表面覆满黑色的黏稠焦油。很明显，这把斧子已经多年未曾使用，一直被闲置在此人茅屋里火堆上方的椽子上，受到烟熏火燎。这个

---

* 即 keena，正式拼写为 kina，今为巴布亚新几内亚流通货币的名称。本书中泛指钱币。——译注

人把它带给我，只是因为这是他的所有工具里他觉得最没有价值的。不过这样的东西正是我想要的，因为它明显具有年代久远的特征，说明它是在金属工具进入吉米河谷之前制造出来的，甚至可能在战争中被使用过。于是我很高兴地用那片珠贝将它买下。

此外再没人拿出什么有价值的东西，于是我们离开了，继续向西前进。又走了两个小时之后，我的步伐开始失去活力。此前我以为在这个多雨的地方会有许多溪流，因此没有带上水壶。可是此时空中没有一丝云，强烈的阳光直射下来，炙烤着我的皮肤。我的嘴唇上覆满来自白茅草的粉尘，喉咙也干得发痛。我们走了一英里又一英里，却找不到能取水饮用的水流，连最细小的溪水也难觅踪影。查尔斯的缺水症状似乎比我还要严重。他汗如雨下，不仅衬衫像被水泡过一样，就连长裤前后也湿透了。每隔一小会儿，他就能从自己裤腿下端的褶边处拧出一捧水来。这样的状况令人忧虑，因为此时天气虽热，路途却并不比我们前往塔比布加那一趟更艰难，而那时候查尔斯可没有像现在这样异常出汗。我开始担心他可能染上了什么热病。如果没有饮水来弥补他这样不断的身体失水，用不了多久他就会真正病倒。尽管如此，他还是打起精神，努力前行。

中午过后不久，我们下到了一道深谷中，在谷底找到一条大河，终于解除了查尔斯的焦渴。我们延长了休息时间，之后开始攀爬河对岸密林覆盖的漫长陡坡。此前，巴里曾建议我们当晚在一座名叫乌姆的村庄休息。最后，我觉得自己终于望见了远处的村庄。它在一座高高的山头上，看上去似乎遥不可及。从这里到进村的两小时路程似乎漫长得没有终点。瓦瓦维在我身边大步前进，嘲笑我的疲惫，最后与我一同进村。巴里上次来到此地时下令建造了一座"官屋"，此时我便在这座小小的房子前一屁股坐下来，向人要水喝。村里的酋长用长竹筒送来了水。我贪婪地喝了起来，又用凉水冲洗胸口。我奢侈地将它泼在脸上和脖子上，试图洗净尘埃。

"这个乌姆，是第一等的好地方，"我对瓦瓦维说，"终于走完了。我觉得快死了。"

"这地方，名字是岑加，"瓦瓦维开心地说，"乌姆，远着呢。"

"瓦瓦维，"我斩钉截铁地说，"我就在这里睡觉。铺床，快些。"

一小时后，查尔斯一瘸一拐地进了村。我已经为他泡好了一大杯茶，床也替他铺好。他筋疲力尽，一头栽倒在床上，向我承认他在爬上来时几乎要吐了。

第二天，他感觉自己恢复了不少，但这一天的路程比前一天更艰难。我们不止一次连滚带滑地沿着泥泞的林中小道下降上千英尺，渡过河流，然后又喘着气、流着汗，艰难地爬上河谷对面的山坡，回到下降前的高度。每一次，我都希望瓦瓦维能告诉我下一条山梁背后谷中的河流就是甘兹河。然而，直到下午很晚，当我们在一道山口的顶点坐下来休息时，他才宣布门吉姆就在我们下方。此时我已从喘不过气的状态中恢复过来，于是沿着陡峭曲折的山道一路小跑。门吉姆的村民们早早听见我们的脚夫发出的号子声，为了迎接我们，已经朝这边走了一段。我从他们身边跑过，不想打断自己的步伐。他们欢呼嬉笑，抓住短短的机会和我握手，让我觉得自己像是一名刚刚进入体育场、即将完成最后一圈的奥运会马拉松选手。

甘兹河谷风景秀丽。鉴于它也是我们这段路程的终点，其景色对我来说愈加美好。河水翻卷着浪花，在一片巨松组成的森林间奔流。河岸上有一块宽广的空地，正是门吉姆所在。此地的"官屋"外观宏伟，房间宽敞。在我们的脚夫们把行李搬进来的同时，村民也为我们送上了菠萝、番木瓜和面包果。他们中只有一个人能听懂一点我的皮钦语，那是个年轻人，头发里插着一片大树叶和两簇凤头鹦鹉羽毛。他为自己的这项独特能力而得意，在走廊上坐下来耐心等待，准备在我们需要的时候随时充当翻译。

第二天早上，也正是这个小伙子答应领我们到造石斧的地方去。那里距离村子只有几分钟路程，位于河谷中较低处的山坡上。一群男子围坐在小溪旁的火堆边砍凿石片，一边工作，一边闲聊和唱歌。我们到达之后，翻译以一种高人一等的态度告诉这些人我们是谁、打算来看什么。他们站起身来，将我们团团围住。我问起制斧的石头从何处取材。一名较为年长的制斧者为了向我解释，涉入溪流。他搜寻了几分钟，弯下腰，搬起一块湿漉漉的大圆石，然后步履蹒跚地走回来，将石头放在我们脚下。这块石头大致呈椭球形。几名制斧者围着它蹲下来，叽叽呱呱说个不停。其中一人拿起一块小石头，沿圆石纵向划出线条，然后指向圆石上的一点，解释说，如果对准此处敲击，石头便会纵向裂开。

"看，"翻译惊叹道，"这块好石头太大了，可以做把大斧头。"

没错，一把跟这块石头一样长的斧头可以说是庞然大物了，比我们此前见过的都大得多。

然而此人提出的破石方法并未为所有人接受。另外几个男人提出了不同的建议，那名年长者耐心倾听。最后他终于下定决心，拾起一块沉重的石头，将它置于自己原来所建议的破石点上，再将它高举过头。他先是保持姿势不动，接着全力将这块石头砸了下去。

人群一阵沉默，接着所有制斧者都大笑起来。圆石的确裂开了，却是横向裂开的，与他原先精心计划的方向恰好垂直。人人都觉得这桩倒霉事是个大笑话。

翻译笑出了眼泪，伸手擦拭。

"两把小小的斧头，就这样了。"他说。

年长者终于摆脱了尴尬，再次举起石槌，猛击两半中较大的那一半。这次他的运气不错，那半块石头裂成了整齐光滑的长石片。他继续打击圆石的剩余部分，直到它变成一堆碎屑和十多块石片。他挑出石片中最大的一块，又把其余的交给其他男子。随后他坐下来，拿起一块小石头，开始耐心地砍削挑出来的那一块石片，将它大致敲成斧身的形状。每隔几分钟，他会拿起这块即将成形的斧身，用拇指和食指轻轻拈住较窄的一端，然后用小石头敲打下部，让它发出鸣声。每敲一次，他便会露出明显的笑意。我猜他是从敲击声来判断这块石斧是否完美，是否不带裂痕。

"斧头最后完工也是在这里吗？"我问翻译。

敲凿斧身

"还没到。"他回答道,"来。"

我们跟着他,沿溪下行,一直走到大河边。在那里,我们看见
更多的男人坐在河边的乱石上,将斧身打磨抛光。他们用作磨石的,
是一种粗糙的砂石。根据翻译的说法,这种砂石也是来自河中的大
石。这些人并无一种共同遵循的加工方法。其中一人将磨石嵌在一
截芭蕉树干里,放在身前,在上面来回打磨斧身,节奏分明。每隔
几分钟,他会停下来,将斧身浸入身边盘旋的水流,然后检查打磨
情况。另一个人的方法正好相反:他把斧身放在地上,有条不紊地
用一块较小的磨石来打磨它。一些人已经完成了斧身加工的主要工

打磨斧身

序，正在仔细切削弧形的锋刃。还有些人在修整配重木的外形，编织木柄上的装饰性藤网和藤绳。

我问翻译，做完一把石斧要花多长时间。

"有时候，要三个月，"他回答我，"有时候，要六个月。"

如果真是如此，那只是因为这些人在投入工作时抱有一种不慌不忙的态度。就我们所见的情况而论，我可以确定：如果每天辛勤工作，一个人只需要两三个星期就能做出一把石斧。然而如此一心投入一项任务的可笑做法基本只是西方人的习惯。这些人只有在乐意时才会工作。

安装斧柄

　　眼前的一幕令人惊叹。这些工匠身体半裸，头上的羽饰随着动作而摆动，吟唱着因为水流声而模糊不清的号子。我们观察他们时，实则是在观察一种石器时代的生活。然而，一个重要的奇特细节吸引了我的目光。有一名无论怎样看都和同伴们一样的男子正在对斧柄做最后的加工，用的不是石刀，而是一柄闪亮的金属小刀。我们眼前的情景就算属于石器时代，那也是石器时代的最后阶段。除此之外，这些工匠正在制作的石斧并无功能性用途。斧身太纤细，张得太开，而其锋刃又打磨得太过精细，以致无法真正使用。如果用这样一把斧子来砍树，它必定会裂成碎片。如果用它来作战，那巨

一柄制作完成的高地石斧

大而累赘的配重木只会让它极难使用。

我在奎邦得到的那柄石斧更短、更脏、更朴实无华，刃口像铁刃一样锋利。与之相较，这些斧子更大、更华丽，也更具装饰性。然而在我看来，它们在美感上也不如前者，更不用说毫无实用价值。它们尽管看上去炫人眼目，却失去了功能性，仅具装饰性。这些人制作它们，只是为了仪式之用，例如在歌会上展示，或者（某些时候根据习俗的要求）充作聘礼。

这些石斧将来可能有两种命运。由于工匠们明白这些产品无须再具有实用性，他们可能会选用更软、更易加工的石头，并进一步增强斧身的装饰性。另一种可能则是：部落传统在传教士的教诲下已经衰落，或许会废弃仪式场合对石斧的需求。无论在哪种情况下，新几内亚岛这一地区的石器时代都将消亡。

———

当晚，我们正坐在"官屋"中，一名喘着粗气的部落男子出现在走廊上，带来一封信。他用以持信的工具是一根开口的木棍，令我不禁莞尔。这样的做法让人联想到那些老掉牙的冒险故事，若非亲见，我很难相信它时至今日仍然存在。然而新几内亚土著的衣饰相当简陋，没有口袋，也就没有什么好办法让一封信保持平整干净。开口木棍仍然可以说是最好的解决办法。

我解开棍端的系绳，抽出信件。信是巴里写来的。他已经解决了塔比布加的事务，将在第二天与我们会合。

我把翻译从走廊上叫进来，告诉他我们要在门吉姆多待一天，等待长官的到来。现在我已经看过了"石父"，接下来想看的就是"库穆鸟*在树上唱歌"。（鉴于并无欧洲人与我们同行，我们被迫使用的皮钦语已经有所进步。diwai 一词就是我新近学到的，意思是"树"。）我强调说我们不会以任何方式伤害那些鸟儿，不会射杀它们，也不会尝试捕捉它们。我们只想看看它们，用我们的"画匣子"

---

* kumul，新几内亚岛民对新几内亚极乐鸟的称呼。——译注

64

对准它们。如果有谁乐意让我们看到跳舞的极乐鸟，我会付给他一块最好的珠贝——"最大的基那"。

翻译的眼睛亮了。

"我知道，"他说，"库穆鸟的树，离这里不远。"

我几乎不敢相信自己的好运，让他第二天一早来接我们，带我们去看那棵树。

"看不到库穆鸟，"我警告他，"就不给基那。"

翻译可不会冒这样的风险。第二天没等天亮，还是半夜的时候（至少睡眼惺忪、借着火把的照明穿上衣服的我是这么觉得），他就把我们叫了起来。我们拿上摄像机，跟跟跄跄沿路出村，靴子与石头相撞，发出响得有些不自然的哐哐声。我们通过一棵倒下的树过河，向上走到一片木薯园。借着黎明前的一点灰白微光，我看到木薯田对面有一片木麻黄树。

"太阳出来，"翻译小声说，"库穆鸟到树上唱歌。"

我们点点头，然后费力钻进一丛灌木，在那里架好摄像机，然后停下来等待。周围的树叶上露水很重。我穿着一件厚厚的运动衫，仍然觉得寒冷。灰白的天空渐渐变亮，慢得几乎让人难以觉察。我焦急地等待鸟儿的到来，可是每次我提到这种可能，查尔斯都会拿出他的测光表来反驳，指出鸟儿来得太早其实是坏事，因为光线还不足以让我们拍摄。最后，他还是勉强地承认：如果把镜头光圈开到最大（提到这一点时，他也没忘了补充说还得把焦距调到最短），或许光线刚好够在胶片上留下模糊的影像。

正当他提到这一点时，我听见一声鸟鸣，并且分辨出那是小极乐鸟的声音。声音来自我们背后。我慢慢转身寻找。又一声鸣叫，接着一阵扑翅声将我的视线引向远处的一棵树。在那里，我看见一只鸟的模糊轮廓。它叫了第三声，身影突然画出一道弧线，拖曳着明亮的饰羽，从我们头顶飞过，落在前方的木麻黄树上。令人恼火的是，它落在了那棵树上枝叶最浓密的地方，从我们的视野里消失了。

当我绝望地用双筒望远镜寻找鸟的身影时，它再次开始啼鸣，音调中多了一种迫切。尖鸣不断持续，长得似乎没有尽头，而我们

小极乐鸟

能看见的只有树叶间隐约的摇动。接下来，声音消失了。那只鸟突然从树上疾射而出，沿着山谷飞向远处。

"就是这样了，"翻译大声宣布，"先生，给我最大的基那。"

"它不回来吗？"我问道。

"它再也不回来。"他的口气不容置疑。

"好吧，给你，"我说，"转话人回官屋去。我们再待一会儿。"

翻译就像打了胜仗一样离开了。我们怀着那只鸟或许会飞回来的渺茫希望，又等了半个小时。我用双筒望远镜在林间搜索，不经意间，将镜头转向了不远处的一株番木瓜树。在那里，我发现一双大大的眼睛正在树叶间偷觑我们，令我大吃一惊。

我把望远镜递给查尔斯。他也看到了那双眼睛。然而我们两人都猜不出什么动物才会有这样的眼睛。极乐鸟不会再回来了，因为太阳已经渐渐升起。我们从藏身处站起来，走向那株番木瓜树，想弄个明白。

我抬头向树上望去。在树冠顶部的叶间，我看见那里蜷缩着一只毛茸茸的白色动物，大小如家猫。那是一只斑袋貂，是新几内亚岛上最可爱的哺乳动物之一，也是我特别想带回伦敦的一种。在我的注视下，它展开身躯，仿佛有些近视地眨着眼睛，用它卷曲的长尾巴缠住树干，朝着我的方向爬下来。途中，它遭遇了一条盘住树干的藤条，便停下来，啃了几片叶子，仿佛若有所思，然后又继续向下，向我爬来。有那么一会儿，我觉得它会直接爬进我的掌心。为了方便接住它，我稍稍动了一下。它立刻转身，沿着树干向上蹿

斑袋貂

去，躲进树叶间。

　　我们陷入了两难。只要我们还站在这里，它就不会爬下来。我又不能爬上去，因为这株番木瓜树太细，无法承受我的重量。唯一的办法是把树砍倒。我拔出砍刀，开始动手。斑袋貂再次从树叶间钻出来，严肃地观察我的动作。很快，树在我的砍伐下晃动起来。这可不是斑袋貂乐意看到的。它向下爬了一点，尾巴缠在树干上，用后腿支起身体，向外倾斜，抓住旁边一株灌木的树枝，完全离开了番木瓜树。这个办法初看起来相当聪明，实则不智，因为那株灌木不够高，而且我也能爬上去。我放下刀，脱下运动衫——此乃怯懦之举，因为我想隔着布料来抓它，让自己被咬的机会降到最低。我向上朝斑袋貂伸出手时，它发出呼噜呼噜的威胁声，同时向后退了几英寸。然而它所在的树枝太细，在它的体重压迫下开始弯曲。它没法再退了。我张开运动衫飞快地一扑，捉住它的后颈，然后解开它的尾巴，把这个愤怒咆哮的家伙捉下树来。

与新几内亚岛上其他所有原生哺乳动物一样，斑袋貂属于有袋类，长着袋鼠式的育儿袋。它的分布相当广泛，不仅见于新几内亚岛，也见于澳大利亚北部和印度尼西亚东部诸多岛屿。斑袋貂有着多种多样的颜色，以棕色和带有橙斑的白色为最多，但我们捉住的这只是少见的纯白色。它的鼻尖粉红而湿润，爪上无毛，尾巴卷得像手表里的弹簧。一时间，捉到斑袋貂的喜悦甚至压过了没能看到极乐鸟起舞的失望。我们急匆匆地回到"官屋"，好为它准备一只舒适的笼子。

第四章　俾格米人与跳舞鸟

当天傍晚，巴里在一场大雨中来到门吉姆。雨声訇然而单调，以至我们没有听到他进村的声音。当浑身滴水的巴里突然出现在走廊上时，我们吓了一跳。他带来的消息让我们的计划有了新变数。在离开塔比布加前的那个晚上，他用无线电与哈根那边通了话，报告了他要离开的事。地区专员要求他到俾斯麦山北麓一个叫昆伯鲁夫的地方去，视察淘金者吉姆·麦金农刚刚在那里建好的飞机跑道。一架预约好的飞机将在四天后飞过跑道上空。如果飞行员看到地面上有新跑道可以使用的信号，就会降落，卸下一批给养。发信号的人必须是政府官员。如果巴里要及时赶到那里执行这项任务，我们第二天早上就得全体离开门吉姆。

巴里告诉我们这些情况时，雨水仍不断倾泻在"官屋"的屋顶上，从屋檐流下，让窗户似乎多了一层连绵的水帘。我郁郁地想象

在雨林中跋涉

着在这样的天气里跋涉数日的前景，努力尝试更哲学化地看待问题，于是得出一个推论：在路途中遇到坏天气，总比在拍摄时遇到坏天气要好。然而，第二天早上，当我们发现大雨丝毫没有减弱时，这套逻辑并没有给我带来多少安慰。

我们带了雨衣，但穿上它们似乎毫无意义。如果穿上，雨衣下摆不仅会烦人地拍打我们的腿，还会让我们全身汗湿，跟不穿并无分别。因此，我们将雨衣捆在箱子顶上。这样一来，就算箱盖开了口，里面的东西仍能保持干燥。然后我们穿上外套，鼓起勇气，迈步出发。看到几乎全身赤裸的脚夫们在瓢泼大雨中毫无怨言，负重而行，我们也没有理由自怨自艾——尽管我不无妒忌地留意到，因为他们的皮肤太过油滑，雨水落在他们身上就像落在鸟羽上一样，会溅成银色的水滴跳开。

前往甘兹的行程并不难。我们一路下山，步子协调一致，让脚上沾满泥巴的沉重靴子像钟摆那样前后摆动。接近中午时，雨停了，森林的气息闻起来清新怡人。地面上覆盖着一层厚厚的腐叶，踩上去富有弹性，令人脚步轻快。我们此前从未在这样的丛林中穿行。此处最常见的树木是高大的南洋杉，其巨大树干的粗细和高度堪比工厂的烟囱，挺拔直上，既无枝杈，也无藤蔓攀附，直至距离地面近 200 英尺的高处，才向四面张开，擎起如同智利南洋杉树冠般的伞盖。它们是有生命的巨柱，其中一部分身上还带有标记路线的斧痕，伤口中涌出大量气味芬芳的松脂。在这些松杉目的大树间，也有其他树木生长：有一些高高立起，垂下支柱般的气根；有一些披戴着藤蔓，藤蔓上又悬着附生的蕨类，如同华贵的吊灯。在树枝上的花簇间，偶尔可见一串串明丽的兰花。也有鸟儿藏在森林高处的树冠间。通常我们只能听到它们的声音，有时是尖厉刺耳的呼唤，更多的是沉重喧嚣的翅膀拍打声，明显来自犀鸟。不过有时它们也会进入我们的视线。小极乐鸟似乎特别多。当它们在我们前方飞起时，我们总能看见硫黄色的饰羽闪闪发光。

我们身上的衣服渐渐干透，让我觉得畅快惬意。脚夫们也唱起歌来。

在我们身后，脚夫队伍拉得很长，这是因为巴里加入之后，我

涉过甘兹河

们便需要上百人来搬运全部行李。前往图姆邦吉的小路沿着山谷右侧下行。当天的大部分时间里，甘兹河水都像忠实的伙伴一样，总在我们身边或者我们下方奔流，或是冲刷着峡谷，或是从瀑布上跌落。直到我们走到距离吉米河不远处，水流才放慢了步伐，分成许多道，交织着淌过一片遍布砾石的宽广三角洲，这便是它与吉米河交汇之处。我们在这里涉水而过，在对岸爬上一道低矮的分水岭，随后沿吉米河陡峭下行，前往图姆邦吉。

然而图姆邦吉并非一座村庄。我们眼前只有一座"官屋"和一间为脚夫搭建的棚子，孤零零地伫立在一片空地上。河边有一株巨树，是一道破败的藤编吊桥的桥柱。吊桥低垂，跨过 50 码宽的河面，与对岸断崖上的另一株树相连。周遭一片寂静，只有虫鸣、潺潺的水声，以及风中微微晃动的吊桥发出的吱嘎声。

这里就是巴里原计划招募新脚夫的地点。如果我们找不到新脚夫，事情就麻烦了，因为门吉姆人几乎肯定会拒绝扛着我们的行李走得更远。河对岸那片地方属于俾格米人，一个完全不同的部落。尽管我们可能说服门吉姆脚夫在一名官员和他手下的武装警察的保护下进入这片地区，但如果他们要被留在这片兴许怀有敌意的陌生地区，只能自己返回而没有受到保护，那他们肯定不会同意。

此外，如果我们诱使他们离开自己的地盘，他们便无法像在自己部族的领地中那样，在森林中采摘面包果、番木瓜和木薯。这样一来，他们就只能完全依赖我们提供的食物，而我们并没有足够的大米来供应他们。因此我们别无选择，只能和他们结账。

我们的行李陆续抵达，警察们逐一清点，巴里则坐在"官屋"外的一张凳子上，不动声色地看着。立在他身边的瓦瓦维突然伸手指向对岸。在那边，一小群人钻出了森林，正站在河岸上朝我们张望。他们就是俾格米人。瓦瓦维攀上桥，走过去邀请他们过来。

他领着这些人从桥上返回。与身高 6 英尺的瓦瓦维相比，这些人看起来是那么矮小，让人很难相信他们已经发育完全。领头的是一个胸廓粗圆的小个子，他的鼻翼上穿着竹签，每边各有三根。他的双耳上挂着发白的鸟类头骨，脖子后面悬着一枚犀鸟喙。他的面庞棕褐无须，上面覆满一条条蓝黑色的疤痕，组成鲱鱼骨般的图案。

走过吊桥

他头戴一顶奇异的球形帽，看起来像是一只会动的蘑菇。到了彼此更相熟的时候，我有机会好好观察这顶帽子。它的最外层是一块织料，用捶打过的树皮纤维织成。在我的请求下，头领摘下了帽子。我发现这顶帽子的填充物是他自己剪下的头发，里面混入了红土，又与他尚在生长的头发缠结在一起，变成硬邦邦的一团。事实上，与其说这是一顶帽子，不如说它是一顶无法摘掉的假发——最里面一层和他的头皮在生理上还是一体。

头领站在巴里面前，有些局促不安，身体重心在两脚之间不自然地来回切换。在一名门吉姆男子尽力将巴里的话翻译给他听时，

俾格米人头领

他将面孔努力地扬起，焦虑地想要理解。

　　巴里提出了两个请求：一是采购食物，二是雇用脚夫将我们的行李继续向前搬运。他允诺这两条他都可以用珠子、颜料或盐来付账。此外，他又代表我们补充了一点：如果俾格米人中有谁养着驯顺的动物，我们也可以出高价收购。那个俾格米人一边听，一边嘟哝着什么。每次点头，他的"假发"都会在头上晃动，盖住他的眼睛，让他不得不将它推回原处。从他结结巴巴的回答中，我们听出了他的意思：他会回到对岸去，把消息告诉部落中其他人，让他们知道我们的请求。除此之外他便无能为力。巴里向他表示感谢。随后，他和他那些明显不受拘束的伙伴从桥上返回了对岸。

第二天一早，扛着食物的俾格米人开始过河，络绎不绝地拥入我们的营帐，直到下午相当晚的时候。他们带来了芭蕉树芯、十几个一串穿在长杆上的面包果，还用藤编的网兜装来了一捆捆甘蔗、芋芳、山药和木薯。来的所有人里没有一个身高超过 5 英尺，大多数只有 4.5 英尺左右。无论男女都戴着假发，其中一些假发饰以羽毛、树叶、一片片穿在竹签上的绿色甲虫鞘翅，或是一条条刻画着简单几何图案的树皮。他们中有些人的脖子上挂着珠串或沉重的货贝项链，证明在如此远离海洋的偏远山谷里也存在着贸易路线，让

佩戴甲虫和贝壳发饰的俾格米人

贝壳能从海滨流入此地。一名男子的项链是用干缩的人手指做成，令人睹之反胃。

随着食物的运达，门吉姆人烧起巨大的火堆，开始烹煮一些蔬菜。我们自己则取用了一些面包果。这些硕大而椭圆的绿家伙大小有如足球，外面有一层多刺的绿壳。用火烤了几分钟之后，我们把果实打开，取出许多白色果仁。这些果仁滋味类似栗子，相当鲜美。

到了下午，昨天我们见过的第一个人再次出现，朝我走来。他肩上扛着一根棍子，上面有一只努力想要保持平衡的凤头鹦鹉，白羽黄冠。我立刻被它吸引住了。这是一只雌鸟，因为它的眼睛是棕色的。如果它是雄鸟，眼睛会是黑色。它的双眼周围是窄窄的一圈亮蓝色皮肤，没有羽毛。这是新几内亚的鹦鹉才有的特征，不会出现在澳大利亚那些与它们几乎一模一样的鹦鹉身上。俾格米人将鹦鹉放下来。它便一摇一摆地向围坐在火堆旁的脚夫中的一个走去，自信满满地开始讨要面包果仁，并且大获成功。

我们用一片珠贝将它买下。在我们后来带回伦敦的各种动物中，"鹦鹉柯奇"成了最为普通却又总是最令人愉悦的一员。我觉得伦敦动物园已经有了许多鹦鹉，大概不会想要柯奇，于是我最初打算把它当作宠物养在伦敦家中。在它抵达英格兰之后，我才发现伦敦动物园从来不曾拥有蓝眼凤头鹦鹉，也乐意收留它。然而此时它已经深深俘获了我的心，让我难以把它交给别人。

有了柯奇之后，我们的收集已经蔚为大观，包括斑袋貂、蟒蛇、红脸果鹦鹉，还有早些时候一些部落民带给我们的一只年幼犀鸟。

柯奇和它的俾格米主人

在我清空笼子的时候，俾格米人围上来观看。每次我用干净的报纸重新铺好笼子，扔掉湿嗒嗒的、沾满粪便的旧报纸时，他们便扑上去争抢，把这些纸带回河边，轻柔而仔细地清洗干净，然后再用火烤干。当天傍晚，我看见他们用这宝贵的纸张卷上本地产的烟草，带着一脸满足的笑意，坐下来开始抽烟。

第二天一大早，上百名俾格米人已经聚集在河对岸。我们又可以继续前进了。我们的行李一件件被运过晃晃悠悠的吊桥。这桥太过破败，以至我们每次只敢允许两个人和一件行李上桥。接下来便是我们出发以来最为艰苦的一天——我们将向上攀爬，进入俾斯麦山脉。

暮色渐临，我们仍在攀爬一道道青草苍莽、似乎无穷无尽的山梁，目力所及之处杳无人烟。"那边是什么？"我指向西面一条云雾弥漫的山谷，向巴里询问。"没有人知道，"他回答道，"没有人去过那里。"西面的山岭上此时已经聚集起浓重灰暗的云层，而太阳正沉向云幕之后，让天空看起来摄人心魄。于是我们决定不再继续前进，而是在山脊上扎下营帐。巴里手下的警察们从灌木林中伐来木棍，搭起一个框架，在上面覆上一层油布，让它变成一顶长长的屋脊帐，只用了不到半个小时。接下来，他们又竖起一根高高的竹竿。瓦瓦维在竿上挂起一面澳大利亚国旗。太阳落山时，警察们穿上他们最好的裙摆，上好枪刺，列队而行。这是为了在俾格米人好奇的注视下举行一场像样的降旗仪式。

　　第二天的跋涉似乎更加艰难。如果巴里要在飞机抵达之前视察那条跑道，我们就必须在入夜前赶到昆伯鲁夫，也就是那位淘金者的营地。于是我们奋力赶路，尽可能少地停下来休息。翻过山脊之后，我们进入了藓苔林。我多次听见极乐鸟的鸣叫，可我们没有时间去搜寻它们。何况其实我更乐意赶路，因为林中湿软的地面上到处都是蚂蟥。只要我们停下脚步，它们就会从四面向我们围拢。哪怕我们不停赶路，也没法摆脱它们——只要我们与灌木丛擦身而过，总会有几条落在我们的腿上，需要用刀尖挑掉。脚夫们也和我们一样深受其扰，但他们是赤脚，很容易看见这些恶心的虫子，而我们如果没能在蚂蟥爬上来后几分钟内发现它们，它们就会穿过我们的袜子，钻进靴子里，咬破皮肤而不造成疼痛，悄悄地吸吮鲜血。

这片刚开始还令人着迷的森林逐渐失去了魅力。我们争分夺秒地赶路，无法停下来探索任何东西。除了疲惫地将两脚交替向前移动，我们别无选择。即便如此，为了避免因绊住树根或是踩在石块上打滑而消耗更多力气，我们还得紧紧盯着地面。

日中休息时，瓦瓦维赶了上来，还亲自扛了一只大箱子。有的俾格米人不乐意离开自己的地盘太远，扔掉了他们搬运的行李，钻进丛林消失不见。脚夫队伍人员严重缩编，导致许多留下来的人的负担比刚出发时更重。如果还有人逃走的话，我们恐怕只能抛弃一部分设备了。

好容易进入了下行路段，我们穿过湿漉漉的藓苔林，来到了下方被白茅草覆盖的山坡上。昆伯鲁夫就位于这些山坡脚下。

吉姆·麦金农出来迎接我们。他是个乐呵呵的家伙，身形壮硕，长着一头浓密的灰色鬈发，看上去快有五十岁，但实际上他告诉我们他才三十多岁。他和我们握手，拍我们的背，激动地大笑，热情洋溢地欢迎我们。我们是他许多个月以来见到的第一批欧洲人。此外，他也为能再次说上英语而兴奋不已，以至于说个不停。一个个单词不断从他嘴里冒出来，你追我赶。由于兴奋的缘故，他口吃得厉害，没有一个句子能说得完整，时不时还要带上皮钦语单词或是澳大利亚粗话。

"快请进，快请进，我亲爱的老……天哪，我太高兴能见到你们，能……这鬼地方真是糟糕透了，但我只不过……嘿对了，得来点见鬼的威士忌。"

他将我们领进一座谷仓样式的棚屋。如他所言，这棚屋确实是一团糟。中间的餐桌黏糊糊的，还留有陈旧的餐食痕迹，上面摆着各种没吃完的罐头，有黄油、果酱、炼乳，而且落满碎屑。一大堆用于贸易的红布、旧报纸和刀具摞在一叠旅行箱顶上。在这堆东西上方的木墙上，挂着一张泛黄的日历，上面的装饰画中是一个比例严重失真的歌队女孩。角落里有一张没收拾的行军床。除了一把破帆布椅和几只竖起来的木箱，屋中没有地方可以让人坐下来。此外，我们后来才发现，整个房子里到处都是老鼠。

然而，无论吉姆的房子多么糟糕，他的欢迎之情都足以弥补任何缺陷。毫无疑问，他是那种最慷慨、最善良的人，一个劲儿地要把他觉得我们可能想要的东西塞给我们——食物、毯子、杂志，还有酒。任何东西，只要我们提出来，就是我们的。他一再为自己的棚屋不够舒适而道歉，解释说他自己其实也只是在这里扎个营，因为在过去的三个月里，他都住在山上的"飞机地"（place-balus）*，也就是他修建的那条跑道。

"我实在是抱歉，但它……"吉姆结结巴巴地说道，"那架从海岸过来的鬼飞机本来应该投下……毕竟一台压路机又没多重，对吧，巴里？真是搞不懂。飞行员是个挺不错的家伙，在这鬼地方你找不到比他更好的人。这真不是他的错，但我确实没拿到我的鬼压路机。所以，你明白了吧，巴里，它还不够完善。确实不够，还差得远呢。"

---

* *balus* 是巴布亚新几内亚人对飞机的称呼。——译注

他一脸悲哀地摇头。

情况似乎是这样的：他花了好几个月来清理灌木、平整沟壑丘脊，终于让这条跑道接近完工；然而，要让它足够安全，可以使用，还需要一台重型压路机。吉姆本来已经订了一架包机，让它在飞过跑道上方时将压路机空投下来。可是飞机并没有在原定的日期到来。通过无线电联络，他才知道，无论在重量还是尺寸上，压路机都超过了飞行安全规定所要求的标准。然而，在这以前，他已经提出申请，让一名巡逻官来视察跑道，并且这份申请已经被传给哈根的地区专员，又被转达给巴里。看起来我们的到访并无必要，因为吉姆本人清楚飞机没法在这条跑道上安全降落。不过巴里还是指出：飞机还是会来寻找信号，而他必须到跑道上去把信号发出去。

第二天早上，尽管我们努力挽留，大部分图姆邦吉来的脚夫还是离开了。在昆伯鲁夫附近，我们似乎很难招募到替代人手，然而吉姆表示再过一两天就会有很多人到这里来。

"他们全都在参加他们那见鬼的歌会，"他说，"都到上面的'飞机地'去了，在那里举行聚会，用蝙蝠牙齿给小孩们穿鼻。"

听到这个消息，查尔斯和我决定陪同巴里与吉姆前往飞机跑道，以拍摄这场歌会。在路上，吉姆向我讲了更多关于他的采矿特许地的事。他寻找金矿已经有快二十年了，先是在澳大利亚的北部，后来又到了新几内亚。直到两年前，他仍没能找到一处哪怕有一丁点儿产出的金矿，然而他已经深陷金矿勘探的狂热之中，又念念不忘艾迪溪的故事——那座发现于 20 世纪 20 年代的极富金矿让好些幸运的淘金者成了百万富翁。每完成一次不成功的勘探之旅，吉姆便会回去重拾其他工作，只为挣够钱，好让他再一次进入荒野，寻找那座能让他发财的金矿。他相信他要找的金矿就在昆伯鲁夫。

他的棚屋两侧各有一条小溪，相互平行。从这两条小溪里，他已经淘出了少量的金砂。他相信这些珍贵的金属正来自两溪之间的山脊。他和他的搭档（此人最近已经返回澳大利亚，要在那里待上几个月）已经修建了一条沿山坡而下的导水管，用来为一架水枪——也就是小型淘金机——提供水流。通过这台机器，如今他每天可以提取一盎司黄金。他已经确定，要有利可图，他还需要添置

查尔斯·拉古斯在俾斯麦山中拍摄

几架大型水枪。

"大卫，等那些水枪到手，"他拄着手杖停下来休息，一边擦着眉上的汗，一边对我说，"等那些水枪到手，就是它好好表现的时候啦。"

为了弄到这些水枪，他已经停下了特许地上的工作，最近三个月一直在修他的"飞机地"，以便新添置的机械可以被空运进来。然而压路机的空投未能获准，这对他来说是一次惨痛的挫败，几乎要将他压垮了。

入夜之前，我们终于在瓢泼大雨中赶到了跑道上。吉姆在跑道旁搭起了一些棚子，此时一群俾格米人正站在棚子下，神色郁郁。他们两眼无神，疲惫不堪。他们的鹦鹉羽毛头饰湿嗒嗒的，东倒西歪，这是因为他们已经连续跳了三天三夜的舞。这些人中有几个是男孩，鼻子刚刚穿过，脸颊和上唇表面还凝结着血迹。歌会和仪式已经结束了，所以这趟前往跑道的远足对查尔斯和我来说变得毫无意义。对巴里来说也差不多——不仅因为这条跑道太软而无法使用，还因为天气太糟，飞机没有出现，而他在第二天用白布细心摆出的信号也一直无人接收。

在绵绵细雨中，我们闷闷不乐地走回昆伯鲁夫，发现吉米河谷的俾格米人已经跑得一个不剩。当天晚上我们试图募集一批脚夫，然而尽管歌会已经结束，却没有多少人回到家里。第二天早上，我们召集起来的也不过三十人。我们别无选择，只能抛弃一部分辎重。巴里预计再过几个星期他还会回到昆伯鲁夫地区，执行一次新的巡

在飞机跑道上跳完舞的俾格米人

逻，于是他挑选出一部分不是急需的装备，把它们留在淘金者的小屋里。

吉姆不情愿地送我们上路。看起来，他与他所选择的生活格外不相契合，因为他是一个喜欢宴饮交际的人。我们离开时，心里很清楚吉姆一心希望他也能和我们一起走。

就在我们走下山脊时，他在后面高喊："到了莱城，别忘了替我多喝几杯该死的啤酒。"一个小时之后，我回头瞭望。他的棚屋远在天际，如同一件玩具。我只能勉强分辨出屋子旁边还站着一个小小的白色人影，正目送我们远去。

当晚，我们在一片森林中扎营，距离三座在溪边簇拥而立的小茅屋不远。我们的脚夫头儿管这地方叫库基姆·索尔。走进茅屋，我们发现里面有几个俾格米人正围坐在火堆边，火上架着一口口工艺粗糙的锅。他们在"煮盐"。这些锅的原料是湿软的泥土，用芭蕉叶做衬里，下方是石块组成的简陋结构，将火堆围在中间。锅中冒着热气的水来自附近的一处泉眼，其中溶解了微量矿物质，而这些俾格米人正通过缓慢蒸馏来提取它们。其中一个人向我展示了用叶子裹起来的一小包灰色湿盐。为了得到这一点盐，他花了一个多星期的时间。于是我不再诧异我们的脚夫为了得到一小勺我们用来交易的盐，竟然愿意扛上重物走许多小时。

脚夫们零零散散地到达，其中许多人扛着双倍的分量，这是因为在后面收队的瓦瓦维再一次在路上发现了被遗弃的货包。傍晚，在帐篷里坐下来后，我们才意识到可能有更多脚夫会趁着夜晚逃走。那样一来，我们可能就得考虑要么抛弃包括摄像机、录音设备、胶片和鸟类在内的几乎所有货物，要么花上许多天来补充脚夫，然后错过飞机。如果真的错过了飞机，我们可能就要等上几个星期，才会有另一架飞机来接我们。我们可以在艾奥梅得到帮助，那里的巡逻官的基地比塔比布加大得多，只要我们提出要求，他肯定可以找到好几百个脚夫。于是我们做出了决定：第二天一早，查尔斯和我要带上剩下的脚夫——无论有几个——尽快赶路前往艾奥梅，从那里派回尽可能多的脚夫来接巴里和剩下的货物。这样的解决办法并非我们所乐见，因为在脚夫到来之前，巴里很可能会在此地被困好多天。那样一来，他就肯定要错过飞机——他原本打算和我们一起飞回瓦基，在那边度几天假。不过，经过计算，我们认为，只要运气够好，我们也许能在一天内赶到艾奥梅。然后如果我们立刻派回脚夫，巴里还有可能在飞机抵达之前几个小时赶到机场。方案确定之后，当天傍晚我们便一直忙着精简装备，力求减无可减。

这段行程变成了赛跑。天刚亮，我们便与巴里告别，并保证我们将尽快赶路。不到两个小时，我们就翻过了库基姆·索尔上方的山口。脚夫们告诉我们，只要再过一条河，也就是阿塞河，然后再翻过一道高山，就能到达艾奥梅了。看起来，在天黑之前很早我们就能赶到基地。我们心情愉悦地沿着白茅草覆盖的山坡向下跑。这些山坡之下数千英尺的地方就是阿塞河。到达河边时，正值中午。然而令人丧气的是，我们发现那座横跨阿塞河、用树枝和藤条建成的便桥已经残破不堪，或者说被河水冲走了一部分。瓦瓦维小心翼翼地爬上去，突然有断裂声响起。瓦瓦维急忙跳回岸边。桥的中段缓缓下折，坠入河水。

与此同时，我一直在挑选最浅的河段，小心翼翼地涉水而过。水流太过湍急，才刚淹没膝盖，我就开始觉得站不稳。到了水深及腰的地方，汹涌的河水将我左拉右拽，力道之大，让我几乎难以举步。有一步，我的脚踩在水下的一块卵石上，打了滑。若不是手中拄着棍子，我很可能已经被水冲走。最后我总算抵达了对岸，但是我的成功渡河毫无意义，只让我明白了一点：扛着摄像机和胶片的俾格米人毫无可能涉过中流。我们别无选择，必须动手修桥。

在瓦瓦维的指挥下，脚夫们开始砍伐木麻黄树，并搜集藤条来捆牢树干。他们干得很卖力，但随着时间飞速流逝，我意识到我们当天不可能赶到艾奥梅了。

快三个小时之后，便桥终于足够结实，可以让脚夫们通行。等到所有人都来到对岸，已经是下午相当晚的时候。六点钟，在那道将我们与拉穆河谷分隔开来的山梁的半山腰上，我们扎下营来。我们的帐篷支在一株面包果树下，附近还长着番木瓜树和芭蕉树。我们心怀感激地采摘果实，因为在我们过度精简的行囊里，唯一的食物只是一罐腌牛肉和一罐烤豆子。突然间，夜幕迅速降临。我们没有带灯，只能坐在一堆柴火旁用餐。我们也没有盘子、杯子和刀叉，只能用刀子直接就着肉罐头和豆子罐头进食。

第二天中午，我们的队伍开进了艾奥梅。此地堪称文明开化，有一条宽阔的飞机跑道，平整且碧绿，如同草地保龄球场。跑道两边各有一排宽敞的住宅。与我们同行的那些粗野的山地部落民走在一条整洁的碎石路上，路两边是修建整齐的灌木篱笆。看到他们，那些身穿鲜红色缠腰布制服的巴布亚学童惊慌不已，穿过跑道去找他们的母亲。基地里只有两个欧洲人，一个是见习巡逻官，一个是医疗助理。他们欢迎了我们，为我们提供热水淋浴、干净的衣物和一顿牛排大餐。在我们放松享受的时候，已经有五十名脚夫被召集起来，由一名基地警员率领，前往库基姆·索尔。

再次有机会坐在舒适的椅子上，喝到冰镇啤酒，有机会悠闲漫步而不是争分夺秒地赶路，这一切看起来奢侈得不像真的。然而我的脑中不断会泛起两个念头，让我无法安然享受：首先，我们抛下了巴里，很可能让他失去在瓦基度假的机会；其次，我们最终还是没有看到极乐鸟的舞蹈。

次日一整天，直到入夜，查尔斯和我一再努力，想要修正行程估算，想要说服自己巴里还有可能赶在明天上午十一点之前与我们会合——十一点正是那架包机的预计抵达时间。就在我们得出结论，确定全无此种可能的时候，查尔斯抬起手来。

"听，"他说道，"我好像听见了歌声。"

我们赶快跑出去，冲入夜色。远处，在山岭的黝黯轮廓上，我们看到了两点亮光。我们不太敢相信那是巴里或者他手下人发出的亮光。那光线闪烁明灭，缓缓下降，而我们就在那里望了两个小时。接下来，亮光完全消失了。无论那些人是谁，他们都已经进入山脚的那片森林。最后，我们终于可以清晰听见连续不断的歌唱声，而那些亮光也突然出现在飞机跑道的另一头，比刚才更亮，更大。我们向他们奔跑过去。

领着一行人大步走来的，正是巴里。他身边那些扛着行李的不是俾格米人，也不是艾奥梅人，而是高大而乐呵呵的马拉卡人。

"这些人给你捉到了几条蛇，"巴里说，"他们把蛇带下山，来到塔比布加，却发现我们已经离开好几天了。他们对此忍无可忍，便一路追随而来。他们还是那么骄傲，觉得自己可以与新几内亚的任何部落在战斗中较量，所以对步行穿越敌对部落领地这件事毫不在乎。你们离开之后第二天，他们就在库基姆·索尔赶上了我。我就让他们扛起行李继续前进了。"

他笑了起来，却神色疲惫。

"我正有几件证据确凿的谋杀案要找他们呢，这些老浑蛋就这样送上门来了。"

第二天早上，我们隐隐听见有引擎的轰鸣声传来，一个小黑点出现在俾斯麦山脉上空。飞机围绕跑道盘旋，然后降落。我刚看见它时还满怀欣慰，此时却焦虑起来，因为这只是一架很小的单引擎飞机，看上去远不足以将巴里、查尔斯、我、我们的行李和设备，还有我们搜集到的各种动物全部运走。然而飞行员本人并没有这样的担心。他匆匆瞥了一眼那些堆放在跑道边缘的货物，让人每次搬过来一件，然后有条不紊地将它们装入飞机货舱。蛇笼差不多是他最先挑选的一件。听说笼子里装的是什么之后，他便要求我把笼盖再加固一道，并且淡定地表示：如果在飞行中有条蟒蛇爬到了他的背上，他可能会分神，没法专心驾驶。

他对自己的飞机的装载能力充满信心。然而，到了最后一批东西开始装载时，我们已经看出货舱里太挤了。我们只能把犀鸟从大

91

笼子里搬出来，装进一只小得多的笼子，以便把它塞进最后一点空间——就在我的座位后面。再也没有任何地方留给鹦鹉柯奇了，我只好把它从盒子里放出来，让它待在我的腿上。

这趟旅程令人难忘。柯奇第一次将它那惊人的声音发挥得淋漓尽致：当飞机引擎在轰鸣中全速转动时，柯奇扬起黄冠，发出一声尖鸣；这声音像刀锋一样，穿透了引擎的呼啸。它看起来惊恐不安，让我担心它可能会选择自己飞起来，然而它只是用自己的钩喙紧紧咬住我的大拇指指肚，直到起飞过程中最让它害怕的阶段过去。在柯奇放松下来之后不久，我背后的那只犀鸟发现它的临时笼子上的竹编网眼很容易被挤开，便用它那巨大的鸟喙对我的后颈发起了一次迅猛有力的啄击，让我明白了这一事实。我被挤在查尔斯身边的狭小空间里，完全无法走出这只鸟的攻击范围。在绝望中，我试图将一张手帕蒙在它的笼子上，以保护自己。然而这并没有丝毫帮助，在整个旅程中，它还是不断大力唤起我对它的注意。

几乎在一个小时之内，我们便飞越了俾斯麦山脉和吉米河谷，望见了前方的瓦基河谷。飞机缓缓下降，降落在哈根的机场跑道上。我们在那里离开了巴里，让他在返回塔比布加、重回孤独和辛劳之前能在基地享受几天假期。

从哈根到农度格尔的航程只有几分钟。弗兰克·彭博-史密斯和弗雷德·肖·迈尔就在那里迎接我们，就像几个星期前我们初次到达时一样。他们的热情欢迎让我们几乎觉得自己像是回到了家园。当天傍晚，我们向弗雷德讲述了我们在吉米河谷的见闻和行动。从许多方面来说，这次行程都可以算作成功。我们找到并拍摄了制斧人，看到了俾格米人，还搜集到了许多动物。尽管这些搜集成果中还缺少某些我们原本希望找到的鸟类，就数量规模而言还是达到了我们最初的预期。事实上，如果成果再大一些，我们在艾奥梅就没办法把它们装上飞机。然而，我们尽管付出了种种努力，却没能目睹极乐鸟的舞蹈。

弗雷德温和地微笑着，倾听我们的讲述。

"这样的话，我觉得老加莱有些能让你们高兴起来的事要说。他会在晚上过来。"弗雷德说道。

晚餐之后，加莱出现了，依旧咧嘴笑着，露出洁白的牙齿，同时还兴奋地扯着自己的胡须。

"啊啊，现在你们来了！"他一边说，一边用力和我握手。很明显，他忍不住要吐露一件大秘密。他朝我俯过身来，眼神闪烁，用粗哑的声音向我低语："我找到了，我找到了。"

"加莱找到了什么？"我问道。

"我找到一棵树。库穆鸟来，在树的长手上跳舞。"加莱得意扬扬地回答。

他的皮钦语让我一时有些糊涂。在弄清楚他的意思之后，我也很难相信自己的理解是否正确。难道他说的真的是他找到了一棵树的一只"手"，有极乐鸟会飞到那上面跳舞？在农度格尔，任何一只长着饰羽的鸟儿只要被人发现，都会立刻被射杀。

弗雷德向我做了解释。

"你们离开吉米河之后，"他说，"加莱非常不安，因为你们没能在农度格尔找到想要的东西。过后不久，他就发现有一只新几内亚极乐鸟会飞到他的一个妻子的居所旁的一株木麻黄树上来，在那里跳舞。于是他对那个妻子下了严格的命令，向她宣布'严禁'任何人动那只鸟，直到'拿照片盒子的先生'回来。打那以后，他就一直担心那可怜的小家伙可能会在你们拍到它之前就被偷猎者杀死，焦虑得不行。"

加莱一个字也听不懂，只是继续热烈地点头，眼神在弗雷德和我们之间来回扫射。

"我得提醒你们，"弗雷德一边说，一边用责备的眼神盯着加莱，"我可不确定这老浑蛋的自制力能保持多久。他这段时间手头正紧，因为他刚刚又娶了一个妻子。你们第一次来时见到他佩戴的那些羽毛了吧？他把它们全花在这桩婚事上了，此外还付出了不少猪肉和珠贝。很快就会有一场歌会或者别的什么活动要举行，而他手里没有一点用来做头饰的材料。我猜你们一拍完那只鸟，他就会把它给射下来。"

━━━━━

第二天早上五点半，我们在弗雷德的屋外与加莱会合，然后一同踏着露水，沿着飞机跑道往前走，此时天刚破晓。在熹微晨光中，我的视线越过前方的跑道，看见一名手持弓矢的部族男子。我的心跳险些为之一顿，因为此人另一只手上正拎着一只死鸟。加莱奔跑

猎手和他刚刚杀死的新几内亚极乐鸟

起来，同时大声喊叫。那个部族男子转过身，朝我们走来。我伸出手去，他便把手中的鸟尸交给了我。那是一只死去的新几内亚极乐鸟。在我把它接过来时，它明黄色的头颅令人悲哀地垂向一边。我看见它那祖母绿般的绚丽胸羽上血污凝结。尸体依旧温暖，我们如果早到几分钟，必定能看到它的舞姿。我哀伤地检视着它，心中因为失望而一片空白。加莱提高了嗓门质问那人。两人之间有一阵热烈的争论，随后，加莱转向我们，已经恢复了满脸的笑容。"好啦。"他说。

我只能期待这句话的意思是这只鸟并非加莱说的那一只，而是在别的树上跳舞的另一只。我还没来得及从加莱那里问出更多消息，他就继续沿路前行了。

到了跑道尽头，小路仍然向前延伸，穿过一块块方正的木薯田，通向加莱的茅屋。茅屋之后的地面变成了一片林木茂密的斜坡，下方便是瓦基河。在我们朝他的屋子走去时，加莱指向一株距离屋子只有几码远的木麻黄树。

"有库穆鸟的树。"他说。

我们仔细观察，却一无所获。

"我敢肯定这就是那只可怜的小鸟被射死的地方。"我向查尔斯低声嘟哝。就在我说话间，树上传来一声响亮的啼鸣，一只羽毛丰满的鸟从接近树顶的浓密树叶间疾飞而出。

"就是它！就是它！"加莱激动地大声喊叫。

我们目送它快速飞向山谷深处。

"没啦，"加莱心满意足地说，"唱歌结束了。"

尽管我们来得太晚，没能赶上这一场，但至少我们明确知道了那只鸟是在哪棵树上跳舞，也知道了它的表演结束得有多么早。我转向加莱。

"好啦。明天，你、我，早早地来，早得多，到这棵树这里来。看到这只鸟跳舞，我就给加莱一块最大的基那。"

这一天似乎漫长得没有尽头。我的思绪一再飘回飞机跑道尽头的那棵树上，因为我知道，我们已经接近目睹一场我多年间梦寐以求的表演，比我们踏上新几内亚岛以来的任何时候都要近。我们检查了录音设备和摄像机，把它们安装妥当，为来日清晨做好准备，然后早早上床休息。我把闹钟定在了三点四十五分，但在闹钟响起之前很早就醒了。在一片漆黑中，我们摸索着走出屋子，来到附近的一座小茅屋——加莱在那里过夜。在第三次呼唤之后，加莱走了出来，因为寒意而双手抱肩。

夜空中没有一丝云霾。一轮弯月低低浮在天际，两只尖角指向地平线。山谷对面，在库博尔山脉那锯齿般的轮廓上空，是南十字座，它如同天鹅绒上的珠宝一样闪烁着。黎明的第一缕微光出现在我们左侧的天空中时，我们已经快要走到跑道尽头。随着夜色转淡，路边草丛中，一只"六点虫"*响亮地振翅而歌。我望向自己手表上的荧光指针——这只小虫子叫得早了三刻钟。一阵号子声从我们身后的山坡那边隐隐传来，那是一个男人的声音，表明他已经开始一天的劳作。更近处则响起一只小公鸡的啼鸣。前方的瓦基河谷上笼罩着一层平滑如毯的云絮。我们穿过缀满露水的白茅草丛，走向加莱妻子的屋子，此时天上的星光逐渐淡去。苫盖了茅草的屋顶上升起团团白雾。低矮的屋门口堵着一堆芭蕉叶。加莱扯着嘶哑的喉咙，隔着木墙呼唤屋中人。芭蕉叶被推到一边，屋中爬出一名皱纹满面的老妇人。跟着她出来的是两个年轻女子，她们都是加莱的女儿，身上除了腰带和围裙之外什么也没有穿戴。在她们伸着懒腰，揉着眼睛的当儿，加莱向她们发问。她们的回答似乎令他满意。

"好啦，"他说，"库穆鸟很快来。"

---

* 某种鸣虫的别称，缘于人们认为它们会在每天傍晚六点准时鸣叫。——译注

那株木麻黄树距离小屋只有几码远，在一小片芭蕉林中。我们架好设备，开始焦急地等待，几乎不敢挪动肢体，也不敢相互低语。突然间，我们听到一阵扑扇翅膀的声音，一只羽毛丰满的新几内亚极乐鸟正从远处的山谷向这里飞来。它径直飞向那株木麻黄树，落在一根从主干向上斜伸、已经被剔光了丫杈和树叶的小枝上。它很快就开始打扮自己，用鸟喙梳理两翼之下伸出的那些长长的、薄如轻纱的饰羽。这些饰羽长得超出了它的尾巴，宛如一团火红的云。查尔斯的摄像机沙沙作响，声音大得吓人，然而那只鸟毫不在意，只管继续仔细梳妆打扮。到了全身都一丝不乱的时候，它才抬起头来，抖动身体。接着，它开始昂首啼鸣。那是一个响亮刺耳的单音，在山谷中唤起阵阵回响。它继续啼鸣了将近一刻钟，似乎并不急于起舞。此时，太阳刚刚升起，一束束阳光穿过树叶，洒在它那绚烂的羽毛上。另外两只鸟也从谷中飞起，落在树上其他地方。它们呈浅褐色，大概是雌鸟，因为听到它的啼鸣而来，想要一睹它的舞姿。然而那只雄鸟并不理睬它们，只管继续嘶鸣，不时再梳理一下自己。雌鸟保持沉默，从一根树枝跳到另一根。有一次，其中一只雌鸟过于靠近它的舞场，它便快速扑棱翅膀，把对方赶走。

电光火石间，它突然埋下头，在那根树枝上急速跳动，让绚丽的饰羽在身后高高扬起，如同一束颤动的色彩喷泉，同时发出热烈的尖鸣。它在那根树枝上来回蹿动，舞得如痴如醉。过了半分钟，它突然停止了尖鸣，在沉默中继续舞蹈，似乎已经喘不过气来。

我们在震撼中观看着。我回想起弗雷德曾经说过的事：根据当地人的说法，这些鸟有时会因为过于兴奋而筋疲力尽，从树上掉下来，于是人们就可以在它们恢复之前把它们捉走。此时，看到这一场舞蹈，我完全相信这样的情况真的可能发生。

突然间，紧张的气氛烟消云散，那只雄鸟停止了舞蹈。它重新开始梳理羽毛，似乎心无挂碍。然而，几分钟之后，它再度起舞。这样癫狂迷醉的舞蹈，它一共跳了三次，让我们有两次机会在芭蕉林中改变位置，从不同的角度来拍摄它。随后，当阳光洒满整棵木麻黄树，它的激情似乎也退却了，尖鸣变成了呼噜噜的嘟哝声。这样的情景只持续了几秒钟，接着它便张开双翼，飞向山谷，飞向当初的来处。雌鸟也随它而去。舞蹈结束了。

我们兴奋不已地收拾好设备。该回家了。

就在离开农度格尔之前，爱德华·哈尔斯特罗姆爵士发来一条电报。他决定从基地的鸟舍中选出二十只极乐鸟赠送给伦敦动物园，而我们可以把这批极乐鸟和我们自己搜集到的动物一起带走。这批赠品中至少有一只属于澳大拉西亚 * 以外地区从未见过活体的物种，那是一只刚刚长出头部饰羽的雄性萨克森极乐鸟。就整体而论，我们的搜集成果是多年以来伦敦动物园从新几内亚获得的最重要、最多样的一批收藏。当然，我们无法途经澳大利亚将它们带回伦敦。我只能转而带着它们乘坐一架小飞机向东飞去，前往新不列颠岛的拉包尔。在那里，我才能登上一艘小货轮去往香港，然后转向伦敦。

---

* 一般指澳大利亚、新西兰及邻近的太平洋岛屿。——译注

第五章　重返太平洋

回到伦敦后，我开始审阅我们在新几内亚的三个月里拍到的所有素材。此时我才意识到，我们在拍摄人物上花的时间比拍摄动物还多。对此我并无遗憾。在全世界所有生活方式还未被欧洲文明深入浸染的族群中，这些人是最令人震撼的。此外，如果我们当初继续向东，前往太平洋上的那些岛屿，我们还会遇见更多这样的人。这个念头就此在我脑中扎下根来。

第二年，查尔斯和我再度出发，前往巴拉圭拍摄犰狳。此行我已在他处讲述过。然而重返太平洋的想法一直挥之不去。然后，把这想法变成现实的机会就出现了，完全出乎意料。我收到了一封盖着汤加邮戳的信。

这封信来自吉姆·斯皮柳斯，我的一位人类学家朋友。他在信中提到自己当时正在波利尼西亚的汤加岛上工作，帮助该岛统治者萨洛特女王记录王国中那些纷繁复杂的仪式。女王尤为迫切想要拍摄的，是这些仪式中最重要、最神圣的一种，即王室卡瓦*仪式。此前从未有欧洲人获准观看这种仪式，但是我们（还有吉姆）只要同意拍摄其过程，就有机会观看。

恰好，当时的英国电视观众对萨洛特女王已不再陌生。1951年，她曾前往伦敦，与其他来自英联邦各国的贵宾一道出席女王伊丽莎白二世的加冕仪式。仪式举行的那天，就在前往威斯敏斯特教堂的游行开始时，天上下起雨来。那些乘坐敞篷马车的宾客都拉起了雨篷，让人无法看见他们。然而萨洛特女王却是例外。她笑容满面地冒雨乘车，开心地向兴奋的人群挥手。

因此，在这部可能问世的系列片中，我已经有了一位明星。我向 BBC 提议让我重返太平洋，制作更多节目——这一次要将镜头直接对准人群。我的计划是从新几内亚以东的西太平洋某地开始，在六期节目中一路向东，直达斐济，并在最后一期中通过我们在王室卡瓦仪式中的特别视角来讲述汤加。BBC 接受了提议，我便着手开始调研。

在西太平洋的众多海岛中，我们应该选择哪一座作为起点呢？那片区域有好几片群岛。在我看来，到处都有这样或那样的精彩仪式。最后，我选定了瓦努阿图。此地当时还被称为新赫布里底群岛，由英国和法国以一种被他们称为"共治"的独特方式共同治理。在

这片群岛中的彭蒂科斯特岛上，人们仍在举行的一种仪式堪称整个太平洋地区最戏剧化的仪式之一：男人们会把藤条系在脚踝上，以头朝下的方式从上百英尺高的塔上往下跳。就这部系列片而论，我很难想象出比这更令人惊叹的开头了。

遗憾的是，查尔斯无法参加这次旅行。与我同行的人换成了摄像师杰弗里·马利根。他和我同岁，以痴迷于挑战体力极限而闻名。当我向他介绍此行方案时，他和我一样，对计划的前景感到激动不已。

"这种跳塔仪式，"他说道，"我们必须确保能将它真正呈现出来。我亲自来尝试跳跃，而你来拍下我跳的过程，你觉得怎么样？"

当时我觉得他是想开个玩笑。后来，在我们共事了一段时间之后，我才发现，如果他确定以这种方式可以拍到一流的画面，他很可能真的会那么干。

新赫布里底群岛的首府维拉位于群岛中部的埃法特岛西岸，气候溽热。前往此地最简单的方式是坐飞机——先从澳大利亚或斐济飞往新喀里多尼亚，再换乘法国人的一架每周两班的双引擎小飞机前往维拉。

我们在维拉只停留了三天，因为在英国办事处一位极为热心的官员的帮助下，我们得以登上一条前往北方马勒库拉岛的干椰肉运输船。这条船会在商人奥斯卡·纽曼的种植园停留，而奥斯卡熟悉那些参加跳塔仪式的彭蒂科斯特人，同意介绍我们认识这些人的也是他。

即将载我们前往马勒库拉岛的这条船叫"列洛"号，正泊在维拉港的码头边，懒洋洋地沐浴着阳光。一群体格壮硕、肌肉发达的美拉尼西亚劳工正将一批木板装船。他们身穿短裤和背心，用美式大檐帽盖住头顶的鬈发，皮肤上汗光闪闪。港口的水面上漂浮着垃圾和油脂，但污物并没有多到遮住清澈的海水，毒死水中的珊瑚，或是赶走水底那些像香肠一样的黑色海参。杰夫*和我坐在船尾，等待装载结束。原定的起航时间已经过了一个小时，然而除了我俩，没有人会盲目乐观到以为这条船能按时出发。一个由数千条银色小鱼组成的鱼群在船舷边嬉戏，动作惊人地协调一致，看起来就像是一个形状千变万化的整体，不断扭曲、旋转、分开、聚合。它们时而向上游向水面，在水面上点出成千上万个闪烁不定的小圈，时而深深下潜，在珊瑚间暂时隐没身形。

那些木材总算装载完毕，并且被牢牢固定。汗流浃背的码头工人一个接一个地攀下船舷。法国船长出现在舰桥上，大声发出指令。"列洛"号喘着粗气，吐着浓烟，从舱底排出水流，渐渐离开码头。

船上很难找到一处能让人休息的地方。总共只有两个客舱。其中之一已经被一个法国种植园主占据，与他同舱的是他那皮肤苍白、相貌平平的妻子，还有他们的小婴儿。另一个里面住着一个双腿像火柴棍一样的、干瘪的小个子澳大利亚人。他眼眶发红，面色枯槁，与他那有着一半美拉尼西亚血统的妻子同行；后者镶着金牙，不是

---

* 前文中的摄像师杰弗里的昵称。——译注

一般地壮实。无情的阳光从没有一丝云翳的天空泻下，几乎要把整条船烤焦——上层甲板上到处都炙热难当，就连木头摸上去也烫手。唯一能让人坐下来的地方是船尾处的遮阳篷下，然而那里没有椅子也没有凳子，我和杰夫只好平躺在甲板上打盹儿。

时近日中，我们望见了埃皮岛的海岸，不过它还只是地平线上一条起伏而模糊不清的带子。"列洛"号缓缓向它靠近，就像蠕动在蓝色玻璃上的蜗牛。随着我们渐渐接近岸边，海水越来越浅。最后，遍布珊瑚的海底已清晰可见。引擎停了下来，船一动不动，安静得让人有些不习惯。在前方的海岸上，我已经能看见一座小房子，它在羽毛掸子一样的椰子树的环绕下半隐半现。法国农场主和他的妻儿第一次出现在甲板上。他的妻子已经完全变了模样：她苍白的面孔因为口红和胭脂而现出生气；她穿上了一条新熨过的连衣裙，头戴一顶漂亮的草帽，帽后垂着大红色的丝带。我从船长那里得知，在他们的种植园周围50英里范围内，没有其他欧洲人居住。除了同船的我们，没有人会看见她的新裙子、帽子和妆容。

在好一阵吵吵嚷嚷中，土著船员们放下了船上的一条小艇，把这一家人和他们的行李运上了荒寂无人的海滩。为了卸下木板，再将它们运到岸边，水手们花了两个小时。然后，随着发动机的震动，船身再次战栗起来，船尾的水流翻起白沫。我们再度起航北上。

杰夫和我从甲板上搬进法国人一家腾出来的客舱，在硬板床上度过了汗流浃背的一夜。第二天，天刚破晓，我们发现船已泊在马勒库拉岛南端的海面上。奥斯卡的种植园所在的提斯曼位于东海岸，距此还有差不多40英里，不过他已经派出了一条汽艇到这里来接我们。"列洛"号最终也会在提斯曼靠岸，但那是三十六个小时之后的事了，因为它得先拜访马勒库拉岛西岸的好几个地方，卸下运载的货物。这样一来，它在到达奥斯卡的种植园时就是空舱，可以装下那里待运的几百袋干椰肉。我们把自己的行李转移到汽艇上，呼啸而去。

几分钟后，"列洛"号就从视野中消失了，而我们已沿马勒库拉岛的东岸向北航行。在我们的右边隐约浮现的，是安布里姆岛上的锥形火山。我们坐在船舱里，随着引擎的震动而战栗不止，鼻腔中全是腐臭刺鼻的干椰肉味道——这条汽艇平时运载的东西正是干椰肉。引擎产生的噪声震耳欲聋，让人无处可逃。它冲击着我们的耳鼓，直到它们产生真正的、肉体意义上的痛觉。据我判断，这台震颤轰鸣的机器上并没有安装任何消音器。

五个小时后，我们转入提斯曼湾。几条下了锚的小船在海岸边随着水波起伏，另一些则已经被拖上了白得刺眼的沙滩。后方的山丘上，椰子树种得密密麻麻。一个外形极为粗犷、身穿工装裤、头戴一顶窄檐旧毡帽的中年男人正站在滩头等候我们，他身边是一排覆着波纹钢瓦的小屋。那个人便是奥斯卡。他让手下人去卸载我们的行李，自己开着卡车将我们送到他位于山顶的住处。这是一所木结构平房，无玻璃的长窗洞上装着百叶窗。房子的两侧各有一条宽大的游廊。

我们在藤椅上坐下来，小酌一番。

"伙计们，一路上还好？"在我们享用着冰镇啤酒时，奥斯卡问。

"很好，相当不错，"我口不应心地答道，"那条汽艇很不错，就是声音大了点，是吧？是消音器坏了吗？"

"天哪，不是那么回事，"奥斯卡回答我，"事实上它的消音器就在工坊里的什么地方，几乎是全新的。那台消音器效果太好，装上去之后，引擎就只剩下一点呼噜噜的声音了，不仔细听都听不见。然而在世界的这个角落里，这可不是什么好事。以前我们每到一个地方靠岸收购干椰肉，都要花上几个小时，喊破喉咙，才能让当地人知道我们来了。所以我们就把消音器给拆了。现在，在 5 英里开外他们就能听到我们来了，总会在海滩上迎接我们。"

奥斯卡就出生在新赫布里底群岛。他的父亲是英格兰人，在马勒库拉岛海岸上好几个地方种植椰子，却从未投资成功，去世时债务缠身。奥斯卡告诉我们，他发誓要亲手还清父亲欠下的全部债务。他做到了，如今更是被誉为整个新赫布里底群岛最富有的人之一。就在大约一年前，他的妻子和两个儿子还同他一起住在提斯曼的大房子里，不过现在他们去了澳大利亚。两个儿子已经结婚，如今奥斯卡孤身一人在此。

他每天都会通过无线电与维拉和群岛各地的其他人通话，至少两到三次，既是为了向航空公司传递天气信息，也是为了交换新闻和小道消息。最频繁也最让他享受的，是与邻近的安布里姆岛上一个叫米切尔的种植园主之间的交流。他们相识已有至少三十年，却一直只用姓氏来称呼彼此。当天傍晚，奥斯卡便与米切尔通了话。

"'列洛'号明天就到，米切尔，"他说道，"它给你带了些货物。我得和两个伦敦来的英国小伙子上彭蒂科斯特岛去。他们是来拍摄跳塔仪式的。我们要快点去，搞清楚他们到底会在哪里跳，不过如果你需要的话，我们可以顺路给你送货。"

　　"那可太感谢了，纽曼，"一个隐隐约约的声音从电波那头传来，"这批货可能是我为孩子们的圣诞晚会订购的花样装饰品。谢天谢地，它们来得还算及时。那就到时候见了，完毕。"

　　奥斯卡关掉电台。"老米切尔，是个不错的家伙，"他说，"可也是个怪人。他每年都为在自己种植园里工作的土人的孩子们举行圣诞晚会，给房子挂满纸带，一点也不嫌麻烦。他还是个不得了的学者，家里到处塞满了书，也不知道他拿这些书有什么用。他从来不扔东西。他房子后面有些房间里甚至装满了空火柴盒。"

　　第二天，"列洛"号到了，装上干椰肉之后再度离开，前往维拉。再往后一天，我们自己也搭乘前往安布里姆岛和彭蒂科斯特岛的汽艇离开了提斯曼。我们向东航行，穿过波涛汹涌的海面，来到安布里姆岛西北面海岸的一处避风港。这座海岛形如钻石，中央耸立着一座巨大的火山。1912 年，这座火山有过一次剧烈喷发，将灰烬和浮石撒满整片海域，并引发了巨大的爆炸。奥斯卡的岳父开办的一所学校和一间商店都沉入海底消失不见。如今的海岸线上全都是火山灰形成的泥灰色悬崖，被热带的雨水冲刷出道道沟渠，上面有一层薄薄的植被，稀稀拉拉，如同没剃的下巴上的须茬。

　　在离米切尔的地方还有几英里远时，天色黑了下来。前方的海岸和山丘上亮起点点黄色灯光。奥斯卡拿出一支手电筒，用闪光发出信号。对面的几点灯光几乎立即就闪烁应答。

"一群蠢货，"奥斯卡的咆哮压过了引擎的轰鸣，"每次我给米切尔打信号，想知道我的方位，岛上每个有无线电的家伙都想表示友好，给出回应。这下我就没法知道自己到底在哪儿了。"

奥斯卡驾着船，穿过在黑暗中砰訇如雷的暗礁。他站在船尾，胳膊压在舵柄上，上身外倾，想要看清前方路线，同时向船员发出指令，中间夹杂着咒骂。最后我们总算进入相对平静的近岸水域，放下了船锚。

我们乘坐小艇登岸。即使在一片黑暗中，我仍能看出我们走上的这片海滩是由黑色的火山沙构成。米切尔提着一盏油灯来迎接我们，将我们带到他家。他有七十多岁，个子不高，一头白发，待人和善。他领我们进入一个房间。这里空间很大，有着高高的天花板。这个房间时常有人打扫，无疑算得上干净，却仍散发着一种发霉朽坏的气息。木墙高处挂着几幅画，因为霉变而严重发黑，让人无法分辨画中的内容。墙边立着两个带玻璃门的大书柜，每一层都撒了不少樟脑球粉，用来防止虫子蛀烂柜中褪色发黄的书籍。房间中央并排放着两张巨大的松木桌，桌上是大堆杂七杂八的东西，有摞起来的杂志、卷发纸、成捆鸡毛、一把把铅笔、空空的果酱罐、长短不一的电线，还有各种引擎用的铸铁件。米切尔望着这堆东西，露出不满的神色。"见鬼，"他轻声说道，"那里不知道什么地方还藏着些香烟。你们两个小伙子抽烟吗？"

"好啦，米切尔，"奥斯卡开口了，"别拿你那些霉掉的烟来毒害这些英国小伙子了。它们臭得连土人都不抽。"

"你呀，"米切尔挑起两道白眉毛瞥了奥斯卡一眼，回答道，"真能瞎说。就你店里卖的那种破烂货色，给别人抽简直是犯罪。"他继续在桌上的杂物堆里翻腾，终于找出了一盒看上去不怎么眼熟的香烟。

"来吧，伙计们，"他一边说，一边把烟递给我，"试试看，这能不能算你尝过的最好的货色。"

我接过一根，用火去点。烟潮得厉害，我费了好大力气才点着它。最后，我终于成功吸了一大口，那熏人的霉味把我给呛住了。

米切尔关切地看着我。"我就知道，"他说，"这烟太好了，不适合你。如今你们年轻人的口味太怪。在哪儿都找不着比这更好的英国烟。1939 年，有人把几箱这种烟错寄给了我。然后因为战争的关系，也因为这样那样的事情，我一直没能把它们寄回去。老实说，土著们从来没有真正喜欢过这种烟，这一带的澳大利亚人自然也不懂得什么才是好烟。"他又哀怨地加了一句："我还以为你们这些从老英国来的伙计能欣赏这样的好烟呢。要是你们下一张批发订单，我本来还可以给你们打点折。"

奥斯卡放声大笑。"这些臭东西你永远也卖不掉，米切尔。我看你最好把它们扔到海里去。话说回来，我们还得等多久才能喝上你的茶？"

米切尔解释说他的土著用人们晚上都出去找乐子了，然后便进了厨房。没过多久，他带着一些肉罐头和一听桃子罐头再次出现。吃东西的时候，两个种植园主互相交换消息，忧心忡忡地谈论干椰肉的价格——尽管这段时间干椰肉的价格几乎是历史新高——同时也乐此不疲地彼此打趣。

奥斯卡用一块面包仔细地擦干净盘子，然后咂了咂嘴。"行了，米切尔，"他不无赞赏地说，"如果你弄吃的就这个水平，那我觉得我们现在就该走了。我没法想象不得不和你一起用早餐会是什么样子。回到提斯曼之后，我会用无线电联系你。"他拍了拍头上的帽子，和我们一道回到船上。

当晚，我们渡过了安布里姆岛北端和彭蒂科斯特岛南端之间8英里宽的汹涌水域，在一个海湾下锚。我们把一只只袋子在船舱里铺开，尽量不去在意干椰肉的臭味，睡了下来。

快到日出时，我们被一艘小汽艇的突突声惊醒。它在颠簸中冲破灰茫茫的晨光，穿过海面，朝我们驶来。一名矮胖男子站在船舵边，将一顶草帽戴在脑后，脸颊和下巴上是一把白羊毛一样的大胡子。他娴熟地将他的船和我们的并拢，然后便跳了过来，敏捷得惊人。他的身材无疑算得上肥胖，却并不是松垮垮的，而是像一只快要爆炸的气球那样绷紧。奥斯卡用皮钦语热情地和他打招呼，然后向我们介绍。

"这是瓦尔，"他说，"他是海岸上一座村子里的村长，会带我们去认识那些跳塔的家伙。最近怎么样啊？瓦尔？"

"很好呢，奥斯卡先生，"瓦尔说道，"再过六天，就要跳了。"

这比我们预期的要早。我们打算花上一两天来拍摄跳塔仪式的准备过程，所以无论是杰夫还是我，都没必要在仪式举行前再回提斯曼。然而，我们又没有做好在此停留的准备。

"我可没法陪你们待在这儿，"奥斯卡说道，"我在提斯曼还有事，不过我想你们不会出什么问题。船舱里还有些罐头，你们可以拿走。另外我相信你们还能从土人那里搞到山药和椰子，所以你们饿不死了。瓦尔，你能给他们找到住处吗？"

瓦尔笑着点点头。

一刻钟过后，海滩上就只剩下瓦尔、杰夫和我，还有一小堆罐头和我们的摄像器材。奥斯卡保证他会在仪式举行时赶回来，随后便驾船驶出海湾，返回提斯曼。

第六章　彭蒂科斯特岛的跳塔者

　　我们登陆的这片海滩绵延 1 英里以上，呈现出优美的曲线。海滩上方有些茅屋，断断续续沿着整个海湾排成一线。瓦尔将我们领到一座格外小的独立茅屋前。这座小屋位于一株高大的露兜树下，旁边是一条水流缓慢的小溪。屋子破旧不堪，屋顶潮乎乎的，有的地方陷了下去，成了破洞。

　　"喏，"瓦尔说，"你们的房子。"

　　此时，住在其他茅屋里的一些人已经围拢来，神色严肃地蹲在地上，毫无怯意地打量我们。大多数人穿着满是补丁的短裤，少数人则除了一条传统的缠腰布"难巴斯"（*nambas*）之外身无寸缕。就西方人的体面标准来看，这些"难巴斯"的长度未免过短。瓦尔开始指挥他们为我们修补茅屋。他派出一部分人去收集重新苫顶所需要的树叶，另一部分人去砍伐小树，好在这屋子前加一道门廊。他确信，要防止雨水直接飘进屋门，这是必要的附加工程。不到一个小时，茅屋看起来已经宜居了不少。我们在门廊下搭起一张粗糙的桌子，把罐头和搪瓷盘子放在桌上。屋子的主体内部只有 10 英尺 × 8 英尺。我们用劈开的竹子在屋中搭起一座平台，以此为床。我们把它造得尽量宽，让两个人可以并排躺下，因为这屋中实在没有搭出两张床的余裕。为了不让成群的蚂蚁偷糖吃，我们把糖袋子用一根线吊在屋角，然而这一尝试并没有奏效。一切停当之后，瓦尔派一个小男孩爬上屋外的树，摘来一些椰子。然后我们三个人便在那张硬床上坐下来，一边从绿椰子里啜饮泛着白沫的汁水，一边用相当满意的眼光审视我们的新住处。

瓦尔用手背擦了擦嘴，脸上泛起笑意，用力站起身来，郑重其事地和我们握手。

"我要走了，"他说，"过个好夏午。"他沿着海滩大步离开，回到自己的船上，然后驾着它破浪而去。

当天下午，我们涉过茅屋旁的溪流，沿着一条通往跳塔场地的泥泞小路向内陆走去。小路先是盘绕于下端分叉的露兜树干和光滑的棕榈树之间，然后陡然上升，穿过浓密而潮湿的灌木丛。沿着陡峭的山坡向上走了 1/4 英里后，我们来到一块空地上，这里大概有半个足球场大小。在空地的最高点，有一株孤零零的树，已经被剔去了枝杈。在树的周围，人们用木棍搭起了一座高塔。这座建筑看上去歪歪扭扭，却已经高达 50 英尺。在顶部的一根根桁架间，有差不多二十个人正一边大声唱歌，一边为高塔继续增加层数。另一些人

把我们介绍给跳塔者的瓦尔

坐在靠近地面的木料上,劈开藤条制成固定索。还有一群人忙着挖出塔底周围的树桩。

当天剩下的时间里,我们一直和这些建塔人在一起。他们告诉我们:跳塔仪式将在整整六天之后举行。这恰巧印证了瓦尔的说法。如此的一致性让我有些惊讶,因为并不是每个无文字的族群都这样重视时间的精确。很明显,这场仪式的准时举行对他们来说相当重要。

两天后,瓦尔的小艇绕过海湾西端岩石嶙峋的岬角,再次出现。

建塔

他抱着一只用报纸包住的大包裹，涉水上岸。

"更多更好的吃食。"他一边把包裹递给我们，一边说。我打开它，发现里面是六块方面包和六瓶不知品牌、泛着泡沫的柠檬水。面包和水都是他从北边 20 英里处海边的一间商店里买来的——他刚刚往那里送去一批干椰肉。我们深受感动，也深表感激，尤其是为了那些柠檬水，因为除了椰子汁，我们就只能从那条混浊的小溪中取水喝，而每个要去跳塔场的人都和我们一样，天天都会蹚过那条小溪好几次。

四天后，高塔的建造接近完成。此时它高达 80 英尺，看上去一点也不稳当，因为塔身下部中心至少还有那根被剔光的树干，像是有了一根坚固的脊柱，而顶上几层却缺少这样的支撑。为了稳定它，人们尝试将藤制拉索的一头系在塔顶，另一头系在空地边缘的树干上。即便如此，当建造者们毫不在意地在塔身上爬上爬下时，整座建筑仍然晃动得吓人。

　　参加跳塔的有二十五人，每个人都会从不同的平台往下跳。这些平台位于塔身正面，从下到上分层排列，最低一层离地只有 30 英尺，最高一层距离塔顶只有几英尺。每层平台由两块细长木板组成，用一根粗糙的藤条捆在一个简易的框架上。藤条还有一个附加作用，就是让平台的表面也变得粗糙，以免跳塔者的脚在上面打滑。这些平台水平向外伸出 8 英尺到 9 英尺，悬于空中，外端以几根细杆支撑，支撑杆的下端用藤索系在主平台上。很明显，当有人从塔上跳下、连接其脚踝和塔身的藤条在平台末端突然绷直时，这些支撑杆和藤索都要承受巨大的力量。我问这些建塔人，为何不用更结实的撑杆和拉索。他们解释说，这些支撑部件是有意做得单薄的，因为平台的设计目的就是要在下坠的跳塔者接近地面时坍塌，以吸收冲击力，减缓对跳塔者脚踝的突然拉扯。

　　用作安全绳的藤条都是从森林中采集来的，采集时间需要恰好是仪式举行之前两天。瓦尔告诉我：这个时间点至关重要，因为藤条在使用时如果已经被砍下超过两天，就可能朽坏或者变得干燥，失去弹性和强度。要是出现这种情况，使得藤条断裂，就可能导致跳塔者死亡。这些藤条需要仔细挑选，因为只有一种藤蔓的粗细、长短和树龄都合乎要求。即便如此，要找到它们，人们仍然无须走得太远，因为森林中的树枝上悬挂着大量这样的藤蔓。男人和男孩们会花上一整天，把藤条成捆搬到高塔去。在那里，其他人把藤条绑缚在高塔的交叉主索上，让它们成对下垂于各个平台之外。如此一来，这些藤条松开的一端，也就是将要系在跳塔者脚踝上的一端，就像一束束巨大的鬈发，悬挂在高塔微微前倾的正面。

　　一个人站在地面，轮流抓住每一对垂下的藤条，摇晃它们，以确认它们没有缠在一起，而是直通上方平台。接下来，他会用砍刀将藤条截到合适的长度。这项工作至关重要。如果他计算出错，把藤条截得过短，使用它们的跳塔者就会被悬在半空，很可能会像钟摆一样被猛力甩进塔里，筋断骨折。如果他把藤条留得太长，跳塔者就会像炮弹一样直坠地面，很难活下来。这样的估算并不简单，既要考虑到平台坍塌时藤条增加的长度，又要考虑到藤条自身的弹性，在这两方面留出余量。如果我要参加这场仪式，我肯定会格外小心，亲自检查将要使用的藤条的长度。然而，尽管此时在塔上工作的许多人明天都要跳塔，也很清楚自己要从哪一层平台上往下跳，却没有一个人费心去检查自己的藤条（至少就我所见是这样）。

　　修剪结束后，切过的藤条尾端还会被劈成穗状，以便用来绑缚跳塔者的脚踝，之后便要用树叶捆扎，使其保持潮湿与柔韧。

最后，几组人在塔底的陡坡上挖了起来，仔细地用指缝筛土，确保泥土表面之下没有暗藏树根或石块，以免跳塔者在落地时受伤。我们来到这里之后的第五天傍晚，一切都已就绪。所有人都从塔上下来了，所有藤条都已经修剪劈穗。高塔孑然立在陡峭的山坡上，在黄昏的天幕下显得有些孤寂，如同一座不祥的绞刑架。

第二天一早，太阳刚刚出现在海面，我们就看到奥斯卡的船在海湾里上下颠簸，已经下了锚。他来到岸上，给我们带来三只冷鸡、一些水果罐头，还有两大块面包。在吃完几天以来最好的一餐之后，

我在检查跳塔平台

我们便一起上山，前往跳塔场。高塔附近依然空寂无人。在接下来的一个小时里，男男女女、大人小孩才慢慢悠悠地一个接一个出现，在场边坐下来。他们都不是跳塔仪式的参与者。两个建塔人站在塔底守卫，不让任何人踩过跳塔人着陆处的松土。"不能走那地方，"瓦尔警告我，"那里，禁止。"

十点钟，我们听见林间远远传来一阵歌声。声音越来越大，突然间，一支队伍从塔后的树林中冒出来，让人猝不及防，然后他们便开始前后舞跃，高声吟唱。有些女子身穿用切碎的棕榈叶制成的长裙，上身赤裸至腰，另外的人则穿着传教士们引入此地的松松垮垮的棉布罩衫。许多男人都在他们的短裤后面插了一片嫩棕榈叶，叶尖高至他们肩胛骨的位置。有一两个人手持一把红色的巴豆叶，或是一束长长的、采自林中类似灯芯草丛的灌木间的红花。舞者们排成纵深六行的方阵，踩着脚，在塔后的坡地上上下下。没过几分钟，他们脚下的地面就被踩得平整光滑，形成六排彼此平行的梯级。

一个少年悄悄离开了舞者的队列，从塔的后部快速攀爬而上。他在耳朵后面别了一朵红色的扶桑花，又用石灰将一头鬈发中间的分缝涂成白色。两个更年长的男子随他而上。这两人是少年的亲属，会在即将举行的仪式中辅助他。前20英尺里，他们轻松攀缘塔身后部那些水平排列的横杆，像是爬上一架巨大的梯子。然后他们的身影便消失在由各种交叉线、对角线和水平线组成的结构中。这些线条错综复杂，让塔身内部看上去几乎像是实心的。他们再次出现时，已经是在塔身前部最低一层平台的旁边。年长者中的一位将平台前端垂下的两根藤条拉了起来。少年神色若常，站在平台基部，抓住塔上的立柱。他的辅助者在他身边蹲下，将藤条系在他的脚踝上。他们站立的平台离地不超过 30 英尺，然而少年必然会向外跳，落地点在塔外大约 15 英尺处，而下方的地面坡度太大，使得平台与落地点之间的高差达到 40 英尺。

他们只用了几分钟便系紧了藤条。一名辅助者用小刀将打结之后剩余的绳头截去，然后两人都退回塔中，留下少年一人。

少年握住红色的巴豆叶，松开了抓住塔柱的手，沿着狭窄的平台缓缓向前走，直到站在平台最前端，两脚分别踩在从捆扎的藤条下露出的一截木板上。位于他下方和后方的舞者将吟唱变成一种有节奏的刺耳尖叫。所有人都不再反向行进，而是转向高塔，双手平伸向前。女人们也加入这场喧嚣，从齿缝间发出尖锐的哨音。

少年独自一人站在虚空的边缘，举起双手。通过双筒望远镜，我能看见他的嘴唇在动，但在舞者们的尖叫中，我无法分辨出他是在呼喊还是吟唱。为了避免影响平衡，他缓缓动作，将巴豆叶抛向了空中。叶片在空中打着旋下坠，落在下方 40 英尺处的地面上。舞者们的哨音和呼喊变得越发急促。少年再次举起双手，在头顶拍手三次。然后他握紧拳头，双臂在胸前交叉，闭上了眼睛。他绷直身体，缓缓向外倒去。他在空中展开四肢，坠落的时间仿佛长得没有尽头。随着他的下坠，系在他脚踝上的藤条猛然绷紧。只听一声如同鸣枪的巨响，平台下的支撑杆断裂了，平台向下坠去。少年的头部距离地面只剩下几英尺时，藤条的长度达到了极限，将少年往回拉扯。他被甩向塔基，背部着地，落在松土上。

　　看守落地点的两名男子冲上前去。一个人用手臂搀扶男孩，另一个人切断藤条。少年挣扎着站起身，脸上满是笑容，奔回舞者的队伍中。那两名男子开始翻挖男孩着地处的土壤。他们还在进行这项工作时，另一个人已经从舞者队伍中跑出，爬上高塔。

　　在接下来的三个小时里，男人们一个接一个地从塔上跳下。他们依次走上的平台也越来越高，下落距离从40英尺变成50英尺，再变成70英尺。并非每个跳塔者都是少年。当杰夫和我站在塔顶拍摄时，一名皮肤布满皱纹、留着短短白须的驼背老人身手矫健地

站在塔顶

一名跳塔者

向我们爬上来。他站在 80 英尺高的平台上，先是生龙活虎地做了几个活泼的动作，然后才跳下去。从他消失在空中，到平台向下坍塌，塔身剧烈摇动，只有短短几秒钟。就在这几秒钟里，我们听见一串尖锐的咯咯声——即便身体在空中翻滚，他依然在大笑。

不过并非所有跳塔者都像他所表现出来的那样享受。在独自站到平台末端，面对勇气的考验时，也有一两个人怯懦不前。如果舞者们的催促还不能让跳塔者跳下来，他身后站在塔里的两名助手就会用一种奇特的方式来说服他。他们随身带着从林中折来的一种小树枝，上面的叶片蜇人后可以造成剧痛。然而他们并不会将这些枝叶用在犹豫的跳塔者身上，而是用来抽打自己，让自己因为疼痛而哭喊，同时高声催促跳塔者跳下去，好让他们停止这种自我惩罚。

只有一个跳塔者彻底吓破了胆。尽管辅助者大声哭喊，舞者尖声催促，他还是从平台顶端退了回来。在脚上的藤条被切断后，他爬下塔来，脸上满是泪痕。瓦尔告诉我，这个人必须付出几头猪作为罚款，才能挽回自己在乡亲眼中的形象。

最后一个人跳下来时，时间已是傍晚。这个跳塔者站在我们上方 100 英尺高处，身影在天空的映衬下分外渺小。在那不足 2 英尺宽的平台上，他站得笔直，保持着完美的平衡，连续好几分钟挥舞双臂，拍击双手，扔下巴豆叶。在他下方远处的歌者们唱了许多个小时，声音已经嘶哑。然而当他终于向前倒下，飞速画出一条漂亮的曲线坠向地面时，那些人还是爆发出巨大的喊声，并且一边高声叫着，一边从塔后的舞场奔向落地点，将跳塔者抬起来，高举至肩。当他被藤条猛然拉住时，他的膝盖和髋关节无疑承受了巨大的拉力，没有断裂堪称奇迹。然而无论是他，还是当天下午参加跳塔仪式的其他每一个人，都没有受到任何伤害。

这种令人叹为观止的仪式到底具有何种意义？我思索了很长一段时间。瓦尔在年轻时曾是一个著名的跳塔者，是他向我解释了跳塔仪式的来历。

许多年前，在彭蒂科斯特岛上的一个村庄里，一个男人发现妻子对他不忠。他想要抓住她，把她打一顿，然而妻子逃走了，并且为了摆脱他而爬上了一株棕榈树。他跟着妻子爬了上去。爬到树顶后，两人开始争吵。

"你为什么要和另一个男人在一起？"他问，"我在你眼里算不上男子汉吗？"

"算不上，"她回答道，"你又弱小又怯懦。你甚至不敢从这里往下跳。"

"没有人能做到。"他说。

"我就敢。"女人说。

"如果你敢，我也敢。我们一起跳好了。"

于是两人跳了下去。然而妻子提前将一片棕榈叶的末端系在了自己的脚踝上，因此没有受伤，丈夫却坠地而死。村里的其他男人深感羞辱，因为他们中的一员竟然上了女人的当。于是他们建起一座比棕榈树高许多倍的塔，开启了跳塔仪式的传统，向前来观看的女人证明他们仍然是更强大的性别。

就其字面上的真实性而论，瓦尔的故事难以令人信服，而我也没有能力搜集到足够的证据来对其象征意义（如果它真的具有某种象征意义的话）做出合理的猜测。为什么要冒着丧命的危险跳塔？我向一个又一个跳塔者提出这个问题。有一个人表示他跳塔是因为这样做能让自己感觉更舒服。另一个人更进一步，声称如果他胃疼或是感冒，跳塔总能治好病痛。还有一两个人说，他们跳塔是因为享受这项运动。大多数人则直接表示，他们这样做是因为"这是本地传统"。

　　不过，我还是找到了指向更深层意义的一条线索。在仪式期间，我注意到在我几码开外的一名女子怀中搂着什么，我以为是一个婴儿。她对一个年轻的跳塔者尤为关切。当他坠下来，毫发无伤地荡落在地时，这名女子喜悦地将手中的包裹扔开了。包裹里什么也没有，只是一块布料。瓦尔告诉我，跳下来的是她的儿子，而那个包裹"和婴儿一样"。或许这个仪式是少年在成长为真正的男子汉之前必须通过的一种考验。当少年跳塔成功时，他的母亲便扔掉那象征着他的童年的东西，以向所有人宣布她的婴儿已经不在了，已经为一个成年的男人所取代。

　　如果这就是真相（这种理解也与仪式起源故事中的某些方面相符），那么我们便有理由认为只有少年才会从塔上跳下。另一个女人的说法支持了我的猜测。她说"从前"一个男人只跳一次，然后就"全部结束"。然而就算从前是这样，现在也已经不同了，因为我知道，当天下午我目睹从塔上跳下的人中，有好几个已经参加过不止一次跳塔。

　　只有一点可以确定。这些人自己在很大程度上已经遗忘了仪式的来历，正如我们忘记了 11 月 5 日篝火的起源。早在盖伊·福克斯 * 之前许多个世纪，我们的祖先就会在 11 月初燃起篝火，因为古

---

* Guy Fawkes（1570—1606），英国天主教徒。他于 1605 年 11 月 5 日在议会大厦下藏匿火药，试图炸毁大厦。福克斯的计划失败后，英王詹姆斯一世将 11 月 5 日定为篝火之夜。人们会在这一天烧起篝火，燃放焰火，焚烧象征阴谋策划者的假人。——译注

时候的亡灵节正是在这段时间。几乎可以肯定，如今的焰火晚会正是那些古代异教仪式的直接传承。今天我们仍然遵守这一传统，并非因为其源头，也并非因为我们想要庆祝议会免于火药阴谋的破坏，而只是因为我们喜欢它。我猜测，不忠妻子的故事与彭蒂科斯特岛跳塔仪式来历之间的联系，不会比盖伊·福克斯的故事与 11 月篝火的来历之间的联系更紧密；我还怀疑，彭蒂科斯特人继续举行这一仪式的原因，也和我们对传统的秉持差不多——只是因为它令人兴奋和享受，因为它是"本地传统"。

第七章　货物崇拜

　　我们从彭蒂科斯特岛和马勒库拉岛南行，返回维拉。到了维拉之后，我们设法在一条小船上搞到了床位。这条船归属于共治政府，被其乐观地命名为"协和"号，它将前往南面 140 英里处的坦纳岛。如果有谁想要在这片群岛上寻觅未受外界影响的古老生活方式，坦纳岛或许是最缺乏吸引力的岛屿，因为它是传教士们在新赫布里底群岛中登陆的第一座海岛。从那时起，它就一直是长老会热情而勇毅的传教活动的见证。1839 年 11 月 19 日，神父约翰·威廉姆斯乘坐传教船"卡姆登"号途经坦纳岛，在岛上留下了三名信奉基督教的萨摩亚人教师。这三个人的任务是为欧洲传教士的到来做准备。威廉姆斯本人则继续航行，去往邻近的埃罗芒奥岛，并在第二天登陆。刚上岸几个小时，他和同伴詹姆斯·哈里斯就被当地土著部落杀死。直到一年之后，才有另一艘由伦敦传道会派出的船经过坦纳岛。几乎令人难以置信的是，那几个萨摩亚人教师竟活了下来。不过这艘救命船也是来得千钧一发，因为他们已经被当地人俘虏。如果救援没有赶到，他们无疑会在很短时间内被杀死吃掉。

又过了两年，传教士们才做出新的尝试。特纳神父和内斯比特神父在岛上落下脚来。尽管当地人怀有强烈的敌意，他们仍旧赢得了足够多的皈依者，以至特纳在1845年编辑并出版了一册坦纳语教理问答。这是第一本用一种新赫布里底群岛语言印刷的书籍。

在接下来的三十年里，尽管进展缓慢，这座岛上的传教活动仍然薪火相传。在北边30英里处的埃罗芒奥岛上，又有四名传教士遭到杀害。尽管没有更多传道者在坦纳岛上牺牲，他们也必定时常面临极为凶险的处境。然而到了世纪之交，传教士们的坚忍与勇气早已收获了回报。坦纳岛成了一个榜样，一个典范，证明基督徒只要付出足够努力，哪怕在面对至为顽固、至为敌对的原始部落时也能取得卓越的成就。到了1940年，坦纳人中已经有了四代都是基督徒的家族。传教团在此开办的一所医院和一所学校都欣欣向荣，广受欢迎。大多数坦纳人也承认自己已不再信仰异教神，而是皈依了基督教。然而，就在这一年，一种新兴的奇特宗教在此兴起。坦纳人陷入了一种货物崇拜。较之新赫布里底群岛任何一种古老的异教仪式，这种新宗教的诡异程度都毫不逊色。尽管传教团和政府做出了种种努力，这种信仰仍然四处传播。岛上原已基督教化的人群中有很大一部分人都被吸引过去了。

货物崇拜并不限于新赫布里底群岛，而是独立产生于太平洋上的许多地方，连远在东边 3 000 英里处的塔希提岛、西北面的所罗门群岛和北方的吉尔伯特群岛也未能幸免。就在两年前，在曾经流行多种货物崇拜运动的新几内亚岛高地地区，我曾见到一名对这些信仰有第一手认识的欧洲人。他是一位路德宗的传教士，对这些新宗教的起源有以下描述。

　　在欧洲人到来之前，新几内亚人还处于石器时代，会利用的材料只有石头、木头和植物纤维。尽管海滨地区的一些部落会制作陶器，但许多新几内亚部落仍对陶器一无所知。突然，奇特的白人来到他们所居的山谷中，带来了大量让人瞠目结舌的新东西，包括油灯、塑料梳子、无线电台、陶瓷茶杯、钢刀，全都是用他们从未见过的神奇材料制成——在皮钦语中，他们将这些东西称为"货物"。土著们大为震撼，也困惑不已，不过他们也确定了一件事：这些东西绝不可能是人造出来的。它们的材料本身就非天然存在。它们的加工过程必然也是神奇的——你如何能通过砍凿、编织和雕刻来制造一台闪闪发亮、表面光滑如釉的冰箱呢？何况，货物也不是白人造出来的，而是巨大的轮船或飞机运来的。这一切只能让人得出一个结论：货物必定是超自然力量的造物，是神灵的恩赐。

　　可是货物为什么只降临到白人手中？也许因为他们举行了某种

强大的仪式，说服神灵只将货物赐给他们。一开始，白人似乎很乐意分享秘密，因为他们中有些人热烈地谈论他们的神，还解释说部落中的旧传统是错误的，那些古老偶像必须被摧毁。人们相信了，还去白人的教堂做礼拜。然而尽管他们这样做了，货物却并没有降临到他们手中。土著们怀疑自己受骗了。他们发现大部分白人也不把传教士们宣扬的宗教当回事，因此这些人必定是用了其他办法与神沟通。于是土著们去询问商人如何才能获取这样的财富，因为商人拥有许多神奇物品。商人们回答说：他们如果想得到货物，就要去生产干椰肉的种植园里工作，挣到钱，然后才能从白人的商店里买到这些东西。这个答案并不能让他们满意，因为就算一个土著人拼命劳动，他也挣不到足够的钱，只买得起想要的东西里最低劣的那些。从另一个很容易发现的事实也能看出这个回答的虚假之处——商人自己就言行不一，从不从事任何体力劳动，只是坐在柜台后面翻纸页。

于是土著们开始更加仔细地观察白人，很快就发现这些外来者会做出许多毫无意义的行为：他们竖起连着长线的高杆；他们坐下来听一个会闪光的小盒子发出的奇怪噪声和断续话音；他们劝说本地人穿上一样的衣服，列队来回走动——几乎不可能有比这更没用的事了。于是土著意识到自己不小心解开了谜团——这些不可理解的行为正是白人用以劝说神灵把货物赐给他们的仪式。土著人如果也想要货物，就必须做同样的事。

于是他们竖起形似收音机天线的杆子。他们在胡乱搭起的桌子上铺上白布，在桌子中间放一盆花，然后学着他们所观察的白人那样围桌而坐。他们用土布拼凑出仿制的军服，穿上之后列队来回走动。在新几内亚的高山中，一支教派的领袖声称会有一队银色的飞机降落在他们的山谷。当地人听信了他们的话，开始修建容纳货物的巨大仓库，以催促飞机到来。在岛上的另一地区，有传言说山坡上会开出一条隧道，里面会驶出一队队满载宝物的卡车。

在安布里姆岛上，某个教派的信徒组成民兵，在村外设置岗哨，向外来者盘问他们的去向和旅行缘由，并把答案写在登记表上。他们还在路边立起告示牌，上面写着"停下"和"必须止步"等字样。还有些人模仿无线电台通话，坐下来对着空罐头盒说个不停。

这类崇拜运动中，最早为人们所知的一种兴起于斐济，时间是1885年。到了1932年，一种大体相似的崇拜在所罗门群岛出现。随着西方物质文化在太平洋地区的扩散，货物崇拜出现的数量和频率都有增长。人类学家已经发现，货物崇拜在新喀里多尼亚有过两次独立的爆发，在所罗门群岛有过四次，在新赫布里底群岛有过七次，在新几内亚岛则有五十次以上，而且各次爆发大都彼此独立，不相关联。大多数此类宗教都宣称会有一位弥赛亚在天启到来之时带来货物。

在坦纳岛，有人注意到货物崇拜的最早迹象出现在1940年。当时出现了关于一位领袖的传言——此人自称约翰·弗鲁姆，曾将坦纳岛南部各个村落的酋长召集起来，对他们说话。据说他只在夜晚借着闪耀的火光出现，是个小个子，声音很尖，头发发白，穿一件带着闪亮纽扣的外套。此人做出种种奇怪的预言：一场大灾难将会降世；高山深谷都将被夷为平地；老人将重获青春；疾病将从此消失；白人会被逐出坦纳岛，永不返回；货物会滚滚而来，每个人想要多少就有多少。如果要加快这一天的到来，人们就要听从约翰·弗鲁姆的命令。他们必须抛弃传教士的错误教诲，必须复兴被传教士禁止的一些古老传统，以证明他们对错误的基督教教义的拒绝。许多坦纳人听从这些训示，离开了传教团开办的学校。

1941 年又出现了新的情况。据说约翰·弗鲁姆做出了预言：天启到来之日，他会带来他本人的钱币，上面铸有椰子的图案。因此，人们应当用掉白人带来的钱，这样不仅能去除欧洲人的污染，也能更快赶走白人商人——如果不能从土著身上挣到钱，他们自然不会愿意留在这里。于是坦纳人在商店里开始一场盛大的消费狂欢，花掉了自己攒了一辈子的钱。有的人买了上百镑的东西。就连金镑也再次出现。欧洲人上一次看到这种钱币还是在 1912 年——那时它们被当作礼物，赠送给签署了一份亲善条约的当地酋长。

到了 5 月，局势变得越发严重。传教团的教堂和学校都无人问津。从 1916 年就开始管理塔纳岛、此前从未受到过挑战的英国代表尼科尔大为恼怒，决定采取行动。他逮捕了几名运动领袖，并认定其中一个叫马纳赫维的人就是约翰·弗鲁姆。尼科尔把此人捆在树上示众一日，以证明他只是个凡人，并没有超自然力量。随后犯人们被送往维拉受审，然后被关进监狱。当地人则声称马纳赫维只是一个替身，自愿牺牲以保护约翰·弗鲁姆，而那位真正的预言者还在岛上。

此后不久，美国军队第一次出现在新赫布里底群岛，并在桑托岛建立了基地。各岛都开始流传关于美国人的故事，说他们不仅带来了大量货物，而且大手大脚，十分慷慨。很快坦纳岛上又有传言声称约翰·弗鲁姆其实是美国人的王。似乎是为了佐证这样的说法，一支非洲裔美国人部队来到了这里，成为最令人震惊也最令人激动的消息。他们在外形上与当地人极为相似，同样有着黑色的皮肤和卷曲的头发，却有一点与当地人截然不同——他们并不贫穷，而是和白人士兵一样有许多货物可以享用。

坦纳岛沸腾了。天启之日已经近在眼前。每个人似乎都准备好迎接约翰·弗鲁姆的降临。一个首领称约翰·弗鲁姆将会乘飞机从美国到来，于是成百上千人开始清理坦纳岛中央地带的灌木，为飞机准备一条可以降落的跑道。局势很快便不可收拾，让尼科尔不得不向维拉呼叫警力增援。他还请求向坦纳岛派驻一名美国军官，以澄清四处散播的谣言。

美国人来了。他把人们召集起来，对他们讲话，解释说他并不知道什么约翰·弗鲁姆。为了强调，也为了给坦纳人留下深刻印象，他用一挺机枪对约翰·弗鲁姆的追随者竖起的告示牌开火，把它打得粉碎。许多人因为受到惊吓而逃进丛林。尼科尔下令烧掉那些为容纳货物而修建的棚屋。在运动中最活跃的几名酋长遭到逮捕并被遣送离岛。

传教士们试图重开学校，然而在本地的两千五百人中只有五十名儿童入学。1946 年，岛上四处又开始谈论约翰·弗鲁姆。坦纳人袭击了一间商店，撕掉货架上所有物品的价签。他们声称这是出于约翰·弗鲁姆的清晰授意。再一次，几名首领遭到逮捕并被流放。

此后，局势平静了很长时间。然而没有几个人认为这场运动已经寿终正寝。教会学校的入学率依然很低；古老的异教仪式大受欢迎；约翰·弗鲁姆的故事和关于他带来货物时会发生什么的猜测也流传不绝。

为了重新赢取流失的信徒，长老会在某些过于清教徒化的规则上有所放宽。很明显，他们原先为坦纳人规定的生活方式过于严格，也有些无趣。早在 1941 年，也就是第一次大规模货物崇拜运动兴起之后不久，坦纳岛上的传教士之一就在给总会的报告中写道："我们不让他们跳舞，又没有提供什么替代，也没有努力替他们解决不能跳舞带来的问题……我们为宗教穿上了阴森的黑袍，又认为它不应展露笑容，于是将之抹去；我们压抑了以戏剧化方式表达情感的天性，斥之为邪恶；我们让人们分不清基督教和那种无异于单调乏味的所谓'庄严'……如果不取消某些禁令，体现出更多正面的建设性，我们就成功无望。我们必须尽力让基督教成为本地人的基督教，让本地教会有希望因圣灵而焕发活力，而不是强行规定其模式。"随后，人们为将这种观点付诸实施做出了努力，但在增加信众方面收效甚微。1952 年，新一轮货物崇拜运动再次兴起。这或许是干椰肉价格下跌造成的，因为坦纳人相信是商人操纵了价格的下跌——目的在于不让他们获得更多货物。

鉴于通过逮捕和关押运动领袖来扑灭运动的做法已经失败，政府开始尝试一种新的政策。官方宣布，崇拜可以是合法的，只要它不伤害岛上的任何人，不危及任何人的生命。这项政策寄望于当人们发现约翰·弗鲁姆的预言毫无成真的迹象时，运动或许会自然死亡。

吸引我们来到坦纳岛的，正是这样的机会：即使无法见证一种新宗教的诞生，我们也可以见证其初创阶段。我的希望是，在到了那里以后，能有机会见到运动的领导者，从他们那里挖掘出约翰·弗鲁姆的命令和预言的起源，甚至劝说他们详细描述这位神秘领袖的举止和外貌。

乘坐"协和"号从维拉到坦纳岛花了我们几乎一天一夜。这条船的年龄已经相当大了，船上有一位英法混血的老船长、一名独臂的法国轮机员，还有六名美拉尼西亚水手。夜幕来临时，一阵强风刮起，让"协和"号摇晃得令人心惊胆战。每当我们被大浪追上，黝黑的海水便会涌上船尾。船长与舵手待在舰桥上，那些美拉尼西亚人钻进了艉楼，我们剩下的人在唯一的舱房中努力想要入眠。当夜，那个独臂轮机员两次从床上掉下来，把舱房中央的桌子砸得嘎吱作响。天亮前，他第三次摔落下来。这一次他懒得再爬上床去，而是翻身滚到角落的炉边，开始用一口巨大的炖锅热东西。没过几分钟，一股强烈的气味传来，证明他烹煮的是一种口味很重，甚至已经不怎么新鲜的咖喱。有一两次，船摇晃得格外剧烈，让这种令人毫无食欲的颗粒混合物泼溅出来，浇灭了炉火。然而这位一直自顾自吹着口哨、似乎开心得毫无道理的轮机员只是把泼出去的咖喱舀起来，倒回锅里，又重新点燃了煤气炉。锅中冒着热气，散发出的刺鼻气味似乎充满了整间舱房。我们又不能打开天窗，那样一来每次摇晃颠簸都会让海水灌进来，因此没法透气。我仰躺着，双臂双腿紧紧抵住床边，以免自己滚下去，落在一摊摊咖喱上和四处涌流的海水中。最后，轮机员将炖锅高高举起，身手矫健地滑到桌边，宣布早餐已经备妥，我却遗憾地发现自己无法和他一同享用。

在坦纳岛西岸莱纳克尔一处礁石环绕的小海湾里，"协和"号下了锚。英方和法方各自的代表、一名长老会教会学校的教师，以及一个名叫鲍勃·保罗的澳大利亚种植园主（我们在维拉时已经用无线电和他通过话，他主动提出接待我们）站在海滩上，既为了迎接，也为了收取我们从维拉带来的信件和货物。鲍勃个子高瘦，拥有一头沙褐色的头发，蓄着小胡子，乍看上去容易让人误以为他文质彬彬。他在坦纳岛上拥有的土地比其他所有欧洲人都多，也是唯一一个运营着大型种植园的人。如果我们想要和坦纳人谈论约翰·弗鲁姆，他就是最理想的接待者。我们如果和政府官员或是传教会成员待在一起，就会被视为崇拜运动的反对者，几乎不可能有机会说服本地人谈论他们的信仰。鲍勃·保罗则不同。他一向努力避免涉入与约翰·弗鲁姆有关的事，对运动既不支持也不反对。

"苦闷之人大都会投向宗教，只是形式不同，"鲍勃对我们说，"现在的坦纳人就极为苦闷，也极为困惑。只要他们不妨碍其他人，我们何必阻止他们创建自己的宗教形式呢？"

鲍勃只有一次插手到他们的活动中，那是所有约翰·弗鲁姆抗争中最近也最戏剧化的一次，也就是"坦纳军"事件。他对我们讲起这件事时，我们正坐在鲍勃的海边花园中用茶。远处，幽蓝的太平洋与礁石相遇，溅起层层浪花。

"我第一次见到'坦纳军'，是去岛的另一边的硫黄湾收购干椰肉的时候。我意外地发现有一群人在村边的空地上操练。他们头戴仿制的美式军帽；长裤扎进沙靴，类似绑腿；上身穿着单衣，胸口横排写着 TA 字样，代表'坦纳军'（Tanna Army），下方则写着USA。这些人扛着做工十分精制的竹枪，样式模仿美式卡宾枪，枪尖还有长长的竹刺刀。他们的操练也像模像样。其中有的小伙子曾经当过警察，显然把他们学到的东西传授了出去。当时我没太留意。他们并没有伤害任何人。

"不过后来他们的胆子大了起来，开始在邻近村落周围行军，把其他人吓唬得够呛。没有人制止他们，这更刺激了他们的野心。他们举行了一次环岛阅兵，途经每个村落，声称这是约翰·弗鲁姆创建的军队，目的在于加速货物降临之日的到来，并鼓励所有人加入。他们每到一处，当地人就被迫交出猪和木薯来供养他们。自然，任何此前对这场运动不太热心的坦纳人要么很快加入了他们，要么为自己可能面临的命运感到恐惧。

货物崇拜运动留下的门和十字架

　　"运动开始之后一两天，在前往长老会传教站的公路上，我遇见了他们的队伍。看起来他们要行军通过传教站，打算恐吓还留在那里的少数坦纳人基督徒。这也是他们环岛行军的终场表演。我开着卡车超过他们，赶去给传教士报讯。'我想，他们不能从这里通过。'传教士说。于是大家将我的卡车横在公路上，站在车前。大约一百个扛着竹枪、穿着破烂'军服'的坦纳军人列队向我们走来。等到他们走得足够近，我们便告诉他们赶紧离开，否则会惹上麻烦。还算幸运，他们掉转头就回家了。

　　"这以后，政府认为有必要采取行动应对这样的局势。于是地区长官和一些警察前往硫黄湾的坦纳军总部，打算找他们的首领解决此事。到那里之后，他们发现坦纳军那些小子已经筑起工事，正站在另一边，手里还拿着枪——是真枪，不是竹枪。地区长官自己可没有带部队来，身边只有几个小警察。于是他联系维拉请求增援。实际上情况并没有那么糟。硫黄湾那些小子虽然不许地区长官通过，却还允许我过去收购干椰肉呢。但你要从那几百条几乎把无线电信道堵塞的恐慌电报来判断的话，你会觉得我们已经陷入绝境。所以，为了不让群组里收听的朋友们担心，我决定自己也发一封电报。我是这么写的：'请赶紧送两支豌豆枪、两袋豌豆和一箱灰泥奖章来！'"

鲍勃把这件事当笑话讲，但是很明显，任何民众使用武力威胁政府代表的情况都不可轻视。最后政府确实派来了军队，坦纳军的首领们也遭到逮捕。他们被押送离岛，在维拉受审并被投入监狱。或许那些假枪和假军服都只是作演习之用，目的在于为约翰·弗鲁姆送来真家伙的那一天做好准备。然而另一种解释同样可能成立：这只是他们对白人的行为加以模仿的又一个例子，根据的是将这些行为视为某种魔法的模糊信念。

从那时起，运动就不再那么活跃了，然而它显然尚未寿终正寝。我们不需要离开鲍勃家太远就能找到证据。无论是在丛林中的公路边、海岸的岬角上，还是小块的草地上，我们都找到了崇拜运动留下的符号——漆成红色、做工粗糙的木十字架，其中许多周围还有一道精致的围栏，由红色木桩组成。有的十字架只有1英尺高，有的则有一人高。深红色的门同样随处可见，上面还有能转动的铰链。只要你愿意，就可以打开它们，从中穿过。然而这些门都是孤零零地立在那里，不通向任何地方。这让我想起了我们的城市中那些位于纪念碑式拱门之下、紧紧关闭、任由车流绕道而过的门——只有在重大的仪式场合，这些门才会打开，让王族和他们的随从们通过。

在距离他的商店1英里远的一座小山顶上，鲍勃带我们参观了一根30英尺高的竹桅。桅顶捆着一个十字架，周围地面上有一圈围栏，脚下有几只果酱罐，里面插着黄花。花还很新鲜，说明它们是最近才被放在那里的，也说明这根竹桅还有人朝拜。在刚竖起它时，土著们声称这是约翰·弗鲁姆的无线电天线，修建它也是他的命令，这样他们就可以听到他说话，接收他发来的消息，就像白人用无线电接收消息一样。

在开车沿着环绕全岛和穿过中央地带的湿滑土路前行的时候，我们常常能看到沿路跋涉的坦纳人。女人们背负沉重的番薯或是木薯，男人们手持砍刀，或是去种植园切椰肉，或是从那里返回。他们用狐疑的眼光打量我们，没有笑意。有几次我们停下来，向他们中的一个询问附近的某个十字架或门的含义，得到的回答总是"我不知道"。直到人们习惯于我们的出现，判明了我们拜访坦纳岛的动机，我们才有机会得到更清晰的回答。因此，鲍勃也向在他的货栈工作的人们传话，表明我们不是传教士，不是商人，也不是政府官员，只是两个听说过约翰·弗鲁姆的人，想要了解关于他的真相。

约翰·弗鲁姆的竹桅

　　几天后，我们觉得消息应该已经流传得足够远，可以开始拜访村庄了。每处聚居点外都有一片用于举行典礼的场地，被称为"纳马卡尔"（*namakal*），而且总有一株巨大的榕树遮阴。这些榕树有着巨大而树叶茂密的枝条，垂下须发一样密密麻麻的褐色气根，树干周围还有交错缠结的支柱根，让这些地方显得阴郁森然。在一天的劳作之后，村中的男人会聚在这里，饮用卡瓦。

　　卡瓦是用卡瓦醉椒（*Piper methysticum*）这种辛辣植物的根部碾碎制成的。它不含酒精，却含有一种药物成分，据说摄入过量或是浓度过高会让人头晕和站立不稳。在大洋洲东部的太平洋地区，大多数海岛上都有饮用卡瓦的传统。每个地方的人们都认为卡瓦蕴含了半神圣的魔力。坦纳岛人喝的卡瓦浓度极高，其制作方式也相当原始，早已被其他多数海岛上的人抛弃。制作时，会有几个年轻男子坐下来将卡瓦醉椒的根嚼碎，吐出一团团嚼碎的纤维；人们将这些咀嚼物分成拳头大小的团块，放入富含纤维的棕榈叶苞片制成的过滤器，往上面浇水，滤液注入椰壳。由此得到的混浊液体口感粗粝，呈泥褐色，须一口饮尽。几分钟之内，饮者便会变得情绪不稳，容易激动。其他男人则围坐四周，沉默不语。这种时候女性会被严格禁止来到"纳马卡尔"。等到夜幕降临时，这些男人才会一个接一个缓缓走回各自的茅屋。

传教团禁止人们饮用卡瓦，一是因为其制作方式不卫生，二是因为它与诸多古老异教仪式紧密相关。约翰·弗鲁姆的信徒们选择饮用卡瓦，并不只是因为他们喜欢卡瓦的口味和饮用效果，也是因为喝卡瓦代表了对传教团的有意反抗。

有几次，我们来到"纳马卡尔"悄悄坐下，尽可能不打扰他们，观看卡瓦的制作与饮用过程。我们渐渐结识了其中一些人，用皮钦语和他们谈论些无关紧要的事。到了第三次拜访，我才提起有关约翰·弗鲁姆的话题。当时和我说话的是一个面容忧戚的老人，名叫山姆。十五年前，他被传教团选中，接受了教师培训，并在传教站的学校里教了几年书，因此他的英语我很容易就能听懂。我们在榕树下蹲坐下来，抽着烟。山姆用一种不带情绪的平静语气谈起约翰·弗鲁姆。

"约翰是十九年前的一天晚上来的,那时候许多首领正聚在一起喝卡瓦。他开口说话,说他会逐渐带来许多货物。人们将会高兴,想要什么都会有,会过上好日子。"

"山姆,他长什么样?"

"他是白人,高个子,穿鞋,穿衣服,可是不说英语,说话像坦纳人。"

"你看见他了吗?"

"我没看见他,可是我的兄弟看见他了。"

缓慢而犹豫不决地,山姆向我讲述了更多关于约翰·弗鲁姆的事,言语间不乏尊严。约翰告诉他们要离开学校:"长老会不好,传教士往上帝的话里掺进太多东西。"约翰告诉他们要扔掉自己的钱,杀掉白人带给他们的牲畜。约翰有时住在美国,有时住在坦纳岛。然而一次又一次地,"约翰保证了,说白人会渐渐离开,会有许多货物到来,每个人都会高兴"。

"他为什么没有来,山姆?"

"我不知道。也许政府的人阻止了他,但他会来,总会来。他保证过他会来。"

"可是,山姆,自从约翰说会有货物到来,到现在已经十九年了。尽管他一次又一次地保证,货物还是没有来。等十九年难道不是太久了吗?"

山姆把视线从地面转向我。"你们能为一直不来的耶稣基督等两千年,我就能为约翰再多等十九年。"

我和山姆在其他场合还有几次交谈,然而每一次当我向他问起约翰的确切身份,他如何旅行,如何发出训示,山姆便会蹙起眉毛说:"我不知道。"如果我再追问,他就会说:"南巴斯,硫黄湾的头领,他知道。"

很明显,山姆本人尽管是崇拜运动的热烈信徒,却只是个追随者,而不是发起人。他遵循的命令和训示都来自硫黄湾。鲍勃·保罗也确认这座村子实际就是运动的中心,而南巴斯曾是坦纳军的主要组织者,曾因为这一角色受到惩罚,在维拉被关押了一段时间。无疑我们应该到那里去,但我焦虑的是我们不应该显得太过急迫,而应该先等待我们的活动消息传到那边,再去拜访。如果我们毫无来由地突然出现,南巴斯的第一反应可能会是防御性的,没准会拒绝承认他对崇拜运动的当下状况有任何深入了解。反过来,如果他知道我们对运动中的次要角色有所关注,他或许会出于天生的虚荣心而迫切希望我们注意到他。

接下来几天,我们继续环岛旅程。我们去拜访了传教士,听他们谈起一次合作运动尝试——向坦纳人详细解释贸易体系的全部机制,以使他们放弃货物崇拜。坦纳人可以了解他们的干椰肉是如何出售,如何换来钱,也可以自己来帮助决定应该从大海对面的地方订购哪些货物。传教士可以这样对货物崇拜的信徒们说:"看吧,我们的货物来了。约翰·弗鲁姆说了谎话,他的货物没有来。"

这个想法最近才开始付诸实施,要想知道其成效,眼下为时尚早。

我还和一位罗马天主教神父交谈过。他在距离莱纳克尔不远的地方有一个小传教站，与长老会的人相比，他在岛上的影响小到可以忽略不计。两年前，他的教堂与住所被一场台风和海啸夷为平地。他耐心地将它重建，继续工作。然而他的教诲没能在坦纳人中引起多少反响。直到现在，也就是辛勤工作六年之后，他才即将为第一名天主教会皈依者施洗，而他认为已经做好皈依准备的人总共只有五个。

　　在他看来，运动造成的最严重问题在教育上。"十九年来，"他告诉我，"几乎没有坦纳人的孩子去上学。如果他们不会阅读也不会算术，你如何能向他们解释现代世界呢？运动持续越久，就越难消弭它的后果。"

　　后来，他又向我们提到崇拜运动近来已将雅胡威山纳入其神话体系。雅胡威是一座体积虽小却活跃不断的火山，俯视着坦纳岛东部。即使在 12 英里外的莱纳克尔，我们也能听见它的喷发带来的轰隆声，如同远方的滚滚雷霆。如果碰上它格外活跃的日子，鲍勃的房子里每样东西都会蒙上薄薄一层灰色，那是细腻的火山灰。我和杰夫驾车穿过整座坦纳岛，去拜访这座火山。我们途经的公路穿过一片茂密而潮湿的林地，泥泞不堪。火山喷发的声音越来越响，直到盖过引擎的轰鸣，传入我们耳中。这时我留意到，在公路两旁的树荫背后，灌木丛已经被一座如同矿山废料堆的巨大灰色沙丘掩埋。我们沿着曲折的公路前行，不经意间已置身于一片火山灰形成的沙漠中。除了边缘地带有些底部分叉的露兜树勉强生长，这一片大平原可以说寸草不生，毫无生命迹象。就在我们前方不远，平原的一部分被一片蓝色的浅湖覆盖。在1英里之外的湖对面，便是那座圆圆隆起的火山，高约1 000英尺。它太过扁平，难称优雅，高度也不足以形成视觉上的冲击力，却呈现出一种明白无疑的威慑力。一朵暗沉沉的黄褐色蘑菇云从山顶升腾而起。每隔几分钟，火山口深处便会发出沉闷的爆炸声，回荡于平原之上。

许多线索表明，约翰·弗鲁姆的信徒们为此地赋予了特殊的意义。在平原边缘的露兜树丛中，立着几道门和几个十字架，它们全都被漆成深红色，形制复杂，结构坚实。在平原上，我们还发现了不

岩浆平原上的门和木棍

少竖直插入火山灰的木棍，它们相互间隔几英尺，排列成一条蜿蜒的蛇，通往半英里外的一道门。从前的某次岩浆流动形成了一座小丘，而那道门就立在小丘上。火山顶上还有另一个十字架，依稀可辨。

我们在火山口喷出的岩浆形成的乱石中寻路，花了半个小时才艰难登上火山的陡峭山坡。一些砾石有着玻璃的质地，如同凝固的黑色太妃糖；另一些则嵌满长石晶体，像是揉进了葡萄干的面团。在这些堆积的熔渣上只有一种东西可以生长，那是一种兰花，花茎纤细，上面垂挂着小旗一样的娇嫩花朵。我们到达火山口边缘时，已经有一阵没什么人开口说话。我向火山口内望去，只见它的内壁

杰夫·马利根拍摄火山口

疙疙瘩瘩，覆满灰烬，仿佛积满煤灰的烟道。然而我无法看见深处，因为火山口内翻腾着一团团刺鼻的白烟。突然，猛烈的爆炸声响起，让人为之胆寒。黑色的石块像炮弹一样穿过烟气飞射而出，直上高空。还好，它们是竖直向上射出，只会直直落回火山口中，几乎没有击中我们的危险。火山发出的声响变化无穷：有时如同回荡的叹息，那是因为有气体在高压下喷射；有时又是震耳欲聋的爆炸声，在火山口周围回响。偶尔还有一种连绵不断的呼啸声，仿佛巨大的喷气式飞机飞过，最为摄人心魄。这样的啸声有一次持续了好几分钟，几乎撕裂了我们的耳膜。

一刻钟过后，风向变了。烟气消散，整个火山口袒露在我们眼前。在我们下方 600 英尺深处，至少有七个红热发光的喷口。它们并非简单的孔洞，而是一大团熔融岩石之间的不规则缝隙。各个喷口的喷发彼此并无关联。每当其中一个喷发时，便有深红发亮的团团岩浆被抛入空中，其中有些如小型汽车般大小。这些熔岩扭曲变化，拉成扳手形状的团块，在空中分裂，直到顶点，然后下落。当它们落在火山口的四壁上时，拍击声清晰可闻。

我们在火山口的最高点找到了十字架。它高近 7 英尺，原先是红色的，然而油漆已被火山烟气腐蚀，只留下隐约的色彩痕迹。用来制作它的木料结实沉重，想来扛着它们爬上火山的陡峭山坡必定相当辛苦。为何约翰·弗鲁姆崇拜运动的首领会认为在此地竖起他们的标志如此重要？这是我希望能说服南巴斯回答的问题——如果我们能在硫黄湾见到他的话。

火山口边缘的十字架

　　不过，在所有约翰·弗鲁姆崇拜的标志物中，最令人印象深刻的或许并非这个十字架，而是三个一组的木雕。在开车返回莱纳克尔的途中，我们在一座小村庄里见到了它们。

　　这些木雕位于一座茅棚下，周围有一圈围栏。左边是一只类似老鼠的怪异动物，它蹲坐在地，肩上生出双翼，被关在一只象征性的方笼里。右边是一架飞机模型，有四个螺旋桨、超大的轮子，机翼和机尾上有一个用白油漆涂绘的美国星徽。这无疑代表着那架将为坦纳岛带来货物的飞机。在中间，一个未曾油漆的黑色十字架后方，立着一个人像，只可能代表着约翰本人。他围一条白色腰带，

货物崇拜圣坛

身穿红色外套和长裤，脸和手都呈白色。他站立着，双臂张开，右
腿在身后提起，拙劣地模仿着基督教十字受难像。这些雕像幼稚得
可怜，看上去却又十分不祥。

　　终于，我们觉得时机已经成熟，可以去寻访南巴斯了。我们从
莱纳克尔驱车出发，经过环绕雅胡威山的灰烬平原，沿一条杂草丛
生的小道前行。硫黄湾村的茅屋围聚在一座宽阔的方形广场周围，
广场中间立着两支高高的竹桅。这里就是南巴斯麾下的"坦纳军"
曾经的阅兵和操练场地。我们的车沿着广场的一侧缓缓驶入，停在
一株巨大的榕树下。我们刚走出车门，村民便围拢过来。他们大多

数人穿着红色的背心或衬衣。一名年长男子骄傲地歪戴着一顶破烂的钢盔，那无疑是来自美军占领桑托岛时期的珍贵遗物。我们并未感受到友好或欢迎的气氛，但也并非全然被敌意包围。一位头发灰白、长着鹰钩鼻、眼窝深陷的高个子长者离开人群，向我们走来。

"我，南巴斯。"他说。

我向他介绍了杰夫和我自己，解释说我们来自大海的另一边，想要听一听约翰·弗鲁姆的故事，了解他的身份和他宣讲的道。南巴斯会向我们讲述约翰吗？他眯起两只黑眼睛，仔细打量我们。

"好吧，"南巴斯终于开口了，"我们聊聊。"

他领着我们，来到一株榕树脚下。杰夫站在车边，不引人注意地架起了摄像机。我坐了下来，将录音机放在身侧，麦克风放在地面。其他村民围在我们周围，急切地想要知道首领会说些什么。南巴斯高傲地环顾四周。显然，他觉得有必要好好表现，以向支持者们明确他的地位和权威。

"我知道你们要来，"他大声对我说道，"约翰·弗鲁姆两个星期前就告诉我了。他说有两个白人会到这里来，问起红十字架和约翰的事。"

他得意扬扬地扫视一圈。鉴于我们此前已经尽力让他知道我们的到来和计划，这个消息并不怎么让我吃惊，然而他那些旁听的部下显然大为震动。

"约翰对你说话时，你看见他了吗？"我问道。

"没有。"南巴斯摇了摇头，然后字斟句酌地补充道："他用无线电对我说话。我有约翰的专用无线电台。"那位天主教传教士已经向我提到过这部"电台"。据他的一名皈依者所说，在特定日子的傍晚，会有一个身缠电线的老妇在南巴斯茅屋里的一扇屏风后进入自我诱发的出神状态，开始胡言乱语。南巴斯把她的话翻译成约翰·弗鲁姆的谕示，传达给聚集在阴暗室内的追随者。

"他通过无线电和你通话，是多久一次？"

"每个黑夜，每个白天；早上也说，晚上也说。他对我说许多话。"

"这个无线电台，和白人的无线电台一模一样吗？"

"和白人的无线电台不一样，"南巴斯莫测高深地说道，"它不用

南巴斯

线，它是约翰的无线电台。约翰把它给了我，因为我为了约翰，在维拉坐了很久的牢。他把无线电台作为礼物给我。"

"我能看看这个无线电台吗？"

他停顿了一下。

"不行。"南巴斯神色狡黠。

"为什么？"

"因为约翰说过不能让白人看见它。"

他已经被逼到墙角了。我换了个话题。

"你见过约翰·弗鲁姆吗？"

南巴斯用力点头。"我见他很多次。"

"他是什么样子？"

南巴斯的手指对准了我。"他看着像你。他的脸白。他高个子。他住南美洲。"

"你和他说过话吗？"

"他和我说很多次话。他和很多人说话，比一百个多。"

"他都说些什么？"

"他说，世界渐渐大变。一切都会变样。他从南美洲来这里，带许多货物。每个人要什么有什么。"

"白人也能从约翰那里得到货物吗？"

"不行，"南巴斯强调，"货物只给本地人。约翰说他不能给白人货物，因为白人已经有了。"

"约翰说过他什么时候来吗？"

"他没说什么时候来，但他会来。"南巴斯平静而自信地回答。他的听众们纷纷咕哝起来，表示赞同。

"南巴斯，你们为什么竖红十字架？"

"约翰说了：你们要做许多十字架。那是约翰的标志。"

"你们为什么在火山顶上竖一个十字架？"

南巴斯向我俯过身来，目光炯炯。

"因为有人在火山里。许多属于约翰·弗鲁姆的人。有红人、棕人、白人，有坦纳人、南美人，都待在火山里。时间一到，他们就从火山里出来，带来货物。"

"我走到火山上去了，"我说，"我看了，没看见人。"

"你看不见他们，"南巴斯语带嘲讽地还击，"你的眼睛黑。火山里的东西你全都看不见。但是那里有人。我看见他们许多次。"

南巴斯真的相信自己说的话吗？他是一个拥有灵视的神秘主义者，还是一个骗子，自称拥有特殊能力，以影响族人，让他们为他所驱使？我无法判断。如果他是个疯子，那么他已把这种疯狂传遍了全岛。显然，我们无法从他那里搞清楚是否真有一个名叫约翰·弗鲁姆、成为所有故事源头的人。我此时也意识到，这一点并不重要。南巴斯是这场运动的最高祭司；无论是他的想法还是他宣称的内容，都和历史事实与物质世界没有什么关系。

我回想起新几内亚那位路德宗传教士对崇拜运动的解释。这个解释无疑过于简单——无论是欧洲人还是美拉尼西亚人，在用逻辑来解释自己的信仰这个问题上谁也没有做得多好——但无论如何，它与坦纳岛上的可见事实吻合得不错。看起来，要想让一个民族在一两代人时间内完成从石器时代文化到有史以来最先进文明的过渡，同时又要避免让他们完全陷入道德困惑和精神错乱，可能是一种奢望。

我们拜访硫黄湾那天是星期五。南巴斯告诉我：约翰·弗鲁姆已有训示，每个星期的这一天人们都要跳舞，作为对他的敬拜。当天傍晚，一队乐手拿着吉他、曼陀铃和马口铁罐做成的鼓，在榕树下的空地上缓缓穿行，一边走，一边演奏。一群身穿长草裙的女子环绕在他们四周，用尖锐的声音开始歌唱。她们的歌旋律简单重复，并非古老的传统吟唱，很明显衍生于美国流行歌曲——商店里的小唱机整天不断播放那些歌，以吸引顾客。此时人们便会站起身来。没过多久，整片空地上就满是蹦蹦跳跳、舞姿机械而僵硬的村民。其中一两个人从榕树树干上摘下一些类似小蘑菇、能发出明亮荧光的菌类，贴在额头和脸颊上，让自己的脸被一种诡异的绿光照亮，也让我们眼前的场景变得越发古怪。这场群舞单调地持续，歌声一再重复，人们随着催眠式的连绵鼓点起舞。没过多久，有人拿出了走私来的酒，于是这些相信自己正敬拜物质主义神明的人便会欢饮达旦。

第八章　斐济外围诸岛

我们从新赫布里底群岛出发，向东飞往斐济，并在斐济首都苏瓦很快找到了两个盟友——公共关系部和广播局。这两个部门的朋友委婉地告诉我们：身为两个完全不懂斐济语的英国人，无论我们想找什么，在斐济的偏远地区都很难达成目的；此外，因为无知，我们必定会触犯斐济人纷繁复杂的礼仪规矩，很可能造成灾难性的后果。根据他们的说法，最简单的解决方案是为我们提供向导，并且他们也说到做到。广播局为我们找来的是他们的巡回记者马努·图普。这个英俊的高个子斐济人才二十出头，却深深了解自己的民族传统，同时他还有贵族血统，可以与许多重要的酋长攀上关系。这让他成为向导的理想人选。除此之外，从广播局的角度来说，他的时间也不会完全浪费，因为和我们同路，他也可以录些东西，用于自己的斐济语广播节目。公共关系部找来的是年轻的西蒂韦尼·扬戈纳。他同样出身大族，在我们想要拜访的一些海岛上有亲戚，因此将会成为我们的宝贵使节。我们后来才发现，西蒂韦尼（斯蒂芬这个名字的斐济语版本）还是一个出色的吉他手。在喜爱音乐的斐济人中，这项技能将是难得的外交资质，几乎不亚于与贵族有亲缘关系。

我们该向何处进发？从苏瓦往东近 200 英里，差不多在苏瓦与汤加群岛之间的中点，一道山脉从海床上隆起，其顶端从蔚蓝色的太平洋海水中穿出，形成珊瑚环绕、遍覆棕榈的拉乌群岛。

马努和西蒂韦尼热情洋溢地向我们介绍拉乌群岛。他们声称：那里的扶桑花和缅栀花举世无双，那里结出的椰子在整个太平洋上最甜最大；群岛上住着全斐济最杰出的工匠，只有在那里才保存着古老的独木舟和卡瓦碗制作工艺。此外，他们自然也不会忘记补充一点——众所周知，拉乌群岛的姑娘是全斐济最美丽的。我们发现马努和西蒂韦尼都来自拉乌群岛，怀疑他们的描述多少受到偏爱的影响，于是想为他们的说法寻求佐证，然而苏瓦居民中除了出身拉乌群岛的那些人，很少有人去过那里。通信困难重重；定期前往拉乌群岛的船都是些收购干椰肉的小货船，条件极为恶劣。话说回来，马努和西蒂韦尼的赞歌似乎也并非全无凭据。每个听说过拉乌群岛的人都向我们保证：那里最好地存续了古老的斐济传统，受到 20 世纪的影响最为轻微。西蒂韦尼的父亲是出身于拉乌群岛的贵族，他告诉我们：一场奇特的祭礼即将在群岛北部的瓦努阿姆巴拉武岛上举行，届时岛上一处内湖中的神鱼会浮上水面，将自己献给当地村民。得知此事后，我们终于下定决心前去一探究竟。

我们运气不错，一艘政府的汽艇将在几天后离开苏瓦，将一名测量员送往瓦努阿姆巴拉武岛。一个新西兰人在该岛北部拥有一座大型的椰树种植园，想要在那里修建一条飞机跑道，而这名测量员将对建造跑道的可能性做出评估。如果我们想要看到那场捕鱼祭礼，只能在岛南的洛马洛马村住下，不过那艘汽艇可以在中途将我们放下，并不费事。更走运的是，船上刚好有能容下我们四个人的空位。

这段航程颇为耗时，因为船员们不想在这片礁石遍布的水域冒险夜航，每晚都要在某座海岛的背风处下锚。不过到了第四天傍晚，船还是驶入了洛马洛马湾。我们匆匆上岸，因为汽艇还得在入夜前赶到 12 英里以北那个新西兰人的种植园。我们的行李被人匆忙地推出船舱，扔到海滩上。接着汽艇便全速后退，呼啸而去。然而我们并非孤立无助，因为沙滩上早有几十个人在等候，有男有女，也有小孩。许多人主动帮助我们把行李搬运到村子里。和我们并肩而行的大部分男子都不穿长裤，而是穿着苏鲁（sulu）——一块简单围在腰上、类似裙子的布料。他们的苏鲁颜色鲜艳，有红有蓝。女孩们穿着棉布连衣裙，色彩同样明快；其中许多人还在头发上插了花，有红色的扶桑花，也有优雅的象牙色缅栀花。我发现，尽管苏瓦的大多数斐济人都是细鬈发，这里却有几个人的头发是平滑的波浪型，体现出来自东方汤加的波利尼西亚人的影响。

———

洛马洛马是一座美丽而整饬的村落。村中的茅屋被称为"木布勒"（*mbure*），其中不少都修得相当雅致，四周花圃环绕，彼此之间以修剪整齐的草坪相隔。村里有一所学校、两家印度人开的商店、一座漆成白色的卫理宗教堂，还有一个小型的无线电台，由一名村民负责操作。此地向来拥有重要地位。19世纪中叶，太平洋地区最伟大的战士、汤加酋长马阿富征服拉乌群岛北部诸岛后，选择了洛马洛马作为治所，并在此地建立了庞大的汤加人社群。直到今天，这座村庄的一部分仍然是汤加人的独立居住区，而他们也以此为傲。后来，在斐济被转让给英国之后，洛马洛马又成为管理整个拉乌群岛的地区专员的驻地。历任专员的官署以及官署外的舰炮至今尚存。后来，治所转移到了位于此地以南群岛中部的拉肯巴岛。即便如此，洛马洛马仍旧保留着一丝庄重高贵的气质，迥然区别于其他岛上那些更为破败脏乱的斐济村庄。此外，它仍旧是"姆布里"（*mbuli*，受政府委派管理整个瓦努阿姆巴拉武岛的长官）的驻地。正是这位姆布里欢迎了我们，并将在我们逗留期间全程负责接待。他身形壮硕，神情严肃，深受社群中其他人的爱戴。他很少露出笑容，而每当他出于礼貌对我们微笑时，那种表情似乎对他来说是一种痛苦，并且总是从他的脸上一闪而逝。有人告诉我们他是一位"强人"。为了证明他如何运用权威、确保令行禁止，一个年轻人向我们讲了这样一件事：有一次，姆布里发现有一群人生产"私酿"（一种非法的高度酒，常有人私下用木薯、菠萝、糖和酵母酿造）；他把违法者一个一个揪出来鞭打，而这些成年男子没有一个敢于反抗。

他把一所漂亮宽敞的木布勒分配给我们，它就在村子中心，距离他家不远。房子的地板上铺了好几层露兜树叶编织的垫子，踩上去很有弹性，很舒服。屋顶的构造也令人赞叹：椽子和斜撑上都缠了编绳；整个屋顶用四根独立的硬木支撑，每一根的直径都接近 2 英尺。通常这样华美的建筑是用于社区集会的，但此时里面已经摆上了几张床。我们被告知：尽可以把这里当成自己的家。

我们是姆布里的客人，然而照顾我们的工作却由他的女眷来承担。还好，她们人数众多，包括他那位丰腴而开朗的妻子、他瘦削而长着龅牙的表亲霍拉（她负责大部分的烹饪事务，不时会咯咯发笑），还有他的两个女儿——梅尔（也就是"玛丽"）和欧法。梅尔年方十九，是村里公认的美人，她总是把头发精心梳成一个大球。如今许多斐济人已经抛弃了这样的梳法，令人遗憾。她看起来相当害羞，如果有男人在场，她的眼睛就几乎会一直盯着地面。不过，如果听到谁闹了笑话，或是讲了一句俏皮话，她也会抬起头来，牙齿微露，粲然一笑，让村里的每个男子都为之神往。欧法比梅尔小两岁，和姐姐十分相似，却没有那种娴静姿态，脸上时常浮现出一种带着童稚的犹疑。霍拉在姆布里住宅旁的一间专用茅屋里做饭，梅尔和欧法则负责给我们送餐。她们会把餐食放在一张 1 英尺高的桌子上，用一尘不染的白布盖上。我们盘腿坐在地板上用餐时，两个女孩便分别站在桌子两头，用扇子驱赶想要落在饭菜上的苍蝇。霍拉为我们烹煮的菜肴相当美味，有椰汁浸泡的生鱼肉、山药煮鸡肉、木签串烤鱼肉、木薯、番薯、芭蕉、菠萝和熟透多汁的桲果。

我们的隔壁住着一个肥胖而开朗的男子。因为先天的语言缺陷，他被村民们亲热地称为"傻威廉"。然而威廉一点也不傻。他无法准确表达，却能发出多种多样极具表现力的声音，再加上旋转、指戳、挥舞，以及频繁转动的眼球，他可以与人进行内容复杂而又清晰易懂的对话。事实上，对我们这样只懂得几个斐济语单词的人来说，他反而是村民中最容易理解交流的。几乎每天傍晚，他都会到我们的木布勒来，讲些关于周边邻人的故事来逗乐我们，滑稽得不得了。

威廉最为珍视的一件财产是一台使用电池的收音机。由于残疾，他的听力也不好，因此总是把收音机开得很大声。不过他不怎么听苏瓦那边播放的广播节目。通过一批老掉牙的电话机，瓦努阿姆巴拉武岛东岸的一些村子彼此之间有通信联系。这些电话从前安装在苏瓦。遭到淘汰之后，它们被卖给了拉乌群岛的酋长。后者转而将它们安装在他的几座海岛上。电话线只有一根，因此每摇动一台电话机侧面的摇柄，都会让岛上其他所有电话同时作响。为了明确电话是打给谁的，人们使用了一种类似摩尔斯电码的拨号法。洛马洛马的电话机安装在姆布里的住宅，一天到晚都会响起让人无从解读的刺耳铃声。人们都不怎么留意，似乎也不关心电话是不是打给洛马洛马的。唯一的例外是威廉。在他看来，整个电话系统就是无穷无尽的乐趣之源，因为他已经发现，只要在电话线上搞点手脚，把它连接到自己的收音机上，他就能把声音放大很多，从而偷听岛上所有人的通话。他可以连续许多个小时带着全神贯注的表情坐在收音机旁，就这样成了村子里的小道消息和丑闻的主要源头。他的大量傍晚时间都在我们的木布勒里度过，而由于我们又能懂得他那种以咯咯声和各种动作为表达方式的个人语言，理解能力并不逊色于其他任何人，因此我们很快就对几乎所有村民的私生活了如指掌。这样一来，我们不仅能听懂邻居和熟人之间的粗鲁笑话，甚至还能自己讲上几个。没过几天，我们就觉得自己在村里不再是外人，而是相当紧密地融入了他们的社群。

最初吸引我们来到瓦努阿姆巴拉武岛上的，是马索莫湖上的捕鱼祭礼。祭礼将在我们抵达后的第三天举行。马努向我们讲述了传说的起源，其间威廉不停打断他，还用各种图画加以补充。

"从前有一天，岛上的一个男人在自家的农地里干活时，看见两个自汤加来的仙女从天上飞过。她们正在赶路，要去拜访一个嫁给斐济人的亲戚，还带了鱼作为礼物。那些鱼和水一起，被漂漂亮亮地包在一大片芋艿叶里。男人招呼她们，说自己口渴了，能不能向她们讨点水喝。仙女没有理睬他，继续往前飞。男人很生气，于是他从一株恩盖树 * 上砍下一根树枝，掷向仙女。他没能击中她们，只是打落了她们手中的礼物。礼物包里的水落在地上，变成了马索莫

---

* Ngai tree，当地语言中对一种橄榄属植物的称呼，具体种类不详。——译注

162

湖，那些神鱼便从此生活在湖里。然而它们乃是禁忌之物。除非得到祭司的许可，任何人都不能尝试捕捉它们。"

祭礼当日，我们一行大约三十人从洛马洛马出发，登上村里的汽艇，向北航行，与姆阿莱武和马瓦纳这两处聚落的人会合——他们的祭司是祭礼的传统主持者。对方同样有自己的汽艇。不到中午，我们已经身处一支向北进发的小小船队中，在环绕瓦努阿姆巴拉武岛的珊瑚礁和构成这一段海岸的石灰石悬崖之间穿行。两三英里之后，领头的船转向海岸，进入一条长而狭窄的峡湾。峡湾在陡峭的石壁之间曲折蛇行，向岛内深入。等到船终于进入浅水，我们弃船登岸，先是在泥泞不堪的红树林中走了半英里，接着爬上一道陡峭的山坡。坡顶对面远处便是马索莫湖。它位于林木茂密的群山之间，湖面幽黑森然，长约 300 码。一些从姆阿莱武来的人已经在这里干了好几天活。他们伐树刈草，在湖滩上清出了一块空地，又搭起了六七间长棚。这些棚子都是简单的木结构，上面以绿叶苫顶。很快，空地上就聚集起上百人。女人和女孩们开始生起炊火，又从树叶包裹中取出她们带来的芋芳和木薯。一些男人走进丛林去砍伐更多树枝，用来加长凉棚。每个人都热情高涨，无忧无虑，和在海滩上享受银行假 * 的人群一样。

祭礼的序幕从人们互敬卡瓦开始。首先是由我们这些祭礼上的外来者向图伊昆布沙敬献卡瓦。"图伊"这个头衔表明他是现场最为

---

* 英国、部分英联邦国家、部分欧洲国家和前英国殖民地对全国性公共假日的称呼。——译注

163

尊贵的酋长。接下来，三座村庄中不同氏族的人们相互敬献。最后，我们所有人都来到距离其他茅棚大约 50 码的一座小棚子里，向主持整场祭礼的祭司一族的首领致敬。接受卡瓦之后，这位首领宣布时机已到，仪式可以正式开始。

图伊昆布沙立刻派出一名公告人，向人们宣布消息。

"许可已经颁布，可以开始捕鱼了。"公告人站在空地中央，大声宣布。

"威纳卡，威纳卡（*Vinaka, vinaka*）。"我们一起回答。这句话既表示"听见了，听见了"，也表示"非常感谢你"。

"这里所有人都要加入。你们要进入湖水，两人一组，要游泳。除了橄榄叶裙，其他什么都不能穿。要用油涂抹身体，否则湖水会咬你们。你们要一直游，直到祭司宣布取鱼时刻已到。只有到那时候，你们才能拿起鱼叉，接受那些浮上水面、自愿献身的鱼。"

人们无须鼓动。当男人们还在互献卡瓦时，女孩们就已经忙着用光滑修长的恩盖树叶子（传说中那个男人折下来掷向仙女的正是恩盖树枝）制作沉重的裙子。男人们拿起做好的裙子，围在自己的腰上。女孩们帮他们把椰子油抹在赤裸的胸膛和腿上，其中加入了由碾碎花朵制成的香精，气味芳香。抹完之后，那些肌肉饱满的身体便泛起蜂蜜色的金光。

大多数男人早已伐好短木，剥去了上面的树皮，准备拿它们来做漂浮物。他们将短木举过头顶，在欢呼中跑下湖滩，扎进水中。马努和西蒂韦尼已经穿好了裙子，跑过来传话说人们希望杰夫和我

164

都能加入仪式。杰夫的腿上不幸有好几处疼痛难忍的溃疡，于是他决定不下水，我却没有任何拒绝的理由。霍拉已经为我做了一条裙子。穿上它之后，梅尔为我全身涂油。马努则给了我一根漂浮木，然后我们一同走进湖水中。

水不深，而且十分暖和，然而湖底有一层厚厚的黑色淤泥，深及膝盖，让我们不能完全享受游泳之乐。不过我们很快就学会了如何摆脱它，哪怕在水深只有两三英尺的地方也可以——只要水平漂浮起来，双臂抱住漂浮木，用脚踢水。到了接近湖中心的地方，水深了一些，让人可以游得更主动，无须在烂泥里挣扎。很快，一阵

我在捕鱼祭礼前被涂上椰子油

人们在捕鱼祭礼上走进湖中

嘻嘻哈哈的笑声和尖叫声传来；同样穿上了裙子、全身油光闪亮的女孩们也跑下来加入我们。有几个女孩带上了自己的漂浮木，但更多的游向男人们的方向，与他们共用漂浮木。接下来，所有人排成一条长队，大声唱着歌，向对岸游去。每个人都用脚踢水，身后淤泥翻腾，把水染成黑色。没过多久，水面上就泛起一股气味，毫无疑问是硫化氢。一闻到它，我就明白了这场祭礼是如何生效的。这种气体产生于湖底腐败的植物成分，在我们搅动湖水之前，它被封在淤泥中；随着硫化氢在水中的溶解，它变成了一种毒素，迫使鱼浮上水面，"自愿奉献"，一如祭司们的神秘预言。这同样解释了为何祭礼要求人们必须用油抹身，因为溶于水的硫化氢会形成一种弱酸。这种酸如果达到一定的浓度，就会在无保护的皮肤上造成皮疹。

我们游了快两个小时，然后一个接一个地离开湖水，回到营地里用晚餐。然而大多数人刚吃完饭又返回湖中。由于傍晚的凉意，对只穿着树叶裙的我们来说，待在湖水里比上岸更暖和。一轮巨大的黄色月亮从群山中升起，月光洒落在黢黑的湖水上，铺出一条波光粼粼的大道。我们成群结队地游着，有时又因为黑暗而脱离队伍，加入另外一群人。湖面上回荡着我们的喊声、笑声和歌声。

过了大约一个小时，就在游得有些累了的时候，我听见我们的歌声里多了从远处传来的尤克里里和吉他的琴声。我涉水而出，发现营地后面已经开起了"塔剌拉拉"（*taralala*）。这个词来自英语中的"tra-la-la"，词典定义为表达欢愉快乐的用语。它在斐济语中的意思也差不多，指的是一种欢快而随意的舞蹈。人们组成一对一对，肩并肩，手臂挽住对方的腰，以一种简单而富于节奏的步伐，在坐下的人们围成的大圈中缓步来回。场地一头坐着乐手和歌手；在另一头，人们正调制分发卡瓦。圈子外燃着一堆小篝火，照亮全场。

"喂，塔维塔（Tavita）。"姆布里的妻子在叫我，用的是我的名字的斐济语版本（我在村里以这个名字为人所知），"来，让我们看看你的舞跳得怎么样。"我穿过场地，走到梅尔的座位前。接下来，在傻威廉的口哨和嘘声的伴奏下，我们与其他人一样塔剌拉拉起来。

我们唱歌跳舞，畅饮卡瓦，直到深夜。人们从湖里上来，到火堆边取暖，加入这场聚会，然后又一个接一个缓缓走入黑暗中，再次开始游泳。直到我回到自己的棚子，音乐仍在继续，和先前一样喧闹。我没睡几个小时。第二天早上我回到湖边时，水中还有二十来个人。

最后，鱼终于开始上浮了，是银色的大鱼。我们在水中游动时，它们就在我们眼前跃出水面，在空中画出银色的弧线，再落入水中，溅起浪花。许多鱼在游动时将嘴露出水面，已是半窒息状态。

我懒洋洋地漂浮在湖面上距离营地最近的一端，突然听到身后传来一声喊叫。大约二十个男人挥舞着鱼叉——一种顶端有五六根铁刺的长杆——从路上冲了过来。祭司已经下令，让人们开始捕鱼。男人们散开成一条线，配合默契地走向湖中。水面上到处都是鱼叉。

捉鱼的女孩们

有时那些半中毒的鱼为了逃命，会疯狂地在水面左弯右拐。有些鱼已经意识模糊，女孩们很容易就能抓住它们的尾巴。至于怎么处理这些鱼，祭礼连细枝末节都有规定。通常，一个斐济渔夫会用绳子把捕到的鱼穿起来，从嘴穿入，从鳃穿出。然而在这里，习俗规定绳子必须穿在鱼的两只眼睛上。每个男人都带上了细细的木签，方便把鱼穿上带走。半个小时后，尘埃落定。我数了数，湖岸上已经躺着一百一十三条硕大的银鱼，看上去与尺寸超大的鲭鱼差不多。

我们在傍晚回到洛马洛马。当天晚上每个人都大吃这种被他们称为"阿瓦"（awa）的鱼。我觉得阿瓦滋味鲜美，然而没能参加祭

从湖中带回渔获

礼的杰夫的看法或许更为公正——他坚持认为这种鱼的质感类似棉球，口味则让人想起臭鸡蛋。

祭礼的现实意义不言自明：只有通过大群人的合作，捕鱼才能成功，因此组织者不可缺少；此外，祭礼的举行次数必须严格限制，如果太过频繁，鱼就会被捕光。要满足以上条件，最简单的办法就是把捕鱼变成一种由祭司氏族主持的祭礼。

———————

在离开苏瓦前，我们原先已经定好了一条定期往返拉乌群岛的小商船。它会来洛马洛马接我们，将我们送往南方诸岛。然而这条船还要一个星期才能到。在我们的整个太平洋之旅中，就数捕鱼祭礼之后的几天最愉快，惊喜也最多。最初，村子里的日常因为我们的到来而受到干扰，不复往常。然而人们对我们习以为常之后，他们的生活又渐渐回到轨道上。

每天早晨，全村早早醒来。如果是工作日，人们便会按照"图朗加尼科罗"（ *turanga ni koro* ，也就是村长）在前一天傍晚做出的决定，参加公共劳动。工作可以是修建房子，修补渔网，也可以是编织篮子。如果是周六，村民们便会在自家的木薯地、薯蓣地或是芋头地里干活。到了周日，所有人都不会从事任何劳动。

我们和托托约建立起特别的友谊。他是个大块头，有着茂密的胸毛，以及一副不协调的尖嗓子，被认为是村里最好的叉鱼手之一。

有时我们会乘坐他的独木舟和他一起出海，一起在礁石间潜游。他的游泳技术极为出色。只要戴上一副贴紧眼睛的护目镜，他就可以追着一条鱼下潜到 15 英尺深处，在水下待上好几分钟。

现在我们必须得安排好离岛事宜。通过无线电，我们订好了一艘双桅纵帆船，它将从苏瓦出发来接我们。船来的前一天晚上，我们在自己的木布勒里举行了一场盛大的卡瓦仪式。已经完全恢复的杰夫和我并排而坐，马努和西蒂韦尼分别坐在我们两边。坐在圈子对面的，是姆布里、他的妻子、霍拉、村长、傻威廉、托托约、梅尔、欧法和其他所有朋友。

每个人都喝过卡瓦之后，我走到圈子对面，在姆布里一家的每个成员面前放下一份小礼物，有布料、香水、首饰和刀子，都是我从印度人商店买来的。接下来，我发表了一篇小小的演讲，由马努逐句翻译。我感谢了人们对我们的善意和热情款待，感谢了他们以开放的心胸接纳我们融入他们的社群，也表达了离别的遗憾之情。

我说完之后，作为回复，姆布里也开始发言。他刚说了几句，他的妻子就打断了他——这样的举动违反了一切习俗，也出乎我们意料。

"我必须说几句。别难过，塔维塔和杰弗里。"泪水从她的脸颊上流过。"你们永远也不会离开洛马洛马。你们已经成了我们的家人，我们也成了你们的家人。不论你们走到哪里，你们身上都会带着属于洛马洛马的东西。至于我们，我们不会忘记你们。不论你们

马努、梅尔和欧法从礁石上捕鱼归来

何时回来，这座木布勒都归你们住，想住多久住多久。我们永远都
会欢迎你们，这是你们的第二个家。"

听到这些话时，我相信她的诚意，我至今仍然相信。

第二天，一个小小的黑点出现在西方海平面上。托托约立刻宣
布那一定是"马洛洛"号，也就是我们通过无线电预订的那条船。
他无法看清船的形状，但从它航行的方向、出现的时间，以及从他

每天在傻威廉那台响个不停的收音机上听到的船运新闻来判断，他可以肯定那不会是别的船。

黑点渐渐变大，我们终于可以从双筒望远镜中分辨清楚。那是一艘华丽的白壳双桅纵帆船，正满帆前进。托托约是对的——那正是"马洛洛"号。它以优雅的姿态画出一个大圈，从两片波纹翻腾的水面之间穿过，那里正是通过环岛礁石进入潟湖的航道。在距离我们只有不足 100 码时，"马洛洛"号降下主帆，下了锚。我们做了最后的道别，在一个小时之内离开了洛马洛马。

"马洛洛"这个名字来自塔希提语，意思是"飞鱼"。英国人斯坦利·布朗是它的船长，也是它的共同所有者。他在战争期间随海军来到太平洋，被这里的海岛深深吸引，干脆永久定居下来。作为一名水手，他热情洋溢，技巧娴熟。在知道我们的行程已经拖延了两周之后，他对自己能避开任何礁石的精确导航能力充满信心，立刻提议说我们应该通宵航行。傍晚来临，一阵劲风吹起。他关掉引擎，带领我们航行在星光照耀下的大海上。桅索绷紧，船首的三角帆吱呀作响。船行过处，留下一条波光闪烁的宽阔尾迹。

我们的速度很快。当夜我们向南航行，越过了拉乌群岛中部的拉肯巴岛。黎明到来时，我们转而向西。尽管行程已经滞后，在返回苏瓦的途中，我们仍然有时间拜访其他几座海岛。

一天，我们为了采摘椰子，登上一座无人居住的珊瑚环礁。我在种植园中漫步时，马努向我走来，手中抓着一只我平生见过的最大的螃蟹。这螃蟹宽近 2 英尺，巨大的躯干呈心形，大螯大得吓人，

椰子蟹

黑色的肉质尾巴疙疙瘩瘩，卷在身下。它的甲壳大体上是红褐色，但腹部和腿上的关节却泛着蓝色。这是一只椰子蟹，俗称强盗蟹。我小心翼翼地接过它，避开那双大螯，因为它们看上去足以夹断我的手指。

椰子蟹与我们熟悉的那些可爱的小寄居蟹有亲缘关系。后者总是拖着螺壳，在英国海岸上那些石间水洼里爬来爬去。然而这些太平洋上的怪物是如此庞大，又有坚固无匹的防御能力，因此不需要螺壳的保护。此外，它们已经适应了旱地上的生活，只有在繁殖后代时才回到海水中。

人们告诉我，这种螃蟹给种植园带来了不小的祸害，因为它们会爬上椰子树干，切掉椰子，然后回到地面，用它们强力的大螯剥掉落地的椰子的外皮，将它们打开，饱餐里面的嫩肉。这样的说法流传于整个太平洋地区，但许多博物学家对此有争议。

我将马努的螃蟹放在一棵椰子树上，想看看它是否会往上爬。它的长腿抱住粗糙的树干，锋利的足尖毫不费力就找到了着力点。然后，它开始慢慢向上攀爬，六条腿轮流移动。毫无疑问，只要它愿意，它就能爬上一棵椰子树。

在它爬得太高之前，我把它捉了下来，在它面前放了一片椰子，看它是否会吃。看到我的做法，人们发出嘲笑，告诉我说螃蟹只在夜间进食。显然，我的这个样本拒绝对椰子表现出任何兴趣，不论椰子是完整的还是打开的，是放置已久的还是刚刚摘下的。这当然证明不了什么，然而我还是难以想象它有办法靠自己打开一只完好的椰子，尽管它的确是一种强有力的动物。

在海岸上方的石块间，我们找到了更多椰子蟹。没过一会儿，我们就有了五只这样的怪兽。它们充满警惕，在椰子树下软绵绵的草地上来回巡逻。其中最大的一只慢慢向略小的一只爬去，并伸出大螯。另一只做出同样的动作。两只大螯夹到一起，仿佛在握手。起初这一幕看起来还令人莞尔，然而很快就变得有些吓人了。侵入者增大夹力，一阵刺耳的碎裂声传来，甲壳碎片从略小的那只螃蟹的大螯上片片崩落。被攻击者伸出空着的另一只大螯，以缓慢得可怕的速度，狠狠夹住了对手的行走足。

发生在我们眼前的，是一场战斗，然而这战斗并非砍劈和突刺，并非勇猛的冲锋和机敏的格挡，而是一场不屈不挠、旷日持久的拔河。能流露出任何情绪，或者能表明那庞然坚甲中存在着鲜活生命的，只有那两对转动个不停的眼柄。这让我想起坦克中的士兵通过前方钢铁缝隙向外窥视的双眼。这场争斗延续了许多分钟。我试图拆开纠缠在一起的两只螃蟹，然而将它们拎起来只能让它们更坚决地抓住对方。它们仿佛凝固在一场决绝无情却又无声无息的战斗中。突然，较大的那只螃蟹被小个子对手用大螯钳住的腿从高位断掉了，断在接近躯干的关节上。白色的新鲜伤口里流出无色的血液。两者的大螯都松开了，遭到截肢的螃蟹缓缓后撤。胜利者把切下的这条腿高高举起，也向后退去，随后将断肢扔掉，如同一只机械手卸下载荷。战斗结束了。

我们在回到苏瓦前拜访的最后一座岛是科罗岛。在刚刚抵达斐济并安排好遍历外围诸岛的行程后，我们就计划好要在科罗岛待两个星期，因为据说科罗岛北部海滨的纳塔马基村里的人们可以从深海中召唤一只神龟和一条巨大的白鲨。这样的说法并非独一无二——在萨摩亚、吉尔伯特群岛乃至同在斐济的坎达武岛，都有类似的传说——然而这个故事听上去仍然足够不同寻常。在洛马洛马的耽搁意味着我们只能在科罗岛停留二十四小时，但我仍然非常向往此行，寄望于在如此之短的时间内仍有机会见证召唤海龟。

第二天是星期天。这一天黄昏，船在纳塔马基下了锚。我们立即上岸，准备向此地的姆布里敬献卡瓦。

因为我们曾在苏瓦就原计划的行程与他联系过，这位姆布里已经等了我们好几个星期。尽管我们迟到多日，看上去他仍然很高兴见到我们。

"你们至少得在这里待上一个星期。"他说。

"只可惜我们待不了那么久，"我回答道，"明天晚上我们就得出发去苏瓦，因为我们已经在一条船上订了去汤加的行程。"

"哎呀，"姆布里高声叫起来，"这太糟了。我们还希望你们能在这里多做几天客，让我们表达敬意，展示本岛的特色。今天是星期天，我们甚至没办法用一场盛大聚会和塔刺拉拉来招待你们，因为教堂不允许在星期天跳舞。"他环视围成一圈参加卡瓦敬献的人群，又望向挤在这座木布勒门口张望我们的男孩女孩们，眼神忧伤。

"不要紧，"他的脸色转忧为喜，"我有办法了。我们再喝上四个小时的卡瓦，就到星期一了。那时候所有女孩都会来，我们可以跳舞，跳到日出时分。"

我们忍痛拒绝了这个充满想象力的建议，但是保证在第二天一早就带上摄像机返回，以便拍摄海龟召唤仪式。

第二天的黎明不尽如人意。天上低垂着雾蒙蒙的云层，一直延伸到地平线，不留一丝缝隙。灰色的潟湖上空风雨大作。我们用防水罩把器材包裹起来，带到岸边，希望随着天色变亮，天气能变得好些。

负责表演祭礼的村长在他的木布勒里等候我们。他穿着露兜树叶编织的裙子，系着树皮布饰带，一身仪式盛装。

尽管还在下雨，他仍急着出门召唤海龟。我向他解释说天气太差了，不适合拍摄。他看上去失望极了。于是我提议他带我们到举行仪式的地方去，这样万一晚些时候雨会停的话，我们可以事先确定摄像机的架设位置。他同意了。我们一起冒雨走出门外。他领着我们沿着海滩前行，然后走上一条泥泞而陡峭的小路。

我们一边走，一边聊，因为他曾在军队服役，能说流利的英语。

"我想我还是可以召唤海龟。"他漫不经心地对我说道。

"不必劳烦，"我回答他，"我只想看看那个地方。"

他又走了几步。

"我可以召唤它们的。"他又说。

"我更希望你不要召唤。如果它们来了，我们却没法拍，那会气死人的。"

他继续向山上跋涉。

"其实我召唤它们也没问题。"

"不要因为我们而这么做，"我说，"如果它们早上来了，或许下午就不会再来。"

村长大笑起来，说道："它们不会不来。"

此时我们已经走在一道高崖边缘。雨暂时停了，下方海面上闪烁着一道水汽氤氲的阳光。村长突然向前跑了一段路，在悬崖边站住，开始高声吟唱。

图伊纳伊卡西，图伊纳伊卡西，

纳塔马基的神灵，

住在我们美丽海岛岸边的神灵，

听到纳塔马基人召唤就会到来的神灵，

浮上海面吧，浮上来，浮上来。

我们向位于我们下方 500 英尺的海面望去。风吹过树林的声音，还有海浪拍打下方远处海岸的声音隐隐传来，除此之外什么也听不见。

图伊纳伊卡西，浮上来，浮上来。

然后我便看见一个长着鳍肢、略呈红色的圆盘浮出海面。

"快看！"我指着那个圆盘，激动地向杰夫大喊，"它在那里。"

就在我说话时，海龟潜入水中，消失了。

"永远不能用手指，"村长责备道，"那是犯忌的。只要那么做了，海龟就会立刻消失。"

他再度召唤。我们等待着，眼光扫视海面。那只海龟又浮了上来。它在我们视线里停留了大约半分钟，然后拍打了一下前肢，向下潜去，再次消失不见。在接下来的十五分钟里，我们又见证了八次上浮。在我看来，下方的海湾里至少有三只大小不同的海龟。

在回村的路上，我一直在思索刚才看见的一切。这真的那么神奇吗？如果那个海湾对海龟格外有吸引力，我们无论如何都会见到它们——作为爬行动物，它们必须浮上水面来呼吸。这或许能解释村长为何那么急于召唤它们。说到底，一旦在还没有人开口时它们就浮了上来，奇迹的色彩就会褪去不少。

回到村里，姆布里用一顿精美丰盛的午餐招待我们，有冷鸡肉、芋芳和山药。趁我们盘腿坐在铺着垫子的地板上吃东西时，村长向我们讲了关于召唤海龟的传说。

很久以前，在斐济还荒无人烟的时候，有三兄弟带着家人，驾着独木舟航行于这些海岛之间。在经过小岛姆巴乌时，年纪最小的弟弟说：“我喜欢那个地方。我要在那里住下来。”于是他们把弟弟一家送上岸去。剩下的两个兄弟继续向东航行，来到科罗岛。“这座海岛真美丽，”年纪最大的哥哥图伊纳伊卡西说，“它就是我的家。”然后他也带着家人上岸了。剩下的一个兄弟继续航行，最后落脚在塔韦乌尼岛。

岁月流逝，图伊纳伊卡西已是儿孙满堂。弥留之际，他把家人召集过来，对他们说：“我要离开你们了。你们如果遇到麻烦，就到我初次登陆的那片海滩的悬崖上去，在那里召唤我。我会从海里出现，让你们知道我仍然看顾着你们。"然后图伊纳伊卡西就死了，他的灵魂托身于一只海龟。他的妻子很快随他而去，灵魂变成了一条大白鲨。

从那时起，纳塔马基人在每次远航之前，或是纳塔马基战士在出征之前，都会在那座悬崖上集合，一起飨宴，一起跳舞，最后再将变形为海龟和鲨鱼的祖先召唤出来，请祖先赐予他们勇气，以面对即将到来的考验。

一名体形庞大的男子坐在我身边，吃下了许多山药。我问他是否相信这个故事。他嘻嘻哈哈地笑起来，摇了摇头。

"你们常吃海龟肉吗？"我问道，因为在斐济的大多数地方，海龟肉都是一道备受推崇的佳肴。

"从来不吃，"他说，"那是我们的禁忌。"

接下来，他对我讲了就发生在几个月前的一件怪事。村里的一些女人在潟湖中捕鱼时，偶然网住了一只海龟。她们将它拖进独木舟，想把它从网上解下来。还没动手，就有一条大白鲨从水中出现，向她们冲来。她们想用桨打它，把它赶走，可是大白鲨毫不畏惧，一次又一次冲向独木舟。女人们害怕了，觉得它会把船弄翻。"我们抓住的是图伊纳伊卡西，"一个女人说，"鲨鱼是他的妻子。除非我们放走他，否则鲨鱼是不会走的。"然后她们赶快把海龟从层层渔网中解下来，把它掀入水中。海龟立刻下潜，消失不见，而鲨鱼也随之而去。

到我们吃完饭时，天气状况已经大大好转。我们决定尝试拍摄召唤仪式。就我们早上所见来推断，要想从崖顶拍到高质量的影像太过困难，因此我们转而乘船来到那片海湾，登上悬崖附近露出水面的一块巨大矩形岩石。村长先前曾告诉我们，这块岩石就是图伊纳伊卡西的家。十分钟后，村长的小小身影出现在崖顶。他向我们挥了挥手，攀上一株高大的桤果树，开始召唤。

"图伊纳伊卡西，图伊纳伊卡西，浮上来啊，浮上来。"

"如果海龟来了，"杰夫小声对我说，"千万别太兴奋，别用手指。趁它还没消失，让我好好拍。"

"图伊纳伊卡西。乌恩德 *，乌恩德，乌恩德。"村长继续呼唤。

我用双筒望远镜搜寻海面。

"那里。"马努说，双臂紧紧抱在胸前，"20 码外，偏左的地方。"

"哪儿？"杰夫焦急地低声问道。我几乎控制不住要抬手向那边指去，因为我已经清清楚楚看到了它。它的头伸出了水面，正大口吸气。摄像机的马达声传来，于是我知道杰夫也看到它了。那只海龟懒洋洋地漂浮着，徘徊了差不多一分钟。接着，水花一旋，它消失不见了。

"好了吗？"村长高声喊道。

"威纳卡，威纳卡！"我们也冲他高喊。

"我再召唤一次！"他又高喊。

五分钟后，海龟再次出现。这一次它离我们是如此之近，我甚

---

* *Vunde*，斐济语中意为"跳舞"。——译注

至能听到它浮出水面时发出的吸气声。我正在看时，马努拉了拉我的袖子。

"看那边。"他轻声说道，向我们近旁的海面点了点头。就在离岩石只有 10 英尺远的地方，一条巨大的鲨鱼出现在明澈的海水中，清晰可辨，三角形背鳍破水而出。它开始环绕岩石游动，杰夫迅速转动摄像机拍摄它。它从我们身边经过三次，然后，随着那条长尾有力地拍打，它加快了速度，游向海湾中心位置，也就是我们最后一次看见海龟的地方。我们尽管已经看不见它的身躯，还是能从它的背鳍来追踪它的轨迹。最后，鲨鱼也从水面潜了下去。

我大为惊叹。训练一条鲨鱼和一只海龟在听到召唤时出现是有可能的，但要这么干，就需要给它们食物作为奖赏，而我很确定这不是纳塔马基人的做法。那么，鲨鱼和海龟在村长召唤时一起出现只是偶然现象吗？要认真回答这个问题，我们本该每天悄悄在崖顶守候，仔细观察鲨鱼出现在这片海湾清澈蔚蓝的水面的频率和海龟浮上水面呼吸的频率。然而我们当晚就得离开这座海岛，这让我至为遗憾。

回到村里，我们吃惊地发现全村人都换上了仪式盛装。我们刚进村，就有一群女孩跑过来，在我们的脖子上挂上缅栀花编成的花环。姆布里跟在她们身后，笑容满面。

"欢迎回来，"他说，"我们为你们准备了一场盛大表演，因为人们觉得应该让你们在走之前看看我们最好的舞蹈。"

这让我们十分尴尬，因为时间已经接近傍晚，而我向布朗船长承诺过要在日落前早早回到"马洛洛"号上，这样他才能穿过近海区域的礁石，在入夜前进入开阔海面。然而要拒绝观看一场为我们准备好的表演，又太过粗鲁。

姆布里领着我们走向铺在他的木布勒门前草坪上的一块垫子。我们坐下之后，他高声发令，附近的一群男女便热情洋溢地唱起来，同时以拍掌来打节拍。一队涂黑了面孔的男人手持长矛，走上我们面前的草坪，挥舞长矛，用力跺脚，跳起一场训练有素的战舞。早先，他们的歌词通常是对部族的战争荣耀的列举。如今这些内容仍然有人歌唱，但我们此时听到的更为现代，讲述的是在马来亚表现杰出、收获荣耀的斐济军团的勇敢。

男人们的表演结束之后，一群孩子把他们换下，模仿着长辈们的跺脚和怒容，开始热烈的棍舞。随着歌词节节推进，孩子们也挥舞着棍棒，列队来回行进。

时间已经很晚，我开始觉得有必要请求姆布里允许我们离开。然而又有30个戴着花环、身上涂抹油脂的女孩从一座木布勒中走出，在我们面前盘腿坐成一排。她们表演的是坐下的"梅克"*，口中唱着轻快的歌，同时摇摆身体，用手和头做出含义丰富的动作，响应着歌词。

表演终于结束了，所有人报以热烈的掌声和欢笑。我站起身来，通过马努的帮助，尽我所能地表示了谢意。

---

* *Meke*，斐济语，意为"传统舞"。——译注

"很遗憾，"我最后说道，"现在我们必须走了。萨莫司*，再见。"

我话音刚落，就有人唱起了斐济的送别之歌《伊萨雷》(Isa Lei)。短短几秒之内，全村人都应声而歌，无比热烈，无比和谐。这首歌旋律十分忧伤，每一次都能让我为之哽咽。此时它听起来比从前任何时候都更令我感动，因为这一次我们真的要与斐济道别。所有人聚集在我们周围，往我们脖子上已经挂着的花环上堆叠更多花环。

西蒂韦尼、杰夫和马努在离开拉乌群岛的"马洛洛号"上

---

* *Sa mothe*，斐济语，意为"再会"。——译注

我们与姆布里和村长握了手，然后我们半是自己走、半是被抬着来到海滩上。人群跟随而来，歌声不断。我们进入潟湖之后，仍有几个年轻人在后面游泳追随。

等我们终于登上"马洛洛"号时，太阳已经沉入海面，满天是红色的余晖。布朗船长发动了引擎。我们缓缓穿过潟湖，驶向礁石之间的航道。我们看见人们沿着沙滩奔向我们将要经过的岬角，直到有数百人挤在那青翠的山坡上。船从他们侧方驶过时，我们再次听见水面上飘来《伊萨雷》的旋律。布朗船长鸣了三声汽笛作为回应。"马洛洛"号掉转方向，水手们升起主帆，我们航向开阔水域。

第九章　汤加王国

　　我和杰夫在苏瓦登上了这条简陋破旧的商船，如今正倚在散步甲板的栏杆上。雨水从铅灰色的天空倾泻而下，无休无止，把海面变得如同一片被锻打的锡镴，令人感到压抑。整整三十六个小时里，我们冒着大雨在波涛汹涌的海面上颠簸，一路向东，航向汤加群岛。此时引擎已经把速度降了下来，让我们觉得距离目的地应该不远。在前方，穿过浓密的雨幕，我们只能勉强分辨出一条灰蒙蒙的水平线。那无疑就是汤加群岛的主岛汤加塔布。

　　在努库阿洛法的港口码头迎接我们的是吉姆·斯皮柳斯，也就是原来给我写信建议我们来汤加的那位人类学家。在雨中的码头边，他向我们介绍了维埃哈拉。后者是一位汤加贵族，也是宫廷的档案官；我此前也曾就此次拜访与他联系过。吉姆开车带着我们三个行驶在被水淹没的空旷马路上，每碾轧过一个大水坑就溅出一大片水花。最后，他转上一条街道停了下来，街道两边排列着形制优雅的现代混凝土房屋。维埃哈拉冒雨奔下车去，打开一所房子的大门，示意我们进去。

"只要你们在汤加，这里就是你们的家，"他说，"车库里有一辆车供你们使用。会有一名厨师和一名用人照顾你们。你们的食物将由王宫送来。如果还缺什么东西，只需要告诉我就好。"

接下来三天里，我们大多数时候都在向维埃哈拉、吉姆·斯皮柳斯和他同为人类学家的妻子咨询关于王室卡瓦仪式的问题，因为如果我们要拍摄它，就不能不了解它的意义。

王室卡瓦仪式是现存所有传承自古汤加的仪式中最重要、最神圣的一种。它的举行既是对王国社会结构的整体呈现，也是对这种结构的重新确认。与其他所有波利尼西亚社会一样，在汤加，血统传承和社会阶层一直都至为重要。在另一些群岛上，任何仪式举行之前都会有一名贵族的发言人做长篇吟诵，讲述其主人的家族谱系，甚至会上溯到创世神话中的传说英雄，以让所有人了解这位主人有资格举行这样的祭礼。汤加并没有这样的习俗，但血脉和优越地位同样有着重大且关键的意义，因为拥有王室血统的贵族是这个岛国的统治者，每一个都凭其爵位继承了王国的一部分。然而这并非一种让领主从农奴那里吸取财富的简单封建体系。贵族本人拥有许多特权，但也对其臣民负有许多责任。他必须管理他的村庄，为他的年轻子民们分配土地，还要花费大量精力和钱财来照看他们。此外，尽管这些头衔可以继承，一位贵族在确定获得爵位前仍须得到女王的批准。如果他被认为不适合凭继承权获取应得的地位，女王可能不会发出许可。不过，一旦得到女王许可，这位贵族就有权参加王室卡瓦仪式。

就其本质而论，王室卡瓦仪式就是一位贵族的敬献行为，而整个汤加的贵族都会坐成一个大圈，见证他的敬献。首先，这位贵族的臣民会代表他向女王进贡许多精美的礼物。然后人们会调制卡瓦，献给女王和圈中的每一个人。卡瓦敬献的顺序和每个人在卡瓦圈中的位置都由各自的血统决定，可是，如果群岛中所有海岛的贵族都来参加集会，尊卑顺序和彼此地位关系的确定就可能极为烦琐，因为贵族地位可以通过父系和母系两线传承。此外，由于女王还会授予不可继承的临时爵位，具体地位的确定会变得更为复杂。然而这个过程中绝不能有任何错误，因为在卡瓦圈中，彼此之间的地位关系明明白白摆在每个人眼前。何况，如果将来出现涉及重要礼仪的问题，问题的解决很可能会参考上一次仪式。正因为这个原因，女王才希望将整场仪式用影像记录下来。

我们了解得越多，我就越来越意识到这次拍摄任务可能会比我预想的要复杂得多。仪式本身就要持续四个小时。整个卡瓦圈直径约为100码。除了仪式初期，我们不能进入圈内。此外，在仪式最为重要、最为神圣的环节，我们哪怕在圈外四处走动也是不可接受的，因为那会严重刺激一些本来就对整个拍摄计划抱有疑虑的老酋长。尽管有这些行动限制，我们仍然必须确保将圈子两侧发生的事用详尽的近景画面记录下来，并且要全程录音。

要完成这样的任务，我们需要制订详细的方案，包括在哪里架设摄像机和麦克风、何时应该迅速移动到新位置，以及当几件事同时发生时，应该选择拍摄哪些、放弃哪些。除此之外，要成功执行这些方案，我们需要在四个小时的仪式里注意每一个细微的环节，而到目前为止，我们对这个仪式所使用的语言还一无所知。

吉姆·斯皮柳斯、伊丽莎白·斯皮柳斯和维埃哈拉竭尽所能地向我们解释一切，然而他们的这项工作也极为艰难，因为整场仪式实际上就是一块拼图，其中的每个部分各由一位掌握其程序的贵族或官员来负责。如此一来，即便像维埃哈拉这样热情研究汤加仪式的人，也难以对整场仪式做出明确的描述。不过，有一位至高权威可以解答这些问题，那就是女王本人。每次我们的冗长会面一结束，维埃哈拉就会返回王宫，请求觐见女王，以向她寻求一长串问题的答案。

维埃哈拉在面对这些难题时表现得极为出色。他年纪不大，个子不高，身材粗壮，还有一张圆脸，不过好在幽默感极为发达。他的笑声令人印象深刻，总是从一串咯咯声开始，然后逐渐增强，直到整个身体都开始抖动。接着，在他气息用尽，不得不吸气的时候，这笑声又会变成一种吓人的尖细假声。

与几乎每个人一样，他也习惯穿着汤加的民族服装——一件领部收紧的上衣，也就是"瓦拉"（vala），一条类似斐济苏鲁的简洁裙子，腰上围一块用露兜树叶细条编成的、以一根长长的编绳做系带的大织毯——"塔奥法拉"（ta'ovala）。根据场合的不同，塔奥法拉的尺寸和质地可以有很大差异。在重大的仪式场合上穿的织毯很可能是祖传的珍品，历史悠久，色呈深棕，细密柔韧如亚麻布。在葬礼上，更合适的塔奥法拉则是毛糙、破旧、织工粗疏的。想来维埃哈拉拥有的织毯应该和讲究穿着的英国男子的领带一样多，不过他常穿的都是相对较新、较硬的一种，长度上及胸口中部，下及膝下。当他盘腿坐下时，这样的塔奥法拉显然极为有用，让穿着者既有了一个坐垫，胸前又多了一个长口袋，可以用来放香烟、笔记本和铅笔。不过，当维埃哈拉不得不坐在桌边的椅子上时，他就觉得这样的塔奥法拉是个麻烦了。有鉴于此，在我们和他更熟悉之后，他有时会把塔奥法拉解下来。在这样做时，他不会先解松那条编绳系带再将整块织毯松开，而是深吸一口气，让织毯掉落在地，然后拢住垂至膝盖的瓦拉，从织毯中跨出来，在地板上留下一个可以自行站立的空筒。

维埃哈拉成了我们最亲密的汤加朋友。他不仅照料我们每日所需，还花很多时间向我们讲述汤加的传说和历史。在这个岛国的音乐和舞蹈方面，他也是专家。此外，他的汤加鼻笛演奏也颇有名气。

开头几天，我们的全部时间都花在准备拍摄上，很少离开努库阿洛法。这是一座阳光明媚、节奏舒缓的城市，位于一片宽广的海湾岸边，有着整饬却乏味的矩形布局。城中大多数房屋都和我们住的那座一样现代，但以传统方式修建的、周围环绕卡瓦醉椒和木薯树丛的房子同样数量众多。街上除了自行车，几乎没有什么车辆。偶有几辆汽车——要么属于某个汤加政府官员，要么属于此地的小规模欧洲人社区中的某个成员——慢悠悠地行驶在马路中间，鸣笛穿过人群。就外形而论，这里的人们与苏瓦的斐济人大不相同，因为他们不是美拉尼西亚人，而是波利尼西亚人，个子高挑，相貌俊美，有着蜜褐色的皮肤、白得炫目的牙齿、狭窄的鼻梁和波浪型的黑发。他们中许多人赤脚走路，大多数穿着瓦拉和塔奥法拉。仅有而显著的例外是萨洛特女王学校的少女们。她们穿着漂亮且一尘不染的亮蓝色上衣，头上戴着草帽。即使在英格兰最时尚的女校里，这样的装束也会让人眼前一亮。

　　王宫是整个城市的焦点。它是一座漆成白色的木结构建筑，由一家新西兰公司修建，已在海湾岸边伫立了将近百年。王宫共有两层——光是这一点就让它与努库阿洛法的其他建筑区别开来。它的设计并不复杂，但围廊的山墙和檐口上都有透雕镶边，让它显得并不死板。这里不光是女王的住处，也是她的儿子、时任首相的汤吉王子*及其家人的住处。此外，还有众多侍女、乐手、舞者、厨师和仆役住在王宫后的独立建筑中。枢密院会议就在王宫中的一个房间里举行。前来拜访的贵宾则几乎总是在王宫的一个侧廊上得到卡瓦款待。手捧树皮布、精美织毯、花环、烤猪等礼物向女王敬献的人在这里川流不息，这里的厨房则是全城最刺激也最可靠的小道消息的源头。王宫的花园由负责王宫大门仪仗的汤加警察看守。他们身穿卡其布瓦拉、头戴巡林员帽子、身形壮硕。这座花园中徜徉着另一位声名卓著的王宫居民，那就是图伊马里罗。

---

* Prince Tungi，即后来的汤加国王陶法阿豪·图普四世（King Taufa'ahau Tupou IV，1918—2006）。——译注

萨洛特女王的王宫

图伊马里罗是一只龟，据说是世界上最年长的动物。根据传统说法，它和一只雌龟是库克船长送给一位名叫西奥利·潘吉亚的汤加酋长的礼物，时间不是 1773 年就是 1777 年。这位酋长后来把它们转送给图伊汤加 * 的女儿。六十年后，雌龟去世，而图伊马里罗则在马里罗村住了下来，也因此得名。最后，它来到了努库阿洛法。

如果这个故事是真的，那它至少已经有一百八十三岁，超过了另一只著名的龟——后者在 1766 年被人从塞舌尔带到毛里求斯，一直活到 1918 年，在那一年从一座炮台上摔下而死。可惜，库克船长

---

* Tui Tonga，指图伊汤加帝国的国王。"图伊"（Tui）意为"国王"或"大酋长"。——译注

在日记中并未提到此次赠礼。即便他真的送出了一只龟,我们也无法证明图伊马里罗就是当年那一只。它也可能是后来被别的船只带到汤加的,因为海船上经常运载龟类,作为方便的鲜肉储备。

无论事实为何,图伊马里罗都已经非常年迈了。因为在其漫长生命中遭遇的各种事故,它的甲壳已经破损,变得坑坑洼洼。它曾经被马踏过,曾经被困在林火中,几乎被一根着火的树干压扁。这么多年过去了,它已经双眼全盲。视力的丧失让它无法再自己觅食,因此每天都有人从王宫为它送来熟番木瓜和煮木薯。王宫花园中的大部分工作都由犯人完成,而这项特别工作往往由一名身材高大、

图伊马里罗

194

格外和善的杀人犯负责。

努库阿洛法所在的主岛汤加塔布极为肥沃。岛上大片地区都是椰子种植园。这些椰树原本栽种得行列整齐，只是因为它们弯曲的灰色树干而显得杂乱。无论如何，此地的一切似乎都在肆意生长。人们种植了大约 20 种不同的面包果。芋芳长得郁郁葱葱，伸展的叶子巨大而光滑，与和它有亲缘关系的英国海芋颇为相似。这里的村庄并不特别干净整饬，但绝不会像寻常的非洲村落那样破败，因为茅屋之间有翠绿丰茂的草丛，高高低低的花树也蔚然盛放。到处都是扶桑花的树篱，招摇着耀眼的红色喇叭形花朵，每一根花蕊都缀满黄色花粉。缅栀花树也差不多同样随处可见，树上的小枝饱满如手指，有时候是光秃秃的，但更多时候爆成了一串串芳香的花朵。

就景色而论，岛上最美的地方莫过于它的东南海岸。整座汤加塔布岛似乎倾斜了，北部下沉，南部抬高。这样一来，岛南那些古老的石灰石悬崖就向岛内移动了一段距离，离开了海岸线。波浪在崖下切出的岩石平台原本位于水面以下，如今却露出水面。从这一侧涌向汤加的太平洋巨浪冲刷着平台外缘，在石灰岩的接缝处刨蚀出许多管道。每次浪头涌来，这些孔洞便会发出呼啸的哨音，喷出 20 英尺高的羽状水柱，水落下之后汇入平台上的浅潟湖。将海水注入孔洞使之喷射的压力是如此之大，让石灰石发生了部分溶解。溶解成分沉淀下来，在孔洞的喷口处堆积成许多小平台。当大海波涛涌流，羽状的喷泉洒落于清澈得不可思议的潟湖，整个海岸仿佛烟雾蒸腾，那景象令人叹为观止。汤加人对自然之美有不同寻常的热爱，他们经常来到这片海岸，一边欢宴，一边观赏呼啸的喷孔。

喷孔位于贵族瓦埃亚的领地。维埃哈拉和他一起带着我们来到这里，用筵席款待我们。我们与从附近的霍马村来的一些长者同席，坐在几株露兜树下。这些树聚在一起，在光秃秃的珊瑚礁上形成一小片树丛。村里的女人们为我们的筵席带来了"波拉"（pola）。这是一种用椰子树叶编成的筐子，长约 6 英尺，中间放着一头小小的烤乳猪，两侧放着两只鸡、煮山药、木薯、番薯、切片的红瓤西瓜、芭蕉、汤加煮布丁，还有装满甘甜凉爽的椰汁的带壳嫩椰子。我们的脖子上戴着花环。当我们享受筵席时，还有一队乐手用吉他和尤克里里伴奏，为我们演唱。

用餐完毕，我们上山走进村庄，观看树皮布的制作过程。人们先是从构树的细枝上剥下树皮，将它浸泡几天，然后再剥去粗糙的表层，只留下柔韧的白色内皮。接下来，女人们会排成一行，坐在一根表面特意削平的圆木后，用方头槌来捶打这些树皮条。圆木的两端都微微翘起，高出地面。这样一来，它在受到捶打时便会发出清亮的声响。每支精力饱满的捶树皮队伍都能制造出一种快速而有节奏的高音鼓点，这种鼓点是汤加村庄中最常见，也最有特点的声音。在方头槌的打击下，原本只有 3 英寸*宽的树皮条很快会被抻到原先的四倍宽。在变宽的同时，树皮也会变薄。这时女人们将它对折再对折，然后再继续捶打，直到它变成像纱布一样的奶油色薄片，

---

* 1 英寸等于 2.54 厘米。——编注

宽达 8 英寸，长超过 2 英尺。

一个女人在凑足几百张这样的薄片后，会邀请朋友们来和她一起完成最后的树皮布制作。她们使用一张凳面弯曲的长凳，在上面放好由缝在干棕榈叶上的藤条组成的花样模子，再把三四层粘结在一起的树皮布片置于其上（布片上涂抹的黏合剂来自一种烹煮后有黏性的植物根茎）。接下来，她们用一块浸透褐色染料的布来揉擦树皮布，让压在下面的花样在布上浮现。

完成后的树皮布可以长达 50 码，上面不同层次的棕褐色呈现出漂亮明晰的图案，有时人们还会为这些图案增添黑色的边

制作树皮布的女人们

在树皮布上印制花样

线。人们用这种布来制作裙子、挂毯、饰带，也可以制作寝具，因为一张树皮布就比厚厚的羊毛毯还保暖。汤加人将树皮布出口到斐济——斐济人认为汤加树皮布在质量上远超本地生产的同类织料。他们也把它当成仪式性的礼物，尤其是在向女王敬献贡品的时候。

王室卡瓦仪式举行的日子终于到来了。仪式的举行地是"马拉厄"（*mala'e*）。那是一块用于举行仪式的空地，位于海湾之滨，毗邻王宫，在努库阿洛法的地位就好比伦敦的骑兵卫队阅兵场。当天一大早，杰夫、吉姆和我就带着全部器材来到这里。在场地紧邻王宫的一侧，一排高大的异叶南洋杉树荫下，已经搭好了一座茅顶小亭，那是萨洛特女王的位置。我们到达时，人们正在往亭中的地板上铺垫一层又一层的树皮布。

没过一会儿，维埃哈拉也来了。他手持一根棍子，腰上围着一条古旧而宽大的织毯。接着，汤加的贵族们鱼贯而至，出现在马拉厄中。有人来自北面 100 英里外的哈派群岛，还有人来自再往北 100 英里的瓦瓦乌群岛。他们中有很多人年岁已高，留着短短的灰发，皱纹满面。每个人都带着自己的"玛塔普勒"（*mata'pule*），也就是他的侍从或发言人。这是多年来出席人数最多的一次，无人缺席，因为女王已经宣布此次仪式必须得到完整记录。关于每个人在圈中的位置，如果不是已经详细讨论了好几个星期，此时必然会发生许多激烈争议。即便如此，维埃哈拉仍然多次被要求做出仲裁。在大圈远端，也就是女王小亭对面的位置，放着一只巨大的卡瓦碗。碗上覆盖了树叶，以防它被晒裂。这只碗直径接近 5 英尺，内表面有薄薄的一层珠白色釉质，那是长年累月的卡瓦调制留下的沉淀。聚集在大碗后面的，是"托阿"（*to'a*），也就是来自将被授爵的贵族名下村庄的村民们。

场地远端有几名站岗的警察，负责驱走那些没有资格观看仪式的人。欧洲人中，只有斯皮柳斯夫妇、杰夫和我获准观礼。我们很可能也是第一批获此特权的欧洲人。

　　大圈终于坐满，以环状将小亭和卡瓦碗连接起来，直径将近100码。尚未到场的只有女王一人。仪式开始了。托阿成员将各种仪呈搬到大圈中心。仪式规定了礼物的种类，但对每一种的数量并无规定。这批礼物中有两匹巨大的树皮布；有几百只用椰子叶编织的篮子，里面装满木薯、鱼或鸡肉；还有整只整只的烤猪，猪肝被别在胸口上。这些烤猪有好几种尺寸，每一种都各有名字，也都有不同的独特做法。最大的一只叫"普阿卡托科"（*puaka toko*），被人们拖进来放在一个由棍子构成的平台上；拖它的人唱着一种旋律性强、让人过耳不忘的号子。最后被呈上来的是一丛丛卡瓦醉椒，其中最大的一丛叫"卡瓦阿托科"（*kava a toko*），同样由喊着号子的人拖进来。

　　所有贡品都在圈内排列成行之后，人们开始清点。托阿成员们把每一件礼物轮流抬起来，因为要让每个人都知道这位贵族的人民所奉献的每种礼物各有多少。圈中所有成员齐声吟唱，为这些礼物表达感谢。清点者回到托阿，场中安静下来。一切就绪，只等女王到来。

　　女王从王宫花园出来了。她有一种毋庸置疑的帝王气派，身材高大，轮廓分明。她穿着一条历史超过500年的塔奥法拉，还有一条宽而厚的编绳腰带。

　　整场仪式从此时开始变得"塔布"（*tapu*），也就是极为神圣。首先，一只烤猪被呈献给女王。切肉刀迅速分割，将猪身肢解，然后

王室卡瓦仪式上的贡品清点

各个特定部位被分给各位特定的贵族。有的人有资格立刻吃掉自己分得的部分，另一些人则无权这样做。女王得到的是最尊贵的部位，也就是猪肝。接下来，人们把卡瓦阿托科带到卡瓦碗那里，分拆开来，将其中一部分捣碎。随着一位坐在亭外、头衔为莫图阿普阿卡（Motu'apuaka）的官员一声令下，所有仪呈都被搬出大圈。坐在卡瓦碗后的那个人以祭司的姿态缓缓动作，开始制作卡瓦。等到别人用空椰子壳把水倒在捣碎的根茎上之后，他便用一大束白色的扶桑花纤维做滤器，开始调制。他的动作夸张而程式化，这是因为需要让坐在卡瓦圈中的每个人看到他使用了正确的动作。他一次又一次

调制王室卡瓦

前倾，收集根茎碎块，将它们放入滤器，然后提起来，将那束纤维绕在手臂上扭绞挤压。

调制终于完成。在莫图阿普阿卡的召唤下，人们用一只椰子杯盛上卡瓦，献给女王。她举杯而饮。在接下来的一个半小时里，人们按照安排好的顺序，一个接一个饮下卡瓦。最后一个人也喝过之后，女王站起身来，缓缓步入王宫。王室卡瓦仪式结束了。

这场仪式并不像彭蒂科斯特岛的跳塔那样令人叹为观止，却出乎意料地更为动人。我们先前所见的跳塔仪式是一种运动表演，眼前这场仪式的气氛则神圣而震撼人心。

萨洛特女王在王室卡瓦仪式上饮用卡瓦

我们离开的日期正在快速逼近。最后几天里，我们从一座村子走到另一座，沿着海岸漫游，打算通过拍摄来表现本岛那种让杰夫和我为之神往的魔力。这似乎是不可能完成的任务。我们越是拍摄那些摇曳的棕榈树、波光粼粼的潟湖和茅草苫顶的小屋，就越是清醒地意识到：汤加的独特之处并非缘于这座岛——毕竟我们拍过其他更加风景如画的海岛——而是来自此地的人民。他们辛勤工作，忠于女王，对教会有着深沉的感情，但他们最显著的特点则是满足感。在休憩时，他们的脸上总是带着轻松的微笑，与常见于新赫布里底群岛人的那种皱纹深陷的额头和绷紧的嘴角截然不同。然而，幸福与满足并不那么容易用胶片捕捉。

有一天，我们顶着烈日，在霍马村花了一整天拍摄喷孔，累得精疲力竭，傍晚很迟才回到住处。刚走进前门，有那么一瞬间我觉得自己走错了房子，因为我们的客厅变得让我完全认不出来了。一串串扶桑花挂在墙上，挂在窗前。房间的一个角落被一大蓬美人蕉占据。铺着垫子的地板上，除了一张桌子，其他东西都不见了。桌子已被推到靠墙的位置，上面堆满了菠萝、芭蕉、西瓜和烤鸡。正当满身尘土的我站在那里，目瞪口呆地望向门厅时，一个从王宫来的年轻人走出了厨房。他身穿一条颜色鲜艳的瓦拉，耳后别着一朵花。

"陛下知道你们累了一天，"他说，"因此她决定给你们来一场晚会。"

我身后传来尖细的咯咯笑声，再耳熟不过。我转过身，便看到了正快活地笑得浑身发颤的维埃哈拉——他已经隆重地穿上了一条巨大的塔奥法拉。前部的房间里传来吉他声，接着厨房里走出了一队宫廷舞女。她们身着草裙，戴着花环，边走边唱。维埃哈拉推着我们走进房间门，瓦埃亚已经在那里了。随后几分钟，又有许多我们认识的汤加朋友到来。房中很快挤满了欢笑歌舞的人群。等到最后一位客人离开，时间已经是凌晨两点。

我们遇到的，莫非是乐土之民？我们在努库阿洛法见到的欧洲人很少会这样认为。在他们看来这个岛国就是一潭死水，从来没有新鲜事，令人感到无聊。航船隔很久才会来一次，在岛上的寥寥几间商店里，你经常买不到自己想要的东西，而外界邮件的延误也让人难以忍受。不过他们有这种反应并不奇怪，因为他们到汤加来要办的事本来就异于这个岛国的生活——要么是关于电力和电话服务，要么是关于工程和商业。他们成了自身职业的囚徒，努力工作着，仿佛自己还是那个工业社会的一分子，而事实上他们正身处另外一群人之中。对这个群体来说，时间、日程、账簿和复式记账法似乎都是生活中最不重要的事。

然而，我感觉对汤加人来说，他们的海岛或许就是世界上最近于乐土的地方。这里物产富饶；潟湖中总有鱼可捕；每个人都有一块属于自己的土地，永远不会挨饿。在这里生活可以说是幸福而富足的，有似锦繁花，有怡人齿颊的美食，有美丽的女孩，也有迷人的音乐。日间仍须劳作，却没有繁重到让人无暇享受白昼的种种欢愉。

或许，如果待得再久一些，我也会和这座岛上的其他欧洲人一样感到不满吧！我很想能有机会确认这一点。

第二卷

储物之岛

第十章　储物之岛

在世界地图上，马达加斯加岛看起来只是非洲东侧掉落下来的一小块碎片。事实上它相当广袤，南北长 1 000 英里，面积相当于英格兰和威尔士加起来的四倍。此外，就动植物和人类族群而论，马达加斯加与非洲之间的差异几乎和它与 4 000 英里外的澳大利亚之间的差异一样大。

杰夫·马利根和我从内罗毕起飞，前往马达加斯加。我们在桑给巴尔附近离开海岸，横跨闪烁着幽蓝光芒的莫桑比克海峡。海峡对面就是马达加斯加。周围海浪翻卷的科摩罗群岛如同一座座小金字塔，在前方一一浮现，缓缓向我们移近，而我们的飞机仿佛在空中悬停不动，只是发出轰鸣。它们从飞机左翼下方掠过，在后方消失不见。在我们离开非洲大陆不到两小时后，马达加斯加隐隐约约地浮现在雾气蒙蒙的地平线上。我们正在飞向一个新世界。在前方的森林中和平原上，我们不会找到任何在肯尼亚大草原上常见的动物——没有猴子、羚羊、大象，也没有大型食肉猛兽。我们横穿海峡只花了一点点时间，同时在进化史上却回退到了五千万年前。我们即将进入的，是大自然的储物间，里面堆满了古老、过时的生命形态。由于隔绝于世，这些在其他地区早已消失的生命仍在马达加斯加繁衍生息。

关于储物间的想象并非完全出于某种怀旧心理。一台老式爱迪生留声机上的蜡筒或许让你着迷，因为在那个年代它还是革命性的新鲜事物，从中你可以发现今天我们使用的复杂机器的萌芽。有时候，在阁楼的尘土和蛛网中，你会发现一件古怪而不值钱的小玩意儿。它在后世的产品上没有留下痕迹，又因为太过老旧，连其功用也是一个谜。打开某只被遗忘的、盖子吱呀作响的箱子，你或许会翻出一个裙撑或是一件礼服，其式样太过怪异，让你好奇品味和时尚何以发生这样的剧变。任何人刚开始研究马达加斯加的动物时，也会产生一样的遐想、一样的穿越时光之感。这些动物同样来自一个逝去的年代。在我们眼中，它们同样奇异而陌生——我们熟悉的，是繁衍于世界其他地区的那些高度进化的动物。从它们身上，我们或许能看见自己的过去。

五千万年前，马达加斯加还没有脱离非洲。那时的世界在地质学意义上已经很古老，却还没有猴类或猿类。进化树的顶端后来终将被人类占据，但那时候还属于被统称为狐猴的生物。它们已经有了后来的猴类的许多典型特征。狐猴有着与猴类相似的身体形态和比例，也有与人类相似的能抓握的手和脚。然而它们的脸上长着突出的吻部，更像狐狸。它们的鼻孔形如颠倒过来的逗号，类似猫狗的鼻孔。它们的大脑较小，颅骨前部尚未发育出复杂脑叶，而这样的脑叶似乎才能容纳更高等的智慧。

在其全盛时期，狐猴这一种群相当成功。它们的主要聚居地马达加斯加在当时还与世界其他大洲连通，而当时的狐猴也为数众多，分布广泛。在英格兰、法国和北美洲的岩层中，我们都找到过它们的骨骼化石。然而，大约两千万年前发生了两次巨变：一是马达加斯加变成了海岛，与世隔绝；二是更高等的动物在非洲那场巨大的进化浪潮中出现。这些动物包括大脑更大的猴类和大型食肉动物，使狐猴无法在对食物和领地的竞争中取胜。结果就是，马达加斯加之外大多数地方的狐猴及其近亲都灭绝了，只有少量因为体型小且行踪隐蔽，在茂密的森林中找到了藏身之地，比如非洲的树熊猴、金熊猴和婴猴，还有亚洲的蜂猴。然而在马达加斯加岛，周围的大海形成了一道保护屏障，让非洲大陆上新出现的哺乳动物无法穿越。狐猴种群的主体由此得到庇护。这样一来，马达加斯加岛上的狐猴种群得以继续繁衍扩大，进化出多种不同形态。

今天，马达加斯加已有一百多种差异明显的狐猴。在体型和习惯上，有的类似家鼠，有的类似松鼠，有的类似灵猫。就其群体而论，狐猴与猴相似，然而作为个体的狐猴与猿最为接近。这些动物代表着人类的先祖之一，因此对动物学家来说有相当大的吸引力，然而我们对它们的了解还少得惊人。只有一两种狐猴在圈养状态下能够良好地繁衍，让我们得以在动物园中研究它们。许多种类从未有活体离开马达加斯加。

这座海岛上的动物圈之所以独特，并非仅仅因为狐猴的存在。这里还有其他许多种奇特的动物：马岛猬类似刺猬，其近亲仅存在于刚果腹地和加勒比海诸岛；有的蛇与南美的蚺是近亲，与非洲的蟒却没有多少关系；还有四十六种鸟类为马达加斯加所特有。

我们心怀惊奇，俯视着那些丛林、泥浆翻卷的红色河流，还有飞机下方的荒寂群山。我们知道，在接下来的几天之内我们就能目睹这些动物中的一部分。此时我已经心急难捺。

━━━━

我们降落在马达加斯加的主要机场，它位于马达加斯加岛中部。在从机场前往 20 英里外的首都的车程中，我并不确定自己期待看到什么，但我们最后看到的无疑与任何期待都不相同。此地的热带阳光耀眼炫目，但因为地处高原，海拔超过 3 000 英尺，空气还算清新凉爽。连绵的山峦上没有树木，也不像在非洲大陆上那样被开辟成玉米地或是木薯地。目力所及之处，每一条沟壑和每一个角落都变成了梯田，整整齐齐种着稻米。我们几乎像是身处亚洲某地。路边站立者的面容更加深了这一印象——他们脸色淡褐，有着黑色的直发，类似马来人。就服饰而论，他们则更近于南美洲的劳工，头戴宽边的毡帽，肩膀上披着一块类似床单的、色彩鲜明的布料。我们乘车穿过一座座村庄。村中的建筑既非原始的土砌茅房，也不是带围栏的畜圈，而是纺锤形的二层红砖房，有着陡峭的斜屋顶和狭窄的二层阳台，阳台下用细细的方柱支撑。

这些村庄的名字极难发音，让人望而生畏，例如伊墨林齐亚图西卡、安帕希特龙特奈纳、安巴图米拉哈瓦维。要是这样的词就是马达加斯加的典型地名，我可以预见在这座海岛上寻路对我们来说会是巨大的麻烦，这让我忧心忡忡。当时我还没发现，寻路这项挑战其实比我预想的更严峻，因为马达加斯加语的读音很少与拼写一致。单词开头和结尾的音节经常会被省略，而中间的一连串字母要么被浓缩，要么被忽略，其处理方式相当极端。相比之下，英语地名中那些不规则发音的典型例子简单得可笑。至少有一个地名为方便外国人而合理化了，那就是这个国家的首都——一直被读作塔那那利佛的安塔那那利佛。起码它现在的拼写和读音是一致的。

这座城市栖于一片隆起的山丘之上，环绕它的是平坦的稻田平原。这个包围圈相当完整——几年前，在一场洪灾中，整座城市变成了一座孤岛，只能坐船抵达。

在俯视全城的最高点，有一座四方形建筑，系一位英国建筑师在 19 世纪中叶设计，曾是马达加斯加末代女王的王宫。这位女王与法国人签订了一份友好条约，后来却因为未能履约而被他们废黜。

女王的统治结束后，这座海岛便由法国人占领和统治。直到我们到来之前几个月，马达加斯加人才重获独立。在这里到处都能听到法语词汇，人们在市场上讲价时也用法式手势。美丽的马达加斯

塔那那利佛

加女孩们也从法国姑娘那里学了不少，喜欢穿高跟鞋，穿最优雅的衣服，把她们富有光泽的长发向上梳成复杂的发型。在这座城市的餐馆里，你能吃到无可挑剔的五道菜大餐，喝到来自勃艮第和罗讷河谷的葡萄酒。这里的街道上飘荡着高卢牌香烟和大蒜的混合气味。这样的气味你在巴黎能闻到，在达喀尔和阿尔及尔同样能闻得到。

　　杰夫和我计划在接下来的三个月中大量拍摄马达加斯加的动物，并在得到许可的前提下捕捉一些个体，带回伦敦动物园。我们知道所有狐猴都是受到保护的，但寄望于能被允许在数量较多的种类中捕捉一两只。出于这样的考虑，我们拜访了科学研究所的所长波利

瓦基河谷中的歌会

以极乐鸟羽毛为头饰的瓦基河谷勇士

作者与吉米河谷中的制斧者

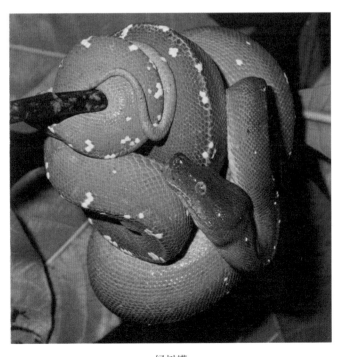

绿树蟒

新几内亚极乐鸟

一名彭蒂科斯特岛少年在跳塔仪式上鼓起勇气

跳塔

在海水喷孔附近捕鱼的汤加人

汤加酋长瓦埃亚用大餐款待我们

墓畔起舞的墨利纳村民

一种相貌凶猛的
马达加斯加避役

头朝下附在树干上的叶尾虎

晃狐猴

在马达加斯加雨林中寻找大狐猴

领狐猴

创作树皮画的马加尼

努尔兰吉附近岩棚中的"米米"画像

努尔兰吉附近以X光风格绘制的尖吻鲈岩画

马宁里达附近海岸上一位手持鱼叉的渔民

安先生。他热情地接待了我们，并亲切听取了我们的计划和想法。

"对不起，"他说，"但我必须要求你们在任何情况下都不要捕捉任何狐猴。法律禁止任何人杀死狐猴或饲养狐猴作为宠物。当然，我们没有那么多人手来在全国范围内执行这条法律，因此林业部一直在劝说民众，告诉他们伤害狐猴是错误的行为。现在我们终于开始取得成效了。但如果你们又来捕捉动物，还让人们帮助你们这么干的话，他们会觉得适用于外国白人和本国人的是不同的法律。那我们的许多工作就白做了。作为一个关心野生动物的博物学家，我请求你们听从我的要求，不要破坏我们保护这些濒危动物的努力。"

面对这样的请求，我们别无选择，只能答应。

"你们尽管拍，"波利安先生继续道，"这些记录将是极为珍贵的，因为几乎没有人这么干过。我可以允许你们搜集其他许多动物，只要它们没有灭绝的危险。我也会给你们配备一名助手，给你们做向导和翻译。"

波利安先生所给的帮助比他承诺的还要多。几天之内，他就帮我们租到了一辆路虎，弄到了进入本岛偏远地区众多森林保护区的通行证，还介绍我们认识了乔治·兰德里亚纳苏卢。乔治是一个年轻的马达加斯加人，在实验室上班。在工作中，他踏遍了全岛，搜寻鸟类和昆虫样本，为科学研究所增加收藏。他个子矮小，身形瘦削，有一双肌肉饱满却又纤细的腿。这样的腿看起来相当脆弱，但往往是极为坚强的标志。在我们向他描述我们的计划时，他的双眼闪烁着热烈的光芒。很显然，他已经等不及了，想要马上出发。

第十一章　冕狐猴与巨鸟

　　三天后，我们已经开着那辆路虎驶在一条碎石公路上。我们在大路上开得飞快，高声歌唱，脑子里想的全是将会发生的激动人心的事与将会获得的新知。

　　不到一个小时，引擎上的发电机就掉了下来。杰夫从底盘上拆下一颗螺丝，将它固定回去。我们很快再次上路。然而，这是这辆车第一次暴露它的坏脾气，也明显地暗示了它未来的暴躁态度。大约过了一个星期，它就变得很难伺候，动不动就要散架。我们不停从车身上拆下零件，装到引擎的精密部件上，让它们勉强发挥任何头脑清醒的机修工都不可能认为它们能发挥的作用。用来固定发电机的那颗螺丝仅仅是一系列中的第一颗。要是早知道的话，我们或许已经掉转车头，返回塔那那利佛去换一辆车了。然而我们正沉浸在亢奋情绪中，暂时失去发电机这件事看起来只是个微不足道的麻烦。我们继续向南，继续快活地唱着歌，仿佛一切如常。

当天我们在构成马达加斯加岛中脊的群山中穿行，开了 300 英里。路上除了荒野班车，几乎没有任何车辆。这些破旧不堪的小车接纳任何在公路边招手的乘客，总是超载行驶，构成村庄与村庄之间并不稳定的交通线。这些车总是被塞得满满当当，乘客们的手臂、腿和脑袋不得不伸到窗外，然而它们从未因此拒绝一位愿意付车费的乘客。人们身上裹着白色的托加长袍，坐在包裹或是箱子上等车，距离任何可见的聚居点都有好几英里远。如果我们车上还有地方，我们完全可以做一门好生意，把人们从一个村子送到另一个村子，然而我们的车厢几乎塞满了给养和设备，看起来不可能再塞进任何人。不过这仅仅是我们以为的不可能而已。后来我们又遇到一辆因为严重超载而断了一根车轴、尾部坠落地面的荒野班车。这时候我们才发现，我们的车上还能装下两笼鸡、三个成年男人、一个小男孩和一位哪怕最保守估计也有 16 石 * 重的太太。天黑后不久，我们到达安巴拉沃城，让乘客们下了车，结束了一天的旅程。当夜也是我们的轻松驾驶之旅的终结。

第二天，我们继续向南，驶上一条满是尘土和坑洞的高低不平的便道。我们的牙齿都快被车身的颠簸抖落下来了，在车中聊天成了几乎不可能的事。发电机也从引擎上掉下来三次。

然而一路的风景令人叹为观止。岩石裸露的大山高耸于公路两

217

侧。山脚的草坡上散落着大如房屋的灰色石块。山峰或是形如农家面包，或是形如半穹顶，或是形如巨大的城垒。乔治一一说出它们的名称。按照他的说法，许多山峰的顶端都被人们用作埋葬死者的圣地。在一场战争中，曾有一个部落集体躲在一座顶部为方形的山峰上，却不得不因为饥饿而投降，然后从上千英尺高的悬崖上被推下去，活活摔死。

一路树木稀少，这是因为千百年来马达加斯加人已将岛上的森林砍伐殆尽。水土流失让原先被覆盖的基岩穿出了薄薄的土层，如同饿死的动物留下的骸骨。在过去的几十年中，人们付出艰辛的努

马达加斯加中部的群山

力，试图让树木重新覆盖这片残破的土地，然而土壤环境的性质已经大大改变，让原生树种难以良好生长。植树者们不得不用从澳大利亚进口的桉树苗来替代原生树种——在贫瘠的土壤中，只有桉树才能长得不错。可是较之丰富多样的马达加斯加丛林，那些排列整齐的桉树望之未免乏味。

到了南行旅程的第三天，我们连桉树也见不到了，进入了南部荒野。这里土地干裂，只有几种特有的荒漠植物可以生存。

大片地方已经被人种上了一行行剑麻。这是一种原生于墨西哥的植物，其纤维被用来制造绳索。每一丛剑麻都像是由巨大而肥硕的矛枪攒成的花朵，令人生畏，其中心是一根高高的花柱，从上面垂下串串花朵。然而在更多的地方，沙土地上只有仙人掌和一丛丛干枯无叶的矮小荆棘。

突然间，一切变得截然不同。在道路两边出现了一行又一行没有分枝的修长植株，高达30英尺。每一株上面都长满尖刺和排列成螺旋状的椭圆形小叶。其中一些植株的树茎顶端还挂着枯萎的褐色花朵，形如流苏。这些古怪的植物外形类似仙人掌，实则与仙人掌没什么亲缘关系，而是属于另一类——仅见于马达加斯加岛这一地区的刺戟木。

这些森林便是我们的目的地，因为乔治确信我们会在林中遇见此行要找的第一种动物——狐猴中与猴最相似的冕狐猴。

此前乔治曾提议我们在一个被他称为伏塔克的村子里过夜。如今我已习惯了马达加斯加语的古怪发音，因此当我在地图上安布文

安巴拉沃以南

贝城以北的位置找到它并发现它被标注为伊富塔卡时，我丝毫不感到意外。这个小村位于一大片刺戟木的中心地带，由矩形的小木屋组成，周围是一片酸豆树。

———

　　第二天，我们一大早就出门去寻找冕狐猴。在这些森林中工作并不令人愉快。刺戟木茎上的尖刺和树间多刺的灌木会钩住我们的衣裤，划破我们的皮肉。我们不断被折断的树茎挡住去路。这些树茎深深纠缠在灌木丛中，让人既没法从上面跨越，也没法从下面钻过。要越过它们，只能用刀开路。但我们并不乐意这么做，因为那样必定会制造出噪声。要避开它们往往意味着绕上一大段路，也意味着我们几乎不可能保持直线行进。

在这片恶意重重的密林中艰难跋涉了一个小时之后，我发现前方的密如围篱的刺戟木变得稀疏了一些。我松了一口气，朝那边走去，满心希望能找到一处足够开阔的地方，我们好休息一下，计划下一步行动。

我小心翼翼，用刀尖挑开一根多刺的细枝，准备下一步就踏入

刺戟木林中的杰夫·马利根

阳光之中。就在此时，我看见空地中央一丛开着花的低矮灌木旁边，立着三个小小的白色身影。它们正忙着从灌木上摘下花瓣，用双手把花瓣往嘴里塞。我立刻凝立不动，看着它们吃了半分钟。从我后面跟上来的乔治并不知道我看见了什么，踩到了一根树枝。听到树枝断裂声，三只动物转过头来望见我们，立刻跑开了。它们并拢两条长长的后腿，短小的前肢收在身前，在地上蹦蹦跳跳，就像套袋赛跑中的人。短短几秒钟之内，它们便跳着穿过空地，消失在刺戟木林中。

杰夫一直站在我身边。我俩沉默了好一阵子，不愿意打破这神奇一幕的魔力。

乔治开心地笑起来。

"我早告诉过你们这里有冕狐猴。它们还没走远，我们还能找到它们。"

我们飞快地把摄像机装到脚架上，又装上了长镜头，跟随那些冕狐猴走进灌木丛。组装起来的设备不仅十分沉重，也很难穿过荆棘丛——三脚架的腿总是会被那些密如织网的枝条挂住。还好，我们不需要扛着它走得太远。没过几分钟，在前方探路的乔治举起了一只手。我们尽可能不发出声音，蹑手蹑脚向他走去。他伸手一指，我们顺着方向看过去，在摇动的刺戟木茎秆之间瞥见一块白色皮毛。我们小心翼翼，继续前移。乔治和我拨开那些较细的枝条，以便扛着设备的杰夫能悄悄通过。

我们终于找到了一个不错的角度，可以获得相对清楚的视野。

一只冕狐猴

那只冕狐猴攀在一株刺戟木树茎的顶端，早已发现了我们，却似乎并未受到特别的惊吓。或许它觉得自己身在 30 英尺高的地方，不像最初在地面上遭遇我们时那样危险。

我们一步一步将摄像机移向它，直到再无靠近的必要——此时杰夫已经可以用远摄镜头拍到这只动物的面部特写。它的皮毛浓密丝滑，除了头顶上的一块黄褐色斑块之外，通体雪白，还有一条毛茸茸的长尾巴卷在两腿之间。它的面部光滑无毛，颜色漆黑，因为吻部显著突出而不太像猴子。它的前肢比后肢短得多，这也说明了它在地面活动时为何会是直立姿势。它用那双黄水晶一样的眼睛炯炯地俯视我们，闷声闷气地打了个古怪的喷嚏，声音差不多近似"西发克"。无疑，这声音就是它的名字的来历。欧洲生物学家通常将"冕狐猴"（sifaka）这个词发成三个音节，但马达加斯加人习惯不发最后一个"a"音，因此他们在说出这个词的时候，声音与这种动物的叫声非常接近。

此时我心中感受到的不仅有兴奋，还有幸运。这种动物不适应圈养状态，因此很少有博物学家亲眼见过活生生的它们。正因为这个原因，我们已有关于它们的解剖学特征的详尽资料，但对其自然历史却了解不多。所有权威学者都同意一点：冕狐猴是极为出色的跳跃者。某些解剖学者声称冕狐猴之所以跳得很远，是因为它可以借助连接其上臂和前胸的皮膜，在空中滑翔。

冕狐猴在刺戟木间跳跃

此时我们正有难得的机会来验证这种说法，因为我们前方的这只冕狐猴位于刺戟木丛中另一片空地的边缘。如果它要向更远处逃离，就只有两个选择，要么向下跳到一株更矮的树上，要么跃向 20 英尺外的另外一株刺戟木。我猜，如果这段距离不是太远的话，它会选择跳过去。我们把摄像机向一侧挪动了一点，以求最佳视野，接着乔治便大胆朝它走过去。冕狐猴俯视着他，瞪圆眼睛，连打了三四个喷嚏，最后终于胆怯了。它蜷曲身体，强健的后腿猛力一蹬，飞入空中。在滑行途中，它将两条后腿向前伸，准备手脚并用，抓住前方的竖直树茎。这样一来，它的身体就是直立起来的，尾巴拖在身后。随着一声清晰的撞击声，它落在了对面，用双臂抱住那根树茎。树茎在撞击之下摇晃个不停，这位杂技高手则扭头朝我们看过来。事实很清楚了，这种天赋异禀的跳跃完全来自它后腿的巨大力量，并未借助任何方式的滑翔。我们已然获得了一点新知。

从本地人那里，我们还能了解到许多关于冕狐猴的信息，但要将事实从种种想象中剥离出来并不容易。他们声称这种动物懂得医疗知识——受伤的冕狐猴会把某些特定的叶子敷在伤口上，使伤口快速愈合。根据另一种说法，雌性冕狐猴在临盆前会从胸脯和前臂上拔下毛来，铺成一张软和的小床，还会用石子压住它，免得它被风刮走。这种说法或许是真的，因为曾有观察者报告说养育幼崽的雌性冕狐猴的这两个部位毛发格外稀少。然而，根据我们后来的观察，冕狐猴幼崽在很小的时候就会攀附在母亲身上，与猩猩幼崽类似。如此一来，那忍着剧痛铺成的小窝的使用期未免太短。

美好的想法都必有现实中的基础。每天清晨，冕狐猴会爬到最高的树上坐下，面朝东方高举双臂，让第一缕温暖的阳光照到自己胸口上。于是人们便说它们是虔敬的信徒，崇拜太阳。部分出于这个原因，冕狐猴被奉为"费狄"（fady），意思是禁忌。因此从前决没有人敢伤害它们。不幸的是，古老的信念正在迅速消亡，就连此地——马达加斯加最偏远的地区之一也不例外。

这些动物并不怕人。只要它们安然栖于高处的树枝，同时我们的动作不过于突兀，哪怕我们走得很近，它们也不会被吓跑。我们拍了一天又一天。它们在刺戟木林中那些摇曳的树茎高处睡觉，上

偷窥我们的冕狐猴

午的大部分时间也待在那里，要么晒太阳，要么吃东西。到了一天中最炎热的那段时间，它们会下降一些，爬到低一点的枝杈上。它们在这里打瞌睡，不会像在高处那样显眼。这时的它们或坐或倚，摆出各种看似不可能乃至危险的姿势，有时背靠一根树茎，双脚悬空，有时全身蜷曲，膝盖收至下颌；而最令人莞尔的姿势莫过于横躺在一根粗枝上，一条胳膊和一条腿分别从两侧垂下。

每天下午四点左右，会有一个由五只冕狐猴组成的家庭来到村子附近，采食酸豆树上垂下的那些像豆角一样的长长果实。它们在树枝上欢快地爬上爬下，双手交替，就像攀爬绳梯的水手。为了够到某颗特别诱人的果实，它们经常会冒险攀向那些最远的细枝，但动作会十分犹豫。在差不多一小时的时间里，它们会一直坐在我们上方，心满意足地大吃大嚼，任由西沉的夕阳将它们的白色皮毛染成蜂蜜色。临近夜晚时，它们会离开，回到刺戟木构成的安全堡垒中。

然而一天傍晚，有两只互为配偶的冕狐猴留了下来。雌狐猴坐在一根水平方向的树枝上，晃荡着双腿，用牙齿梳理毛发。就在我们眼前，那只雄性从后方向它靠近。雌狐猴似乎并未发现它。雄狐猴猛地跳起来，向雌狐猴扑去，几乎把它撞落树枝，接着用一个标准的半尼尔森动作 * 将它抓住。雌狐猴翻身挣脱对方的抓握，用左臂的肘部夹住了它的头。雄狐猴扭转身体，双臂搂住雌狐猴的腰，用

---

* 摔跤术语，指单臂从对手背后腋下穿过，反扣其颈的控制动作。——译注

力箍紧。后者张开了嘴，却没有发出声音。我几乎可以肯定它是在笑。它们就这样扭打了五分钟。突然，它们停止了动作，肩并肩坐在一起，从40英尺高的地方向我们窥视。我们没有动。雌狐猴猛地转过身去，用左脚上长长的抓握趾捉住了雄狐猴的上臂。摔跤比赛第二轮开始。

这并不是一场真正的搏斗。它们尽管有时会张嘴含住对方的臂或腿，却从不真正咬下去。它们只是在玩闹。

年轻的动物经常嬉闹，似乎是为了学习和练习它们在成年后将会需要的技能。小狗会叼住鞋子使劲摇晃，就像它长大后叼耗子那样；小猫会猛扑毛球，那是为了练习将来捉老鼠的技巧。圈养的成年动物也会玩游戏，我们大致可以将这些游戏视为它们发泄过剩精力的出口。其实，野外的成年动物纯然出于娱乐目的的嬉闹并不常见。在残酷的自然世界里，很少有时间可供娱乐。

不过，冕狐猴似乎并没有那些困扰大多数动物的问题。它们无须辛苦觅食，因为桤果、酸豆、花瓣和鲜嫩的绿芽到处都是，不用费力寻找。它们也不会时常感到恐惧或是有必要躲藏，因为它们没有天敌。此外，还有一个更深一层、更为根本的因素存在于它们的生活方式中——它们以家庭为单位，过着群居生活。

如果观察一个猴群，你很快就会发现，群体中的社会结构基于一种严格的等级体系。每只猴子都很清楚自己的位置，会讨好地位更高的猴子，也会残忍地欺负地位比它低的猴子。正因为如此，你几乎不可能看到两只成年猴子投入一场仅以娱乐为目的的游戏。

在冕狐猴中，我们没有发现这样的体系。它们的家庭生活似乎以感情为基础。我们观察了许多个小时，连一次争吵都没有见到，反而多次见证了它们嬉戏或彼此爱抚的情形。眼前即是一例。

这一幕有着摄人的魔力。我们坐在它们那棵树下，观察了一个多小时，直到太阳开始变红。最后，雌狐猴从同伴的搂抱中挣脱出来。它用左腿轻盈地一踢，让自己的尾巴从树枝上甩开，好像一名维多利亚时代的淑女将身后拖曳的长裙甩到合适的位置。雄狐猴尾随着它，它们慢悠悠地沿着树枝，踱向刺戟木林中的家。

———

从有着诡异刺戟木林的伊富塔卡出发，我们一路向西，进入更为干旱和焦枯的地区。我们的车轮不时沉入 1 英尺深的沙地。如果开得太慢，我们便会失去动力，陷进更深的沙堆中寸步难行，后轮徒然甩出喷泉一样的沙粒。如果开得太快，我们又会失去控制，从一侧滑向另一侧——如果我们在路边可能撞上的东西不只是多刺的灌木、大戟或是剑麻，这样的滑动就会让人心惊胆战。在一条条沙砾带之间，我们会挂上低挡位，加大油门，在不断的颠簸和撞击中轧过一道又一道陡峭的石脊。

自然，面对这种不适合其年龄和车况的待遇，我们的车并没有逆来顺受。到达名叫安帕尼希的小镇之后，它就罢了工。底盘上的一个减震器已经脱落，卸扣也断了一根螺栓。此外，因为轮胎被扎破，我们已经换上了备胎。然而这个满是补丁的备胎也相当寒酸，只剩下薄薄一层橡胶，还坑坑洼洼，甚至露出了帆布衬里。

我们花了一整天来修车。杰夫把他的机修工技能发挥到了极致，而我在向一大群好奇的围观者和建议者解释情况的过程中，大大增加了自己在机械方面的法语词汇量。乔治在市场上和印度人的商店之间奔走，带回来各种各样生锈的螺帽、螺栓和年代久远的火花塞。其中一些零件我们立刻就用上了，为的是把眼下还在引擎和悬架上服务的一些螺栓装回它们在车身上的原有位置。剩下的我们则留作备件。

汽车的修理终于完成，我们重新上路，前往马达加斯加岛的西南角。我们在距离海岸还有几英里的地方扎营。此地在地图上有一条蓝色的线，标注为"林塔河"，让人期待眼前出现一条大河。我们的确找到了一条宽达半英里的河床，两岸都是低矮的岩壁，然而河中只有干燥发烫的沙子。

我们来到这片沙漠，有一个特别的理由——寻找世界上最大的鸟蛋。关于大鹏（rukh）的传说很可能正起源于这种鸟蛋。

阿拉伯民间传说中经常提到这种巨大的动物。中世纪时期的十字军战士把这些故事带回了欧洲。最广为人知的大鹏故事出现在水手辛巴达的传奇中。如《天方夜谭》所述，辛巴达发现了一枚大如房屋的鸟蛋，然而他并不知道那枚蛋属于怪鸟大鹏。他的同伴们把蛋砸开了。复仇的大鹏飞到他们的船上空，双翼遮天蔽日。它投下石块，终于砸沉了辛巴达的船。

我们的营地

在 13 世纪马可·波罗的记述中，大鹏不是传说，而是一种真实存在的动物。他对其有详细的描述。

"它的外形和雕并无区别，却硕大无朋，双翼展开有三十步宽。它的翎毛长达十二步，粗细也与之成比例。大鹏力大无穷，能用爪子抓起大象，将它带到高空然后扔下，摔得粉身碎骨。杀死大象之后，大鹏会盘旋而下，大快朵颐。"

马可·波罗没有声称自己见过这种怪鸟，但他为了证明其存在，描述了他的主公忽必烈大汗收到的一根大鹏羽毛。这根羽毛长达九十拃，羽茎周长有两掌。这件惊人之物可能是一片枯萎的棕榈

《林斯霍腾游记》（1595年）中的大鹏

科植物复叶，在13世纪的大都自然是稀罕而陌生的。然而马可·波罗却没有止步于此。尽管没有到过此地，他却言之凿凿地声称这种鸟生活在"马达加斯加以南"的海岛上。这种说法乍一看毫无道理，因为马达加斯加以南几百英里范围内都没有海岛，然而它并不像表面看起来那样荒诞不经。马可·波罗笔下的"马达加斯加"盛产骆驼，也是"象牙"贸易的枢纽。这两条描述与如今被我们称作马达加斯加的海岛都不相符。马可·波罗所指的其实很可能是非洲东北部海岸的摩加迪沙——那里的确有许多骆驼和象牙。如果这种猜测成立，那么"摩加迪沙以南"指的无疑就是马达加斯加及其周边的留尼汪岛和毛里求斯岛。此外，向马可·波罗提供消息的人很可能有充分理由相信大鹏生活在这里，而这一理由直到三百年后的1658年，才进入欧洲人的知识视野。

当年，被国王任命为法国东印度公司总管和马达加斯加总督的法国人埃蒂安·德·弗拉古爵士出版了关于这座海岛的第一本书。这部作品描述得相当详细，收入了种种植物、矿物、鱼类、昆虫、哺乳动物和鸟类的名录。其中有这样一条："乌隆帕特拉 * 是安帕特人地区（马达加斯加南部）的一种巨鸟，像鸵鸟一样下蛋。它是一种鸵鸟。为了不被当地人捕杀，它总是选择最荒僻的地方。"

这份报告平平无奇。在那个每一趟航行都能带回奇闻和新发现的时代，它几乎没有引起注意，很快被人遗忘。然而，在 1832 年，另一个法国人维克多·斯冈赞亲眼见到了一枚被人用作水罐的"乌隆帕特拉"蛋。这枚蛋尺寸惊人，超过 1 英尺长，比鸵鸟蛋大六倍。斯冈赞设法从本地人手中买到一枚，用商船将它送往巴黎。不幸的是那艘船失事了，在拉罗谢尔沉入海底，那枚鸟蛋也就此遗失。直到 1850 年，一位名叫阿巴迪的船长带来了三枚鸟蛋和一些骨骼碎片，这种奇怪的事物才第一次出现在欧洲。

接下来的几年里，关于产下这种巨蛋的鸟的身份，学者圈内出现了巨大的分歧。一些权威坚信这种动物必定如马可·波罗所言，是一种雕。另一些人则认为它是一种巨型企鹅或是大秧鸡。直到有人在马达加斯加中部的一片沼泽里找到了巨大的鸟类骨骸，这个问题才有了明确的答案。根据这些骨头来判断，这种鸟明显类似鸵鸟，不会飞，直立时身高接近 10 英尺。科学家们将之命名为"象鸟"。

---

* Vouron patra，即象鸟。——译注

象鸟并不是有史以来个子最高的鸟类。某些曾生活于新西兰，现已灭绝的恐鸟比象鸟还要高一点。但象鸟身材极为粗壮，几乎可以确定是一切鸟类中体重最大的。根据某些估算，象鸟体重可达近1 000磅。

弗拉古是对的。他将这种巨鸟描述为一种鸵鸟，而他并未见过这种鸟的骨骼，对比较解剖学也一无所知（这两方面的知识或许会以另一种方式让他得出这样的结论），这无疑说明他的信息提供者确

象鸟复原图

实见过这种鸟的活体。令人遗憾的是，如今象鸟已经确凿无疑地灭绝了。尽管马达加斯加幅员辽阔，但也没有哪个地区隐秘得能让象鸟这样巨大的动物藏身。不过，象鸟的巨蛋仍然存于世间。我希望在干涸的林塔河附近的沙地中找到它——哪怕找不到一枚完整的蛋，能找到一小块碎片也好。

——————

我们将帐篷扎在一株绿玉树下。它生长在一口 30 英尺深的井边。这口井是周边许多英里内唯一的水源。人们从远离此地的居住点来到这里，把水桶灌得满满的，既为自己，也为他们赶来的牛羊。他们把牲口留在一片多刺的灌木林的荫凉里，每次只赶几头到井边的混凝土露天水池边，让它们畅饮早已倒在池中的井水。

杰夫和我开始搜寻巨蛋碎片。天上没有一丝云，炽热的阳光肆意倾泻，烤炙着座座沙丘。沙子表面被晒得很烫，若想赤足在上面行走，必定会剧痛难忍——至少对我们是如此。沙面反射的光线也太过耀眼，让人不得不将眼睛眯起来。我们深一脚浅一脚，走了好几个小时，每走一步都会陷入沙中，让行走变得分外艰难。

这片沙漠看上去像是一片不毛之地，但我们还是发现了许多生命的迹象：蜿蜒的痕迹表明有蛇爬过，脚印之间的一条波纹起伏的细沟是蜥蜴尾巴的作品，一连串短短的箭头则说明曾有小鸟在沙地上跳跃。

蜘蛛在低矮而多刺的灌木上覆满网罗，并且不知用了何种奇妙的办法，将空蜗牛壳悬在网的下缘，使其成为绷紧丝网的坠子。我们在一丛灌木下找到了一只漂亮的乌龟。它体长近 2 英尺，深棕色的穹形背壳上星星点点，每块斑点都放射出黄色的线条。根据我们的了解，这种动物在许多部落都受到尊崇。如果谁在路上遇见一只乌龟，他就会在龟壳顶端放上一点小小的贡品。在离开时他会满怀兴奋，因为这场遭遇在他看来代表着好的兆头。然而遇见乌龟这件事并未使我们的运气得到明显的改善。最后我们两手空空，热得口干舌燥，艰难返回营地。

象鸟蛋碎片

当天下午，最热的时间过去之后，我们再次尝试。又过了两个小时，我终于找到了一点东西——三块小碎片，大小与十便士硬币相若，但厚度为其两倍，一面暗淡无光，另一面是浅黄色，有明显的纹理。毫无疑问，这是某种巨蛋的碎片。我们在一丛叶片肥厚的灌木的树荫下坐下来，检视我们的收获，吐上唾沫以清洁其表面。正在这时，一个头发乱蓬蓬的小男孩赶着一群羊朝我们走来。他满身尘土，除了一串蓝色珠子和一条腰布之外什么也没穿戴。我向他打招呼，让他看看我们找到的宝贝。

"我要找大鸟蛋，"我用法语对他说，"这些小碎片，不好。我要找大碎片。"

他瞪着我，一脸茫然。

"Oeuf（蛋），"我急切地说，"Grand oeuf（大大的蛋）。"然而那张年轻而木然的脸上仍然没有任何表情。

我知道我的法语不好，但也很怀疑他能否听懂一个真正法国人所说的法语。很明显，他只会说本地的马达加斯加语方言。我又试了一次，还用双手比画出我要找的东西的形状和大小，然而仍是徒劳。男孩无视了我，转而留意到自己的羊正在乱跑。他向羊群扔了一块石头，然后跑开了。

这些碎片虽然很小，但仍然让我们感到欣喜。回到营地后，我不无骄傲地向乔治展示它们。尽管我出于谦逊，没有开口说出来，但是我仍希望他能领会到，能在营地周围的旷野里找到这些小东西，我的眼神是多么锐利。

第二天早上我醒来时，已经有一个身上裹着一大块布的高个子瘦女人站在帐篷外，正透过防蚊网瞅向我，头上还顶着一只大篮子。她用右手碰了碰额头，又碰了碰胸口，那是阿拉伯人的问候动作。我挣扎着从睡袋里钻出来，努力想要让头脑清醒起来，以应对一场以蹩脚法语进行的漫长角力——我敢肯定，要搞清楚她想要什么，这样的对话不可避免。然而我是多虑了。这个女人无须开口说话，她的行为就说明了一切——她直接把头上的篮子拿了下来，把里面的鸟蛋碎片哗啦啦全倒在了地上。

我看着这些碎片，目瞪口呆。这不仅说明昨天那个小牧童完全明白我在这片沙漠里做什么，并且把消息传到了村里，也同样说明我虽然找到了三块碎片，但眼睛离锐利还差得远——事实上比瞎了也好不了多少。这个女人用几个小时就找到了至少五百片。

我试着感谢她，给了她一些酬劳。她再次触碰前额，表示谢意，然后悠然离开。她离去的身影挺拔优美，正是所有惯于头顶重物之人都有的姿态。

这时乔治和杰夫也都起床了。我们怀着惊喜摩挲这一大笔财富，然后开始冲咖啡。在水烧开之前，又有一个女人到来，同样带来了一大篮鸟蛋碎片。

"还好那个小家伙听不懂你的法语，"杰夫说，"要不你可能会出价五法郎买一块碎片。如果那么干，你现在已经破产了。"

显然，在征集鸟蛋碎片这件事上，我们比我原先料想的要成功。但现在，尽管我们试图让人们明白我们不需要更多碎片，涌入营地的蛋壳碎片仍然源源不断。每个小时都有人送来一批。到这一天结束时，堆在绿玉树下的碎片已经有 1 英尺多高。这是惊人的证据，足以证明象鸟的数量曾经是多么庞大。所有鸟蛋的蛋壳都由碳酸钙构成，大多数都像纸一样薄，很快就变成粉末。象鸟巨蛋的厚壳却不一样，不那么容易被摧毁。因此，一代又一代小象鸟孵化出壳，也在这片地区到处留下蛋壳碎片，最终积累到巨大的数量。

我原先的目标是找到一两片碎片。这项任务曾经显得那么艰巨，然而此时我们已经知道它们是寻常之物，这让我有了更高的期望。想要找到一枚完整未碎的蛋的想法还是太过奢侈，毕竟只有极少数变质或未受精的蛋才能保持完整，而在千百年的历史中，这些完整的蛋中有许多必定已经被打碎了。然而女人们带来的所有碎片还是略小。我现在希望得到一块真正够大的碎片，以便根据其弧度来大致估算完整象鸟蛋的尺寸。

第二天，杰夫和我决定分头搜寻，以覆盖更大面积的区域。现在我们已经很清楚要找的是什么，因此随地都能发现碎片。回到营地时，我的口袋已经变得鼓鼓囊囊。我看到杰夫坐在距离帐篷不远的一个深坑底部，身边堆满刚刚挖出来的沙子。他的推理非常合乎逻辑：如果找不到一块真正够大的碎片，那么次优的选择就是在一个有希望的地点仔细搜寻，争取搜集到一批可能来自同一枚蛋，因而可以拼在一起的碎片。他取得了不错的成果，还得意地向我展示了他找到的彼此距离在大约 1 英尺以内的十四块碎片。我们把这些碎片带回帐篷里洗净，开始尝试把它们拼起来。其中至少有两块是来自同一枚蛋。

就在我们想要找到第三块拼图时，那个小牧童又出现了。他慢悠悠地走进来，一脸漫不经心，手里拿着一样东西，用一块脏兮兮的破布包裹着。他把这东西放在地上，打开绳结。里面是大约二十块碎片，有的非常小，有的则有小碟子那么大，比我们之前见过的最大的碎片还要大一倍。乔治出去找他的鸟儿，不在营地，所以我试着自己向小男孩提问：这些碎片是他从好几个不同的地方搜集来的，还是全来自一处？然而我没有问出任何答案。我给了他一笔丰厚的报酬。他没有说话，也没有笑，而是一路小跑，回到井边的羊群那里。

我们把碎片的外表面朝上，铺在沙地上，然后盯着它们看。这就像是在玩拼图游戏。然而，在玩普通拼图的时候，你至少知道每一片都属于同一套拼图，都摆在你眼前，而且总能拼成一张完整的图画。眼下这套拼图难度更大，但也更令人兴奋。这些碎片是否来自几枚不同的蛋？我们是否拥有足够碎片，能够拼出一枚相对完整的蛋？在几分钟的尝试和犯错之后，我发现有两个部分的参差边缘彼此对应，可以拼合。我用胶带将它们固定在一起。接着我又找到了另外两个彼此相邻的部分，还有能和前两块拼合的第五块。一个小时之后，我们手里已经有了两个巨大的杯状物。我两手各拿一个，小心翼翼地将它们对在一起。完美拼合！缺失的只是几块小碎片。

拼好的鸟蛋尺寸惊人，长度差不多刚好 1 英尺，腰围 27 英寸，而环绕其两个顶端量出的最大周长则是 32.5 英寸。最小的碎片在它的一个侧面上拼合在一起，那些拼合缝就像车轮辐条一样，从一个中心点向四周放射。或许这个中心点就是这枚蛋遭到打击，因而粉碎的地方，且其粉碎的时间不会太早。不过我倾向于一种更浪漫的猜想：或许一只幼小的象鸟雏鸟正是在这里用它的喙啄破蛋壳，来到这个世界的；它肯定是个力大无穷的小家伙。

杰夫·马利根和拼好的象鸟蛋

象鸟为何会灭绝？最具可能性的解释是气候变化。在这几百年中，马达加斯加无疑变得越来越干旱了。林塔河那宽广却又干涸的河床就是这种变化的标志。一些科学家根据象鸟的巨大体重及其骨骼比例判断它们曾生活在沼泽地带。在整个马达加斯加岛都被干旱笼罩时，自然栖息地的丧失导致了这种鸟类种群的衰亡。此外，它们的蛋必定曾是当地人眼中的宝贵食物，因此出于饥饿而掠夺鸟巢的人类很可能要对象鸟的最终灭绝负责。

大鹏的传说和关于这些神奇鸟蛋的认知，哪一个出现得更早？或许，在驾着帆船通过莫桑比克海峡时，阿拉伯人曾经见过马达加斯加沿海的渔民把象鸟蛋壳当作独木舟里的淡水容器，从而创造出一种神话。或许大鹏的传说只是一种独立产生并广泛流传于阿拉伯世界的想象，而后来的马可·波罗想要证实它，将它与来自马达加斯加的消息联系在一起。我们无从确定。

在我看来，象鸟的存在是可以推断的事实，而这一事实与任何关于大鹏的想象同样神奇，同样激动人心。当我手中托着一枚完整的象鸟蛋时，我便很容易想象这样一幕场景：浊黄的洪水在林塔河的河床中流淌翻卷，高近 10 英尺的巨鸟步态威严，涉过沼泽。

第十二章 火烈鸟、马岛猬与倭狐猴

　　我们从林塔河出发，翻越乱石遍布的山峦，穿过刺戟木林，一路颠簸，向北返回安帕尼希，接着向西行驶，沿着状况较好些的公路前往圣奥古斯丁湾和图莱亚尔城。路途中，那只拼起来的珍贵象鸟蛋就被我小心翼翼地捧着，放在腿上。

　　从图莱亚尔往南、往北两个方向的海岸上有几座咸水湖。在塔那那利佛时，就有人告诉我们这些湖中时常有红鹳（俗称火烈鸟）出现。我们拜访的第一座湖位于南方，叫作齐玛诺姆佩楚查湖，名字极难发音。要到达那里，我们必须先乘坐渡船，渡过城南不远处的乌尼拉希河，再开上一整天车，穿过连绵不断的流动沙丘。这座湖有 1 英里长，湖水苦咸混浊，具有腐蚀性。在湖的中央，远超过我们镜头所拍摄的地方，我们看到了一群红鹳，大约有一百只，远远看去只是热浪中缓缓移动的细小身影。这不禁让我们大失所望。

我们不仅没法靠近它们，而且与东非盐湖地区常见的数以十万计的大群红鹳相比，这一群的规模未免太过微不足道。

我们与湖边一座小村里的人们聊天，向他们询问这些红鹳是否在这里筑巢，因为尽管我们此时无法拍摄，但如果到了一年中的晚些时候它们还会在这里交配产卵，那么我们完全可以带上充气橡皮艇和能防止双腿接触腐蚀性碱水的筒靴回到这里，趁它们站在泥筑小巢中时进行拍摄。村里的一两个老人告诉我们：那些红鹳过去曾在湖北端的盐壳上筑巢，但是已经有很多年不这样做了。我不知道这条信息有多可靠。它听起来就像这样的人出于最大善意而经常表现出来的一种礼节性折中——把事实和他们觉得能让外乡人高兴的消息调和在一起。

我们决定勘查的第二座湖泊是伊胡特里湖，图莱亚尔以北诸湖中最大的一座。尽管渡船让我们前往那里的旅程变得简单了不少，但公路行程仍然相当曲折和复杂。我们先是在连绵的沙丘中行驶了许多英里，接着又折向内陆，穿过一片片高低起伏的平原。这些平原上点缀着一座座棕黄色的锥形白蚁冢，每一座都粗如反坦克障碍阵地中的混凝土拒马。我们一路向北，路上的植被渐渐稠密起来。很快，我们就穿行于一株株猴面包树之间。这些猴面包树比我在非洲其他地方见过的都要高大美丽。那些庞大的筒状树干拔地而起，到 30 至 40 英尺高的地方才开始生出一丛丛顶部扁平、细枝浓密的树冠。与膨大的主干相较，这些树冠小得可怜，让人联想到小孩子画笔下那些不成比例的普通树木。在非洲，人们对猴面包树的滑稽外形有一种解释：创世之初，第一株猴面包树得罪于神；为了惩罚它，神把它从地里拔了出来，根部朝上倒插回去。

从远处看这些猴面包树，你很难完全体会到它的真正大小——仿佛是为了拒绝承认世界上还存在如此粗陋的树，我们的眼睛对它们的定位总是比实际上的要近，如此一来就可以把它们的体型减到最小，更能为我们的想象力所接受。直到遇见一株倒伏在路边的猴面包树，我才真正明白它们的尺寸有多么惊人。停在它那铁灰色的树干边时，我们的路虎顿时变成了小矮子，就好像立在一座巨大的钢制锅炉旁边——就是那种被运往船厂的途中有时会在深夜穿过城镇、大到占据整个路面的锅炉。

伊胡特里湖周围的猴面包树相当茂密。透过两株猴面包树之间的缝隙，我们瞥见一抹粉红，于是赶紧往前开，到了树后，才看见一大群美得不可方物的红鹳占据了整座湖面，吱吱嘎嘎鸣叫个不停。根据我的估算，这里差不多有上万只红鹳，但真实数目很可能还要翻倍。

我们在湖边距离一座渔村不远的地方扎营。在泥泞的湖滩上，我们用麻布搭起一个矩形的掩体，用来隐藏摄像机。一天接一天，我们就蹲守在这个空气不足、令人窒息的封闭空间里，观察那些红鹳涉过微温的湖水。这些鸟群由两种不同的红鹳混合而成。一种是直立时高达4英尺的大红鹳，其躯干大部分为白色，只是翅膀上有深粉色的彩条。另一种是略矮一些的小红鹳，其喙部的黑色更深，粉色更普遍地分布在全身许多羽毛上，不过还是在双翼上最为集中。

每天早晨，这些红鹳会在湖面南端均匀散开。这里任何地方的

红鹳

水深都不超过 1 英尺，红鹳在其中从容迈步。它们粉色的细腿远远
高出水面，长而弯曲的脖颈则垂向下方，弧形的鸟喙浸入水中。它
们的喙内有一排排的滤板。随着喉部的一起一伏，它们让吸入的湖
水通过滤板，过滤出细小的食物颗粒，再将多余的水从两侧排出。
这里的两种火烈鸟有着同样类型的过滤方式，滤食的深度却不同。
小红鹳寻觅的是漂浮在水面下几英寸范围内的微小藻类，大红鹳则
把头埋得更深，以捕食小型的甲壳类和其他小动物。

　　在中午之前，它们一直以这种方式觅食。到了中午，由于湖面
反射的热量太多，空气变得闪烁不定，让前方几码范围之外的红鹳
影像也变得模糊晃动。此时拍摄已经变得不可能，我们如释重负，
离开了蒸笼一样的掩体，回到营地休整。然而即使在营地我们也无

法逃过热浪。无叶的树间几乎没有一丝风，哪怕有风时也不会让人感觉更好，因为风也是又热又干，就像烤箱排出的气流。此时，红鹳似乎也没有什么动静。大多数红鹳已经停止觅食，只是静静立在镜子一样的水中，立在自己的倒影旁。

到了下午三点，温度已经下降不少，足以让我们拍到不模糊的照片。这时我们就会回到掩体，因为红鹳的行为也发生了变化。它们不再滤食，而是离开了原来的觅食场。一群接一群，红鹳展翅起飞，倒影让湖水染上了一抹柔和而捉摸不定的粉红，将它们黑红相间的飞羽的惊人之美完全展现出来。它们双腿拖在身后，脖子前伸，一路飞行，降落在湖北端略深一些的水中。在那里，它们当中的一部分排成了长队，每个横行约有三四只红鹳。队伍如长蛇一般蜿蜒逶迤，长达几百码。其他红鹳则挤成密集的群体，高高扬起头颅，相互推挤。从远处望过去，它们的细腿已经看不见了，于是它们挤在一起的身体便结成一朵静止的、玫瑰色的云彩，悬在水面之上大约 1 英尺高的位置。

它们在做什么？是在准备迁徙飞行吗？抑或这样的举动代表着某种为交配做准备的群体求偶行为？我们观察得越多，我就越意识到我们对这些美丽鸟群的了解是多么匮乏。

每当太阳西沉，落到地平线上的猴面包树之后，越来越红的光线丧失了大部分热量时，如火的晚霞点燃天空，映红湖面，红鹳群的粉红色也融入其中。巨大的褐色非洲白背兀鹫和非洲白颈鸦栖在树梢，梳理羽毛。这一两个小时里，气温足够凉爽，让人可以惬意散步。此时，我们和村民们一样，都来到湖边，从那些挖在距离湖水大约1码处的坑里取水。这样的水由于在土壤中滤过，不像湖水那样苦涩，但仍旧混浊难饮。这些坑是我们的唯一水源。我们大量饮水，以补充白天因为流汗而失去的水分。出于卫生考虑，我们会谨慎地把水煮沸，再加入氯片。然而，哪怕我们在水里倒了咖啡粉或是果汁粉，也只能略略遮盖它原本糟糕的口味。

在这些令人愉快的傍晚，我们会暂时把注意力从红鹳身上移开，徜徉于猴面包树林和树间的荆棘林中，向树洞里张望，在树枝间寻找鸟巢，翻开地上的腐烂木头以寻找其他动物。

此地有好几种鸟类，包括红色的织雀、马岛雀百灵、马岛戴胜、珠鸡，还有成群结队、体形玲珑、有着素灰色脑袋和绿色躯干的灰头牡丹鹦鹉，然而这些鸟的数量都不算多。哪怕在湖面上，除了红鹳之外，其他鸟类也是寥寥无几——一两只孤独的白鹭，一小队赤嘴鸭，另外还有翅膀修长、姿态优雅、只在傍晚成群出现的大凤头燕鸥。我们没有发现蛇的踪迹，也一直没有找到任何哺乳动物，直到一天傍晚，我翻开一根木头，发现下面有一个温馨的小洞，铺着发脆的黄褐色树叶，里面藏着一只满身是刺的小家伙。那是一只马岛猬。

它体长不超过6英寸，眼睛很小，还有一只湿乎乎的、满是长胡须的尖鼻子，背上则覆满短短的尖刺。老实说，它看上去完全就

多刺的马岛猬

是一只迷你刺猬。要不是我从前在资料中了解到马达加斯加并没有真正的刺猬，我就会把这个家伙当成刺猬。

　　然而，就其内部解剖特征而言，马岛猬与刺猬有相当大的不同。尽管和刺猬一样属于食虫目这一大类，马岛猬却在几个方面显著地与有袋类相似。事实上，的确有许多动物学家将它视为所有真兽类中最为原始的种类之一。与马达加斯加岛上的许多动物一样，马岛猬在世界其他地区没有自然分布。它在马达加斯加岛之外仅有的近亲是西非丛林中的巨獭鼩，以及仅见于古巴和海地岛屿的奇特动物沟齿鼩。

马达加斯加岛上有许多种不同的马岛猬，并且不是每一种都会用一层尖刺来掩盖自己的真实身份。有的马岛猬是毛茸茸的黑色小动物，身上间杂黄色条纹。有的像鼹鼠，有的像鼩鼱，还有一些会在稻田的水坝上挖洞，在水渠和被淹没的田野中游来游去，就像水耗子。有一种马岛猬奇特地与众不同，它有四十七节尾椎骨，比其他任何哺乳动物都要多。马岛猬中最大的一种有兔子那么大，有时被称为无尾马岛猬（因为其他几种也没有尾巴，所以这个名字对我们的识别毫无帮助）。它有一身硬邦邦的、长着刚毛的皮，后颈的毛发中还藏着几根小刺。

　　后来，我们又捕捉到了其他种类的马岛猬，这让我们了解到马岛猬因为各自盔甲的不同而行为各异。像这种满身长刺的小家伙会把自己蜷成一个球——不像刺猬团起来时那么圆，但也足以防范那些想吃一顿肉却又不想被扎得满嘴是刺的狗或者其他动物。一天中的大部分时间里，它都保持这个状态，不过到了傍晚它就会舒展开来，四处走动，不时扬起小鼻子左闻右闻，为的是感受那些必定被它那双小眼睛错过了的信号和刺激因素。如果我们碰碰它，它就会缩起肩膀，十分努力地想用它的尖刺扎穿我们的手指。要是我们继续逗弄它，它在少数时候会张嘴来咬，但更经常的反应是把头和后腿收缩到一起，蜷成一团，努力让头上的刺和身后的刺彼此靠拢。

　　由于马岛猬的这种习惯，每一个以勇气为傲的马达加斯加男子都不会以它们为食，因为他们看见马岛猬从来不会主动防御，只是蜷成一个球，便认为它们生性懦弱，进而相信吃了马岛猬的肉必定会让自己也变得懦弱。

然而，大块头的无尾马岛猬因为身上没有几根刺，在碰到最小的刺激时也会张嘴便咬。这样一来，哪怕对于一名马达加斯加军人来说，吃它们的肉也不再是什么禁忌。它们也的确因为自己的肉而遭到大量捕杀。令人哭笑不得的是，它们因为善于啮咬，反而催生了一种不利于它们的迷信：女人们喜欢收集它的下颌骨，因为那上面的白色尖牙特别多，比其他大多数哺乳动物都要多几颗；她们把这样的下颌骨当成护身符，挂在孩子们的脖子上，以确保他们长出一口好牙。

我们还捉到了另外五只小小的、逗人喜爱的多刺马岛猬，把它们全养在一只铺着干草、用铁丝网封口的盒子里。我们猜测它们的日常食物应该是昆虫和蚯蚓，为它们同时提供了这两种食物。此外我们也会给它们一点鲜肉碎渣——到了夜间，它们就会狼吞虎咽，也因为这些肉渣而长得很好。

一些人注意到我们对那些马岛猬宠爱有加。人们会来拜访我们的营地。在我们摆弄丁烷气炉、录音机或是摄像机时，他们就会坐下来观看我们的古怪行为。这些人会急切地拿走空罐头盒，拿走我们扔掉的胶片和不要的瓶罐。用不了多久，我们就会在井边再次看到这些东西——它们已经变成了水罐或者杯子。如果是没什么实际用途的东西，它们就会被穿在一根线上，变成孩子们的项链。

一天傍晚，三个男人来到营地，给我们带来了报偿。那是用一件衬衣扎起来的包裹，正蠕动个不停。我解开衬衣的一只袖子，往

倭狐猴

里面看去，发现里面不是一只，而是一大群毛茸茸的小家伙，长着亮晶晶的眼睛和长长的尾巴。再没有比这些小家伙更好的礼物了，因为它们是狐猴中最小的一类——倭狐猴（*Microcebus*）。

我们好容易才把它们转移到一只笼子里，这才数清楚它们一共是二十二只。它们缩在笼子角落里，眼睛因为紧张而眨个不停。那些人是在树洞里找到它们的。很明显，它们是夜行动物，不喜欢日光。我们把麻袋布剪成一条一条的，披在笼门前，让这些倭狐猴在黑暗中安静下来。然而，到了当天晚上，我们才看到它们最好的状态——月光之下，它们在笼中四处欢跳。

它们与非洲大陆上的婴猴十分相似，但比任何一种婴猴都要小。实际上，它们是灵长类中最小的一类。不算尾巴的话，它们的体长只有 5 英寸。在白天，它们那双巨大而微微突出的眼睛是暖黄色的。然而到了夜间，为了增强视力，它们的虹膜会张开，让眼睛变成一种清澈的深棕色。它们的大耳朵薄如蝉翼，与长耳蝠类似。这些耳朵一直动个不停，时而翻转，时而抖动，捕捉着每一丝声音。

尽管看上去可爱，但它们其实是一些凶猛的小家伙。每天傍晚，当我们往笼中投入蝗虫、竹节虫和甲虫时，它们便会发出欢快的啾啾声猛扑上去，用那双小手抓住虫子，啃食它们的柔软腹部，就像小孩子们啃玉米棒一样。

倭狐猴是我们获准搜集的唯一一种狐猴，因为马达加斯加人并不捕食它们，它们也并没有灭绝的危险。从形式上来说，我们也没有因违反捕捉狐猴的禁令而给本地人树立任何坏榜样，因为本地人并不认为倭狐猴属于狐猴，而仅仅是把它们当成一种样子古怪的鼠类。这些倭狐猴和马岛猬一样，是我们最终得以带回伦敦动物园的那一小批动物中的核心成员。

我们已在这座海岛的南部逗留了一个多月，超出了原本的计划。如果不想压缩拜访其他地区的时间，现在就是离开此地的时候了。于是我们拔营起程，开车穿过那些猴面包树，向图莱亚尔进发。

第十三章　亡者之灵

马达加斯加各地的人们都尊崇亡者。一百多年来，基督教会一直大力传教，传教士的奉献精神多次导致殉教事件，然而在部族信仰中影响最大的仍然是祖先崇拜。马达加斯加人认为一切好事、财富和丰饶都源于亡者。如果祖先们生了气，变得不高兴，他们就可能不再照拂后代的生活，从而让家族陷于贫困、不育和疾病，因此人们必须小心侍奉祖先。然而，每个部落敬拜祖先的具体形式各不相同。在返回塔那那利佛的旅程的第一段，我们驾车从图莱亚尔向东行驶，进入玛哈法利人的地区。在这里，在一片荒漠中最偏远之地，我们看见了那些茕茕孑立、萧索而壮美的亡者安息之所。

每一座坟墓都是四方形结构，四周砌石料，是一个家族所有成员的共同墓地。我们见到的最精美的一座坟墓边长约 30 英尺，高 4

一座玛哈法利坟墓

英尺。在以碎石铺就的平顶上，竖立着一列又一列精雕细刻的柱子，柱身上刻着菱形、方形和圆形等几何图案，柱顶雕刻的则是本地人的主要财产——隆背长角牛。每一面墙的边上都摆放着牛角，它们来自众多在葬仪中被宰杀献祭的牛。牛角弯曲的尖端指向外部，仿佛是为了保护墙后墓地中央的遗体。牛角周围被摆上了各种供死者在冥界使用的祭品，有镜子、缺口的搪瓷碗，也有在阳光下发烫变形的金属箱。

乔治向我们讲述了关于这些惊人丰碑的选址、设计和建造的无数禁忌。坟墓必须建在人迹罕至的地方，这有许多原因：它会唤起人们的哀痛记忆；如果坟墓的影子投在房子上，必定会让它笼上死亡的阴影；此外，先人的灵魂会在夜间离开遗体，如果坟墓距离村子太近，这些灵魂就会不小心回到活人的居室中，杀死他们。

如何挑选坟墓的具体位置也是一件大事。马达加斯加人的房子的朝向非常精确，房门正对西方。如果坟墓也朝向同样的方位，亡者就会困惑，会用闹鬼的方式折磨生者。因此，坟墓的朝向要有意偏离罗盘上的主方位。

在辛苦的修建过程中，还有许多细致的传统需要遵守。必须杀掉大量的牛，用它们的血来浸透用作墓门的巨大石板。拖曳石材到达规定位置是一项艰辛的劳动。在这个过程中，如果有人受伤，让自己的血混入牛血，就表明坟墓仍然渴望鲜血，还需要更多死者入住。

各个阶段所涉及的禁忌数量众多，使得坟墓的修建变成一个极端复杂的问题。如果修建者因为无知而破坏了规矩，坟墓就可能变成残忍不祥的东西，难以餍足。如果传统规定的所有仪式都得到了严格的遵守，坟墓就会成为死者的安息之地，只会召唤厌倦了生命的老人。

我们在行车的第二天折向北方，不久就进入了一片荒凉的童山秃岭。这里是马达加斯加岛的腹地，也是曾统治马达加斯加岛数百年的墨利纳部落的家园。墨利纳人个子矮小、五官柔和、皮肤白皙，与南方那些更高、更黑、头发卷曲的沙漠居民迥然不同，这让我再次感到震惊。

有一点似乎可以确定：墨利纳人来自马来亚和婆罗洲，是这座海岛上的后来者。这种说法初看起来让人难以相信，但他们与印度尼西亚人在身体特征上的相似本身就很能说明问题，何况还有其他许多线索指向这一源头。在漫长的驾驶过程中，乔治和我曾把我早

瓦利哈演奏者

些年在印度尼西亚学到的一点马来语与马达加斯加语词汇加以比较，以此取乐。我记得的大多数马来语单词对他来说都毫无意义，但还是有一部分与马达加斯加语单词十分相似："岛屿"在马来语中是 *nusa*，在马达加斯加语中是 *nosi*；"眼睛"在马来语中是 *maso*，在马达加斯加语中是 *mata*。两种语言中还有些词汇可以说完全相同，如"小孩"都是 *anak*，"成熟"都是 *masak*，"这个"都是 *ini*，而"死亡"都是 *mati*。

墨利纳人文化中还有其他来自东方的元素。当我们在一个村子里停下来用午餐时，我看见一个身穿白袍、头戴软呢帽的老人坐在地上弹奏瓦利哈。这种乐器用竹筒制成，长约 1 码；竹筒两端各有一道箍，之间绷了十五根丝弦。他为我们演奏了一会儿。他的手指轻灵地拨动琴弦，乐声潺潺，柔和悦耳，因竹筒的回响而放大。你在非洲大陆任何地方都找不到与瓦利哈相似的乐器，然而在泰国、缅甸和其他一些东方地区，类似的乐器相当常见。

在前往首都的途中，我们曾见过好几群人。他们人数不多，沿路而行，以一个执旗的人为首。队伍中间的人扛着一只吊在杠子上的长木盒。当我问起来时，乔治的回答让人有些毛骨悚然——他们扛的是尸体。

我们回到山区时正值旱季尾声。再过大约一星期就会有大量雨水，到时候人们就要在水淹的稻田里种上秧苗。这是极具仪式意义的时节。人们会把那些被埋葬在异乡的人从墓地里挖出来，运回他们世居的家园。在墨利纳人所在的山区，各处家族墓地的石门都会打开，因为法玛迪哈尼节（意思是"翻尸节"）到来了。

几天后，在距离塔那那利佛大约 15 英里的一座小村里，我们参加了这样的一场仪式。它们在法语中被称为"回归"（*retournement*）。较之玛哈法利人的坟墓，这次仪式中的坟墓较小，也没有那么精致，它只是一个简单的四方形结构，四周砌以水泥粘接的石块。一个更小的四方形连在坟墓一侧，类似于门廊，而已经开启的墓门就嵌在其中。此时还没有人通过这道门进入地下的墓穴。

附近的草地上坐了五六十个人，外围是各种用于烹煮的锅和罐子，还有一篮篮食物。这是因为他们中有许多人今天一整天和明天都要在墓地旁度过。

女人们穿着颜色鲜明的长裙，其中有些打着阳伞。男人们的服饰更为多样，有的是像睡衣一样的条纹长袍，有的是城里人穿的笔挺正装。在远一点的地方有一座新近用树枝和树叶搭起来的遮阳棚，下面是一支乐队，他们正用竖笛、短号、小低音号和鼓演奏，声音粗粝嘈杂。最重要的是乐声要够大，因为先人的灵魂可能已经暂时离开坟墓，需要被召唤回来，才能享受到为他们举行的庆典。

好几个小时过去了，却没有什么变化发生。有一两个人站起身来，摇摇摆摆地跳上几步，却没有多少人注意他们。

到了半下午，墓地所属家族的长者率领着三个年纪较大的男子走进了幽暗的墓穴。每个人都带着一块用露兜树叶织成的垫子。他们再次现身时，垫子上已经托着一具用白布包裹的尸体。他们毫无仪式感地匆匆穿过坐在地上的人群，把这负荷放在几码外一个用树枝特意搭成的架子上。尸体一具接一具地被抬出来，并排放置。

　　围观者的行为没有流露出一丝沉郁或是哀痛。他们大声聊天，哈哈大笑。无论心中情绪如何，这个时候他们不能保持沉默，也不能哭泣，因为死者在墓中经过了长久的静默，想要听到活人的声音。先人离开墓穴时，周围的气氛必须是欢快的，以免他们感受到哀痛，认为他们的回归不受人们欢迎。

　　此时一天中最热的时候已经过去，乐队也离开了凉棚，来到草地上坐下，重新振奋精神，继续演奏。乐声相当活泼，其节奏跟随着一只低音鼓的鼓点，旋律则由声音凄厉的竖笛表现。人们的舞蹈

从墓地里取出遗体

女人们怀抱白布包裹的遗体

变得更为严肃和复杂。在墓门和尸架之间的空地上，家族中的大部分成员都缓缓跳起一种方阵舞。每支舞结束后，表演者们都会转向那些遗体，致以敬意。

夜幕降临，大多数人都回家了，但逝者家族的成员们留了下来，在月光下为那些躺在架子上的先人守灵。

我们在第二天返回。这一天的好几个小时里，人们还是以一种散漫的姿态跳舞。到了下午三点左右，乐队停止演奏，人群迅速安静下来。在一片肃穆中，族长向所有人展示一块柔顺光滑的华美织料，上面有宽大的红色、蓝色和绿色条纹，还织入了许多小小的玻璃珠。这就是"兰巴梅纳"*。

许多"兰巴"布都产自本地,被日常使用,但这些特别的"兰巴梅纳"是格外昂贵的东西,也十分神圣。把它们用于此类仪式之外的任何场合都是不可想象的。

族长向人群发出召唤,请他们见证这块织料的质地,因为每个人都应该知道逝者得到了足够的尊重,这一点极为重要。

此时所有人都聚在遗体周围,而遗体被一具接一具地抬走。一群群女人坐在地上,怀中抱着包裹起来的尸体。随着女人们与亡灵开始交流,抚触拍打遗体,先前笼罩人群的那种不太自然的欢愉之情已经烟消云散。有的女人会和遗体交谈,安慰他们,祝愿他们过得快乐。另一些女人则放声痛哭。

与此同时,男人们开始从"兰巴"上撕下用于捆系的布条,因为这一功能太过重要,不能用其他材料代替。女人们交出遗体后,男人们为每具遗体重新裹上颜色鲜亮的新尸布。不少遗体已经基本只剩尘土了,与以往的仪式上包裹的"兰巴"的霉烂碎片混为一体。空气中飘浮着潮湿腐败的味道。

男人们在处理遗体时大手大脚,并未表现出特别的敬意,很快就完成了任务。

所有遗体都用新"兰巴"裹好,被重新放置在架子上。家族成员们再一次跳起肃穆的方阵舞。与非洲大陆上的习惯不同,他们的

---

* *Lamba mena*,马达加斯加语,字面义为"红布",但不一定是红色;在后文中有时简称为"兰巴"(lamba),即"布"或"衣服"。——译注

舞步与姿势中很少有狂热的情绪表达。相反，那种手臂的曲折、手指的颤动和对身体的有意识控制，让人想起巴厘岛和爪哇岛的舞蹈风格。

仪式即将结束。包括孩子、女人和老人在内的所有参加者聚集在公共尸架周围，双手举过头顶，摇晃个不停，以舞蹈向亡者做最后的致敬。随后，人们将遗体一具接一具地用肩膀扛起来，围着坟墓绕行三圈。到了最后一圈，遗体被交给站在墓口阶梯上的男人们，重归幽暗。

在墨利纳人的传统中，定期举行这种仪式是家族荣誉所在。在他们看来，将先人遗忘在坟墓中不去照料，是只有狗才会做的事。亡者希望能欣赏到舞蹈和宴席，也想再次看到他们曾经照料的牛羊和曾经耕耘的田地。然而，这种仪式的费用十分高昂，因为需要准备大量食物，"兰巴梅纳"价格昂贵，乐手的工资也相当不菲。尽管许多家族会把收入的大部分都用于法玛迪哈尼，但仍然只有少数家族有能力每年举行一次仪式。

不论上次仪式是否刚刚举行不久，都会有各种情况要求人们举行这种仪式，例如家族遭遇了贫困或是不育，有人在梦中见到了先人，有新的遗体需要葬入坟墓，诸如此类。某个家族如果超过五年没有翻动遗体，不仅会被视为可耻，还会被视为愚蠢。这是因为这种仪式有其逻辑理由。如果先人以灵魂状态继续存在，还能掌控活人的命运，那么活人只要还有理性，就应该偿还对先人的亏欠，敬拜他们。

然而举行仪式的理由或许并非只有上述一种。这种仪式有不止一个方面表明它还有其他源头。仪式的举行时间通常是在旱季的尾声。此时稻田已经因为干旱而荒芜太久，正要重获新生。此外，整个仪式始终大力强调繁育。根据关于这一仪式的古老记载，没有子嗣的女人可以从裹尸布上取下碎片，作为能治愈不育症的强大护身符。

或许这种仪式与春季里曾经流行于欧洲各地，至今仍存在于世界许多地区的诸多节庆类似。在那些节庆里，人们将动物乃至神祇献祭，然后再象征性地复活。他们相信，通过交感巫术的力量，整个社群的繁荣所依赖的谷物也会在象征着死亡的冬季之后再次复苏，让人们免于饥饿。

在塔那那利佛，我们把那辆惨遭蹂躏的路虎送进了修理厂。它需要一次彻底的大修，时间差不多要一个星期。乔治得去科学研究所完成一些工作。于是杰夫和我又一次恢复了单独行动。我们决定乘飞机去北方的迭戈苏亚雷斯。在那里我们或许可以发现许多有意思的东西。然而，在看过了"回归"之后，我们此行还有一个特别的目标，那就是前往迭戈以南的一座圣湖。它是一种祖先崇拜的圣地，而这种崇拜可能是马达加斯加所有祖先崇拜中最著名的一种。

马达加斯加岛东北海岸线上有一处缺口，迭戈苏亚雷斯港就位于这个海湾的岸上。出城往南 50 英里就是圣湖阿尼武拉努湖。这座湖不大，铅灰色的湖面平静无波，周围是树木葱茏的山丘。根据传说，此地曾是一座繁荣的村庄，村中居民因对外来者极不友好而臭名昭著。有一天，邻近部落的一位巫师经过这里。天气很热，他口渴难耐，便向村人讨水喝，却遭到所有人的拒绝。最后，一名老妇人心中不忍，给了他一杯水。喝完之后，巫师感谢了老妇人，警告她赶快带上自己的子孙和财产离开村庄，又补充说她不可把自己离开的消息告诉任何人。

老妇离开之后，巫师来到村子的中心，诅咒了所有村民。他们并不缺水，却吝于施舍，因此他们的村子要被水淹没，他们自己要变成水怪。然后巫师便离开了。没过多久，一场大洪水袭来，整座村子被淹没在湖底。村民都变成了鳄鱼。

如今，老妇人的后代住在距离湖边 1 英里外的阿尼武拉努村。正如墨利纳人会在灾荒或瘟疫来袭时打开家族墓地，与亡者沟通，老妇人的后代在这种时候也会来到湖边，向祖先（也就是那些鳄鱼）献祭。

我们找到了村里的邮政局长，因为我们听说他是整个社区里最有影响力的人。坐在办公桌后的他身材壮硕，满脸笑容。当我们问起祭祀仪式时，他非常热心。根据他的估计，村里的女人们可能会在两天后为一个没有生育的女人举行一场祭礼。他会和举行仪式的那家人谈谈。如果运气够好，他或许能说服他们允许我们观看。不用说，要获得在场的特权，我们应该需要为仪式花费支付一大笔钱。

仪式需要献祭一头牛，而牛当然很贵。此外，仪式中有很多唱歌的环节，而唱歌让人口渴。所以我们是不是可以带几打柠檬水来，最好再加一瓶朗姆酒提提劲头？我想起传说中村民们的故事，觉得没法拒绝给他们买点喝的。

很明显，经停迭戈苏亚雷斯的船会带来固定的客流，因此阿尼武拉努的村民很了解他们的湖和相关传说具有的商业价值。然而我们仍然接受了邮政局长的提议。两天后，杰夫和我带着摄像机回到村子里。

我们在湖滩上找到了邮政局长。他正和其他几个男人在一起，旁边还有一头倒霉的牛被拴在树上。一群女人坐在不远处，像阿拉伯人一样披着颜色鲜艳的头巾。我们把饮料拿了出来。女人们立刻冲向那些柠檬水，朗姆酒则被邮政局长据为己有。

人们迅速而熟练地处理掉了那头可怜的牛。其中一个男人用一只搪瓷盘子盛了些牛血，带到湖边倒进水中。

女人们开始尖声歌唱，同时有节奏地拍着手。只过了几秒钟，距离岸边大约 50 码的湖水中冒出一块小小的黑色隆起。那是一条鳄鱼。

女人们的歌声变得更响亮。其中一个人扬起头，通过舌头的震动，发出一声凄厉的号叫。一名男子小心翼翼沿着通往湖边的斜坡往下走，将一大块牛肉投入浅水中。鳄鱼静静滑过水面，朝我们这边游来，在它的脑袋后方留下一条 V 形的尾迹。在它右方近处，又有一个小一些的淡黄色脑袋浮现。

第二块牛肉被抛入湖中，溅起水花。几分钟后，较大的那条鳄鱼已经来到岸边，鳞甲分明的背部和脊棱修长的尾巴有一半离开了水面。

为了拍得更清楚，我迫切地想要往下走，离它们近一些，然而邮政局长阻止了我。

"女人们不会喜欢的。"他说。

"不用理会那些女人。"杰夫一边说，一边瞥向他那台沉重的摄像机，明显是在思忖有多大机会迅速撤离。

第二条鳄鱼也爬了上来，和第一条并排在一起。它们的头浸泡在泥泞中，眼睛不怀好意地打量我们。

吞食祭品的鳄鱼

"有时候它们为了吃到肉，会直接爬到岸上来，"邮政局长说，"但是上个月我们已经举行了三次祭祀，所以它们可能不是那么饿。"

大一些的那条鳄鱼蹒跚向前，把头往侧面一摆，咬住了一块 1 英尺长的肉，然后滑回安全的深水中。它向上扬起头，露出一排锥形的白牙，令人望而生畏。它的双颚抽动着咬了三口，便将整块肉吞了下去。

女人们满意地高声呼喊。有了前一条鳄鱼做榜样，那条黄色的鳄鱼也大起胆来，叼走了它那一份肉。又有几块还带着皮的牛肉被扔了下来，其中一部分落在岸上，意在将鳄鱼从湖水中引出来。然而水边的肉块已经够多，足以让它们满意。半个小时过去了，鳄鱼吃饱了肚子，猛地一转身，然后缓慢而安静地离开，朝湖心游去。

从动物学的角度来看，这场仪式平平无奇，只能证明可以通过训练让鳄鱼在听到特定声音时产生对食物的期待。作为一种真正的马达加斯加传统，它似乎没什么价值，几乎被降到了旅游项目的层次。

然而，它从前也曾经是一种真挚的、情感深沉的仪式，这一点几乎可以肯定。在马达加斯加岛上的其他所有地区，人们都憎恨和害怕鳄鱼，因为每年都会发生鳄鱼杀人事件。因为这个缘故，鳄鱼遭到人们的无情猎杀。只有在这里，它们才能得到保护和喂养。除了宗教信仰之外，很少有其他源头因素会导致这种现象。

我确信，本地鳄鱼在今天仍然受到尊重，是因为它们可以带来一笔不小的收入。然而我同样觉得，对许多阿尼武拉努人来说，这些鳄鱼仍旧拥有那种笼罩着亡者转世传说的神秘色彩。

第十四章　变色龙、鹭与狐猴

接下来的一趟旅程，我们决定前往马达加斯加岛西北部。那里生活着多种狐猴、蜥蜴和其他众多动物，皆为该地独有。行程的理想中心点似乎应该是马任加港以南大约 70 英里处的安卡拉凡兹卡森林。值得高兴的是，乔治可以再次与我们同行，因为他想在那片森林中捕捉一些小蜥蜴，以丰富研究所的收藏。因此，回到塔那那利佛还不到一个星期，我们就开着那辆重获新生的路虎，满载辎重和胶片，再次上路。

这次行程充满了戏剧性。当天傍晚，我们在暮色中穿行于山间，最后来到一处山口。前面下方的山谷里，一道道橙色的火光纵横交织，让整个山谷有如一座灯火通明的海滨城镇。这里的人们点燃了荒野中粗粝的杂草和灌木，以便在雨季到来时，他们贪吃的牲畜不用费力就能啃到新生的多汁嫩芽。大片山坡已经被烧得焦黑。有好几处地方，不断推进的火线甚至跨过了公路，因此我们只能在火中穿行一大段路，两边都是高达 15 英尺的火舌。慑人的猎猎之声捶打着我们的耳鼓，辛辣的烟雾熏灼着我们的鼻腔。

上路后的第二天下午，我们抵达了安卡拉凡兹卡。乔治引着我们来到森林中的一座木屋。这栋房子相当大，有好几个房间，却处于半荒废状态。茅草屋顶上有破洞；墙壁上的泥块原先紧贴在木柱上，如今已经剥落。房子的一半由一名年轻的马达加斯加护林员和他的妻子居住。征得他的同意后，我们搬进了房子一端空出来的大房间。

馬达加斯加是避役科（俗称变色龙）的原生地。这种奇特的爬行动物最初就是在这里进化出来的，并从这里开始散布到整个非洲，以及其他大洲。即使在今天，马达加斯加岛上的避役种类也比岛外整个世界的都要多。这里有最大的避役，也有最小的，有颜色最鲜艳的，也有这个家族多种多样的成员中最奇异的。其中有一种名叫"布朗尼亚"（Brownia）的袖珍避役（侏儒枯叶避役），尾巴粗短，生活在地面上，体长不超过 1.5 英寸，很可能是现存的所有爬行动物中最小的。另一种则是避役科中的大个子，能够长到超过 2 英尺长。它与那些体型更为普通、通常以昆虫为主要食物的同类不同，不仅吃昆虫，还会吃幼鼠和雏鸟。在这一大一小两个极端之间，又有许

一只肯尼亚避役

多种避役具有形态夸张的装饰，例如尖尖的头盔、和公鸡一样的鸡冠、和独角兽一样的角、脖子后面的皮质披肩，乃至鼻端的一对覆盖鳞片的薄刃。

乔治拍着胸脯向我们保证，木屋周围的森林里有好几种独特的避役，并且数量众多。或许他是对的，但这些避役却没有那么容易找到。这并非因为它们那种人所共知的能力，即改变皮肤色彩以隐入周围环境，而是因为它们习惯在密密麻麻的树枝上纹丝不动——

它们的轮廓全无规则，让人极难发现。事实上，导致避役改变皮肤颜色的，更多的是它的情绪和环境光线强度，而不是背景色彩的改变。如果你捉起一只灰色避役，它会因为生气而变成黑色。如果你逗弄一只带斑点的绿色避役，怒火可能会让它身上突然出现黄色或橙色的条纹。通常而言，阳光越强，避役的色彩就越鲜明。到了晚上，或是身处关闭的盒子里时，大多数避役都会变得接近于白色。

这些惊人的色彩变化的原因在于，避役疙疙瘩瘩的皮肤上镶嵌着色素细胞，构成不同的色彩组合。在收缩状态下，这些细胞是隐藏起来的，避役身处黑暗中时就是这样；然而，在强光或是某种兴奋情绪的刺激下，这些色素细胞中的一组或是几组就会扩张，让它们的颜色（无论是红色、黑色、橙色、绿色，还是黄色）突然显露出来。

在发现一只避役后，要抓住它就很简单了，因为它不会快速移动。你只需要拿起一根小棍，让它位于避役攀住的树枝上方不远处，与之平行，避役就会傻乎乎地主动离开安全地带，从它原来所在的树上攀到你的棍子上。这样一来，你甚至不需要碰到它，就能把它带下树来。当避役位于最高、最细的树枝，远非我们的胳膊所能及时，这个办法格外有用。

然而，接下来你就得把它从棍子上捉下来，放进笼子里。这一步更吓人一些，因为你一捉住它的后颈，它就会以最愤怒的方式发出咝咝声，张大嘴露出喉部的亮黄色内壁，同时吸入空气，让身体充气并大大膨胀。这时的避役看起来十分可怕，你很可能需要安慰自己——避役对人基本无害，并且尽管它们在力所能及时也会马上狠狠咬你一口，但只有块头最大的种类才有足够力量咬破你的皮肤。

不过，避役最吓人的或许不是双颌，而是眼睛。它们的眼球几乎被鳞皮完全覆盖——这种鳞皮往往颜色鲜艳——只在中间留出一个小小的窥孔。这样一来，它的整只眼睛看起来就像是显微镜上的高倍镜头。避役可以让这种奇特的器官大幅度转动。因此，哪怕它在被你捉住时面朝另一方，它仍然可以从后颈方向目不转睛地盯着你看。更奇特的是，它的两只眼睛可以独立转动，也就是说，它可以用一只眼睛盯着你，同时让另一只眼睛望向前方，以图用前腿攀住你正要把它塞入其中的笼门。它的大脑是如何协调两只转来转去的眼睛接收到的变化画面的？这对我们来说还是个谜。

找了一两天之后，我们变得熟练起来，很容易就能发现蹲踞在灌木丛中和树上的避役。没过多久，我们就搜集到了十几只避役。这个数量其实是太多了，让喂食和容纳变成了一个大问题。我琢磨了一阵，最后想出一个办法，觉得它可以很好地同时解决这两个难题。

我在木屋里找到一只镀锌的铁皮浴缸，把它拖出来清洗干净。在浴缸中心位置，我立起一根高高的、带着小枝的干树枝，并在其底端堆上石块，让它能稳定地保持直立。接着，我在小枝上系了一两片生肉，再把浴缸灌满水。

我在做这件事时，杰夫还在湖边沐浴。他回来时，我的工程已经完成，就摆在木屋前门外，像是一盆过于夸张的日本花艺作品。不出所料，杰夫有点糊涂，于是我向他解释了这件东西的巧妙之处。

"我们有两点需要明白，"我说，"第一，避役吃苍蝇；第二，避役不会游泳。只要把它们放在树枝上，它们就只能待在那里，因为要想逃走就必须渡过水面。这样一来，我们就有了一只既宽敞又安全的笼子，同时它还不失美观。此外，它们也根本不会想到逃跑，因为这简直就是避役的天堂。生肉能引来大群苍蝇，为它们提供稳定的食物来源，同时还能让我们摆脱负担，不用每天早上辛辛苦苦去给它们捉上几百只蝗虫。"

杰夫恰如其分地表达了他的赞叹。我们一起把避役从各种各样的笼子里捉出来，放到树枝上。它们就攀在那里，怒气冲冲地彼此瞪视。我们则得意地坐下来，观看它们如何发现这个新家的种种好处。

有一两只避役从树枝上爬下来，观察了一下水面，然后退了回去。到现在为止，一切都如我的预想。然而，接下来它们都聚集到树枝顶端，排成一列，沿着一根水平方向的结实小枝前进，而这根小枝的尖端超出了浴缸边缘 2 英尺以上。它们一只接一只地从枝头跳了下去，就像跳水者从游泳池边拥挤的跳板上跃下。我目瞪口呆，因为我从未见过避役表现出任何跳跃能力。它们落在地面上，发出沉闷的撞击声，然后继续前行。它们高高抬起细腿，扭动躯干，努力想要以自己并不习惯的高速度爬行，一副自尊心受伤的样子。

我们把它们一只一只捉起来，放回树枝上。然而现在事实已经很明显：作为笼子，我的漂亮作品完全失败了。在为避役们提供食物方面，这套装置也毫无作用。我从来没有费心去留意如何才能让肉引来苍蝇——以前我总觉得只要把任何一块肉留在外面，几秒钟之内上面就会爬满苍蝇。然而，我悬挂在树枝上的肉片上，一只虫子也没有。

"太阳把肉烤干了，"杰夫说，"你该把它放在树荫底下。"

我们吭哧吭哧地把浴缸和树枝挪到一棵树下，然而还是没有苍蝇光顾。

"风太大，"乔治表示，"除非风停了，否则苍蝇是不会来的。"

我们又把所有东西都搬到木屋的背风面。这里既有荫凉，又没有一丝风，然而我们仍然一无所获。最后，我在肉上涂抹了蜂蜜。同样失败之后，我放弃了。我们把避役放回它们各自的笼子，重新回到湖边的草地，辛辛苦苦地为它们捕捉蝗虫和蟋蟀。

捕捉到足够的昆虫需要花费大量时间，但回报也是丰厚的，因为避役进餐的场景相当吸引人。如果你把一只蟋蟀放在距离避役大

捕食的避役

约 1 英尺远的地方，那么后者只会转转眼睛。但只要那虫子动一动腿，或是晃一晃触须，避役立刻就会警醒。它会慢慢向蟋蟀爬过去，身体笨拙地左右摆动。这种动作或许能帮助它计算距离，而精确的计算至关重要。当避役觉得猎物已经进入其捕捉范围之内——此时它与虫子的距离可能还有 1 英尺——它就会前倾身体，缓缓张开嘴，长长的舌头像箭一样疾射而出。一旦其富有黏性的尖端触及那只蟋蟀，舌头就会收缩，把虫子带回来。在一通从容得让人害怕的大嚼之后，它才会用力吞咽，把口中那还在挣扎的扎嘴猎物吞下肚去。

避役的舌头是一种了不起的工具。就形状而言，它是一条管子，通常会卷成一团，藏在喉咙后部。舌头的主人要使用它时，就会突然收缩管壁的环状肌肉，让它在转眼间从短短的一团变成细长的棍状。

只要昆虫位于一定距离之外，避役的舌头就是极为有效的武器，但在更近的距离，舌头的作用反而会受限。有一次，一小块蝗虫碎片贴在了我们的避役中个头最大者之一的上唇上，让它十分恼火。在近五分钟的时间里，它一直想控制自己的大舌头，让它卷起来舔下碎片。然而这种努力可笑地毫无作用。最后它只得放弃把这块碎片吃到嘴里的一切想法，在一根小枝上把碎片蹭了下来。

我们每天早上给搜集到的避役喂食。这时候，护林员、他的妻子或其他路过的人往往会面带惧色地在旁边观看。我们的愚蠢让他们震惊。在他们看来，这些动物不仅有毒，还极为邪恶，哪怕只是碰一碰它们，都是疯狂的行为。无论我们怎么说，他们都不肯改变

一只头盔避役

自己的看法。在从安卡拉凡兹卡返回的途中，当地人的这种信念反而让我们得了好处。有几天，我们不得不在马达加斯加中部的一些小镇上过夜。其中一个早晨，我们刚走出旅馆，就沮丧地发现有小偷光顾了我们的汽车。为了打开车门，他们砸碎了一扇车窗。还好，他们没有理会那些昂贵而无法被替代的摄像机、胶片和录音设备，只偷走了我们的食物和一双破旧不堪的羊皮鞋。然而，我们没办法修好那扇车窗，因此也就没办法真正给车上锁。解决办法很简单：汽车后厢塞满了行李，每天傍晚，我们就把个头最大、颜色最吓人的一只避役挑出来，放在行李堆中的一只摄像机箱子上。我们把它留在那里，让它凶狠地转动眼睛，四处瞪视。从此再没有人来动我们的汽车。

———

离开排列有序的桉树和木棉种植园之后，我们进入了一片荒蛮、浓密、乱如织网的林地，并开始在这片森林的腹地寻找褐美狐猴——这是吸引我们来到安卡拉凡兹卡的主要目标之一。按理说它们十分常见，但一开始我们很难发现它们的踪迹。没过多久，我们就发现了原因所在。在森林里的一片空地中央，有一根粗实的木桩插入地面。木桩上面伸出三根杆子，类似一只巨大的水平车轮上的辐条。这些杆子的末端伸入空地周围的树林。三株纤细而弹性十足的小树被系在中柱上并被拉低，正好让树梢上悬挂的绳套垂于每根杆子上方，大大张开，并被一个简单的机关固定在这个位置。这套装置的作用方式不难想象：褐美狐猴主要在树上生活，厌恶地面活动。当它们穿行于林中，需要越过这片空地时，它们会选择沿着横杆爬过去。一旦它们的头穿过绳套，它们的前腿就会触发机关。当被拉弯的小树弹回原位，狐猴便会被拉向半空，吊在树梢上，直到猎人赶来切断绳索，杀死它们，以充肉食。

所有狐猴都受法律保护，因此这个陷阱是非法的。我们欣然帮助乔治摧毁了它。然而，这个陷阱的存在说明了一件事：不论偷猎者是谁，他们必定研究过狐猴的习惯，并将陷阱设在了他们知道狐猴可能出现的地方。显然，我们寻找褐美狐猴的最佳地点就在这附近。于是我们架好摄像机，坐下来开始等待。

我们并没有等太久。没过一个小时，我就听到一阵叽喳声。循声抬头望去，在树枝构成的网罗间，我看见一只小小的褐色动物，其面部为黑色，腹部则是琥珀色的。此时它正向下窥视着我们，并

站在非法陷阱旁的乔治

且愤愤不平地摇着尾巴。它的个头和体形都类似一只大臭鼬，但看上去更壮实。没过一会儿，十几只这样的小家伙出现在那些树枝上，狐疑地盯着我们。除了杰夫为了拍到特写画面而需要更换镜头，我们没有任何动作。过了大约十分钟，它们似乎对我们失去了兴趣，成群离开。它们在树枝上的奔跑动作敏捷得有如松鼠，然而在跳跃时却比松鼠笨拙得多，起跳时明显全身绷紧，落下时体态笨重，四肢同时着地。有几只狐猴是雌性，背上背着小狗大小的幼崽，动作也受到影响。其中有一只大约一岁大的小家伙，它此前一直自顾自地到处蹦蹦跳跳，在大伙儿离开时却想攀到一只成年狐猴的背上。那只成年狐猴或许是雌性，它粗暴地拒绝了小家伙的非法搭车行为，转过身来使劲一击，打在后者脸侧。两只狐猴为此搏斗了一会儿，其他伙伴则从它们身边跑了过去。雌狐猴似乎不想被落在后面，也转身就跑。这时那个小家伙快如闪电，环抱住雌狐猴的胸膛。当它们消失在树叶间时，它似乎已经稳稳地搭上了便车。

然而这群狐猴并未走远，我们仍能听见它们在不远处的树枝间乱哄哄地打闹。杰夫从脚架上取下相机，跟了过去。或许让他独自前去是最好的选择，因为再加上我们两个，只会造成不必要的干扰。十分钟后，杰夫回来了。我一时间以为他是不是突然发烧，病得厉害——他的脸发白，身体不受控制地抖个不停。他也不知道自己是怎么回事，但乔治立刻反应过来：杰夫不小心闯进了一丛长满蜇人毒毛的灌木丛。乔治赶紧把他带到一条溪流边，帮他清洗。到他完全恢复正常时，时间已经过了整整一个小时。当天，在离开之前，我们三个人又返回原地，去找那丛有毒的灌木。乔治把它指给我们看，让我们记住它看起来无毒无害的样子，以便在将来见到它时避开。

在找到褐美狐猴的出没地之后，拍摄它们就一点也不难了。这些狐猴都很好奇。只要我们不走得过分近，不去挑战它们的忍耐力，它们就会允许我们连续观察好几个小时。从它们四脚着地的步态和躯干修长轻盈的普遍外观来判断，你或许会认为它们与鼬、獴或是灵猫有亲缘关系。只有看到那与人类相似的手脚，你才会想起它们与猴类是近亲。

它们在树间嬉闹，毫无顾忌地互相大叫大嚷，兴奋地将尾巴甩来甩去，看起来天不怕地不怕。若有一大群褐美狐猴穿过森林，那它们看上去就像一群海盗般的、耀武扬威的匪徒，要去祸害那些更温和、更安静的林间动物。实际上，它们几乎是纯素食动物。我确曾看到一只褐美狐猴把头钻进树枝上垂下的一个野蜂窝，努力掏挖，然后坐下来舔它那黏糊糊的手指，然而它们的主食仍是树叶、花朵、嫩枝上的绿树皮，当然还有最重要的水果。它们每天都会来到森林中央的一株高树上，大吃挂在那里的多汁的金黄桸果。时间一长，我们便定时在这株树下等待它们，也在这里拍到了关于它们最有趣、最生动的画面——进食、吵闹、在叶间相互追逐。观看它们是一件乐事，因此，当清点完胶片筒，发现我们已经拍到了足够播放一小时以上的内容，因此是时候把注意力转移到其他目标上之后，我发自内心地感到遗憾。

第十五章　狗头人

　　在 16 世纪和 17 世纪的那些博物作家以富于想象力的细腻笔触所描述的异兽中，除了龙、蝎狮、九头蛇和独角兽，还有库诺刻法鲁斯，也就是狗头人。据称库诺刻法鲁斯直立行走，总是身穿毛茸茸的外套，手脚形似人类，但异常巨大。他的身体比例与人相似，也没有尾巴，但脸上长着獠牙，有着像狗一样突出的吻部。

　　马可·波罗声称狗头人居住在安达曼群岛——"我告诉你们，这座岛上的所有人都长着狗头，牙齿和眼睛也与狗相仿。只从脸来看，可以说他们和獒犬并无区别"。在写于 17 世纪初的著作中，杰出的意大利百科全书编纂者阿尔德罗万杜斯则描述了这种异兽令人困惑的一种特征。他写道：根据一些权威的说法，狗头人喜欢先把自己泡在水里，然后在灰土中打滚。重复这样的步骤，他就能获得一副既坚韧又有魔法的铠甲。敌人投来的矛枪无法伤害他，反而会弹回去，准确地刺中进攻者。

　　早期博物学家笔下的离奇故事并非全都毫无根据。随着对世界的认识加深，我们在真实动物身上找了根据古老传言编造出来的种种怪物的源头。关于这些动物的存在，我们有了种种佐证——第一手报告、目击者的绘图，还有被带回欧洲，在博古架上展示的皮毛和骨骼。脖子长得不可思议的离奇鹿豹的原型是长颈鹿；原本被用

阿尔德罗万杜斯笔下的狗头人（1642 年）

来证明独角兽存在的长角其实来自独角鲸；美人鱼的传说比大多数怪物都要悠久，然而最终被我们与海牛联系在一起。狗头人的故事也得到了解释——他被我们等同于狒狒。

对我来说，这种等同关系一直不能令人满意。的确，狒狒的头与狗非常相似，但哪怕最厌恶人类的人，也不会认为狒狒的粗壮躯干有任何像人的地方。这种野兽一般四足着地，有一条尾巴（尽管根据种类不同而长短有别），和古代的狗头人画像也几乎没有相似之处——在那些画里，狗头人通常是直立的，腿和躯干一样长，也没有尾巴。

当然，狗头人的传说或许别无源头，而仅仅是出自某种可怕的想象。无论是独眼巨人，还是眼睛和嘴都长在胸口上的怪物无头人，都是这样的例子。尽管关于狗头人的传说流传广泛，既见于阿拉伯水手的记载，也见于欧洲人的文献，但是没有人能充分证明他的原型是某种真实存在的动物。然而，一个无法否认的事实是，马达加斯加的一种狐猴与古代的狗头人图画极为相似。它是所有狐猴中体型最大的一种，和冕狐猴是近亲，也是唯一一种没有长尾巴的狐猴。它就是大狐猴。

离开伦敦前，我曾经努力尝试了解这种与众不同的动物，想要找到尽可能多的信息。关于它们的解剖结构的资料并不难找。大狐猴的直立高度超过 3 英尺。尽管它初看上去好像没有尾巴，但实际上还是有一条短短的残余尾巴，就藏在它那身浓密而光滑的皮毛中。按照一份记载中的说法，"这条尾巴只有用手摸才能发现"。它的吻部是黑色的，不长，也没有毛发。它有一双大耳朵，手也很大，其长度为宽度的六倍。大狐猴似乎有不止一种颜色。有的作者说它是黑色的，有的作者说它黑白相间，还有些人声称它长着一身羊毛似的厚毛，色彩鲜明，如同黑色的天鹅绒。它的臀部有一块白斑，一直延伸到背部，呈三角形；躯干两侧颜色偏黄，大腿和上臂则略带灰色。

然而，详细了解大狐猴的习性和行为则要困难得多。权威人士的说法往往也莫衷一是。有的人声称这种动物只在白天活动，另一些人则认为它"和其他狐猴一样"是夜行动物。我们已经知道许多狐猴是在白天活动的，因此不必理会后一种说法。有报告称，大狐猴穿行于林间树上，靠的是后腿的惊人弹跳力；然而我在博物馆的公开展览中找到的唯一标本却被设计为一只手吊在树枝上，仿佛它是猿类。大多数著作确信大狐猴几乎是纯粹的素食动物，但也有一小部分著作补充说，当地人会驯化它们，用它们来捕捉鸟类。对一种以树叶和花瓣为食的动物来说，这种行为似乎太过出人意料。

以上种种描述全都不是源于第一手的观察。这并不奇怪，因为从来没有人将大狐猴活体带入英国。关于圈养大狐猴的唯一记录来自二十多年前：当时有十只大狐猴被送到巴黎，却在一个月之内全部死亡——可能是因为它们的树叶食谱太过特别，动物园官方无法找到合适的替代品。

在寻找关于野生大狐猴的详细观察记录时，我最终发现了法国人索纳拉*在 1782 年留下的记述。他是第一个描述这种动物的欧洲人。根据他的说法，大狐猴大致上通体为黑色，眼睛则是白色的，闪闪发光，叫声类似儿啼。接下来他这样写道："indri 这个词在马达加斯加语中的意思是'林中人'；这种动物十分温和；马达加斯加岛南部的居民会捕捉幼年的大狐猴，像我们训练狗一样训练它们，用于打猎。"

在这份记载中，我至少发现了那个狩猎故事的源头。然而身为一名观察者，索纳拉早有轻信的名声。在前往新几内亚搜集香料植物种子时，他曾兴奋地声称极乐鸟以天上甘露为食的传说确有其事。因此，退一步来说，他关于大狐猴被用于狩猎鸟类的说法也不完全可靠。然而，近两百年来，这种说法在各种著作中多次出现，却并没有得到进一步的验证。就连他给这种动物冠的名字也是明显的误用——indri 一词的意思根本不是"林中人"。马达加斯加语中，大狐猴的名字其实是"巴巴库图"（babakoto）。或许，索纳拉的向导在指向那只位于树上高处的动物时的确喊了一声"indri"，因为这个词的意思不过是"看，就在那里"，而索纳拉以为这是本地人对这种动物的叫法，便将它记录下来。**科学界遵从首先冠名者优先的原则，因此便沿用了这个名字。

我查阅的各种参考资料中相关内容寥寥无几，它们在讲述大狐

---

* Pierre Sonnerat（1748—1814），法国殖民地官员、博物学家。——译注
** 认为 indri 这个名字源于索纳拉的误听是一种流传已久的解释，但今天的动物学家普遍认为它是错误的。indri
　一词更可能来自马达加斯加语中对大狐猴的另一种称呼，即 endrina。——译注

猴的自然历史时也往往彼此抵牾。然而，关于土著信仰中涉及这种动物的内容，它们却提供了数量众多、各式各样的信息，堪称详尽备至。有一份资料描述了新生大狐猴幼崽面临的危险：当雌性大狐猴准备分娩时，它会从树上爬下来，到地面寻找安静隐蔽之处，而它的配偶则会坐在附近的树上；幼崽生下来之后，母亲会把它向上抛去，让雄狐猴接住它，而后者又将它再次扔回来，双方就这样来回抛接幼崽。如果小家伙能挺过这样的对待，它从此就能得到母亲的照料和慈爱；如果父母中有一方失手，让幼崽落到地面上，它们就会抛弃它。

另一个故事是对想捕捉大狐猴的猎手的警告：如果你向大狐猴投出一支矛，它能伸手将矛接住，再向你投回来，力量巨大且从不失手。这与阿尔德罗万杜斯关于狗头人的记载形成了有趣映证。

然而，所有权威文献似乎都认同一点，那就是土著人对这种动物有着迷信式的崇敬，它们还引用种种民间传说来证明这一点。其中一个故事尽管是虚构的，却引人入胜，并且与当下动物学界关于高等哺乳动物进化过程中大狐猴所处位置的看法相映成趣。故事的主角是一对在森林中漫游的男女。过了一段时间，女人生下了数量众多的儿女。孩子们长大之后，其中一些天生勤劳，开垦森林，种植稻米，另一些仍然只以野生植物的根茎和叶子为食。随着时间的流逝，前一批人开始互相攻伐。剩下的人吓坏了，躲在树梢上，想要维持安宁的生活。这前一批人就是人的先祖，而后一批人就是最早的大狐猴。因此，人类和大狐猴是亲属，有着共同的祖先。显然，像猎捕普通动物那样猎捕大狐猴是不可接受的，所以人便不去打扰它们。根据传说，大狐猴也承认这种亲缘，因为它们时常帮助人类。它们曾经在盗匪将至时发出喊叫，以警告村民。在另一个故事中，一个人想要采集野蜂蜜，他爬上林中的一棵树，却被蜂群围攻，被严重蜇伤。因为眼睛几乎看不见了，他从树上滑落。然而，当他在下落过程中穿过树枝时，一只大狐猴接住了他。这只野兽静静地帮助他回到安全地带，然后才消失在林间。

此前我们尚未有机会见到大狐猴，因为它们只生活在马达加斯加东部森林中的一个特定区域。这个区域北至安通吉尔湾，南至马苏拉河。后者在马达加斯加岛东岸中部注入大海。这种分布区域的有限性本身就不同寻常。中部高原的童山秃岭对大狐猴的西进确实构成明显阻碍，但我们很难解释它们为何不出现在更靠北或更靠南的地区。马达加斯加岛东部这条狭长的森林带与海岸线平行，无论向南还是向北都超出大狐猴分布区域上百英里，并且几乎没有什么变化。事实上，冕狐猴和它们那喜欢夜行的近亲毛狐猴既与大狐猴共享森林的中段，也分布于森林的其他区域。或许，森林中段某种树木的果实或树叶是大狐猴食谱中不可或缺的；但就算真是这样，到目前为止还没有人找到这种树。

无论是通过公路还是铁路，大狐猴的分布区域都很容易到达。这两条交通线穿过森林中部，连接塔那那利佛和东海岸大港塔马塔夫，并且在许多路段都相伴而行。铁路大部分时候是单轨的，只在大约位于半程位置的小村庄佩里内例外。在佩里内，这条铁路有几百码的长度是双线。从首都出发的东向列车和从港口出发的西向列车在这里错车，然后沿着单轨各自继续向前。为了让火车旅客能够歇脚，铁路公司贴心地在此建了一座大旅馆。别人告诉我们很少有人在这里住宿，理由也很简单——这一带什么都没有。不过，我们要是想住的话，这里倒是有房间。显然，从这里开始寻找大狐猴再好不过。

我们沿着塔马塔夫公路离开塔那那利佛。这条路是全岛最好的碎石公路，而我们的车也已经重获新生，所以我们一路飞驰。头一个小时里，我们穿过的是中部高原的光秃山岭。春雨已经浇透了这些山丘每条褶皱上的稻米梯田。人们正在泥泞的水中走来走去，插下秧苗。40英里之后，公路沿着高原东沿的陡坡转折而下。下降数百英尺后，我们便进入了一片树木茂密的山丘。三个小时后，我们终于到达了佩里内。这个村子很小，由集聚在铁路沿线的一些棚屋组成。在附近的森林中还有一座铝土矿、一座伐木营地和一座间歇开放的护林员培训学校。然而，这些设施在村里是看不见的。全村的核心建筑便是那座旅馆。那是一座砖房，有两道宛如蹙眉的屋檐，仿佛一栋放大了的瑞士小屋。看上去，它能容纳上百名住客，然而我们抵达旅馆时外面并无列车等候，宽敞的餐厅空空荡荡，寂静无声。

光亮的木地板上回荡着我们的脚步声，声音大得让人有些尴尬。我们心怀歉意，咳嗽了一两声。几分钟后，大厅另一头的一扇门打开了。出乎我们意料，里面走出的竟是一个光彩照人的姑娘。她穿着一件式样时髦却质地一般的丝质家居服，几乎难以遮掩她的丰满身材。她的嘴唇涂得很红，睫毛也用睫毛膏刷过，但是整个人很明显还没有完全醒过来，虽然现在已经时近中午。她踩着一双新款式的高跟鞋，步履不稳地朝我们走来，一边眨着惺忪的睡眼，一边整理着自己向上梳起的发型。

然而我们后来才发现，雅尼娜可不是一般的旅馆经理。几个月前，她还是塔那那利佛的一名模特，并且拥有一间带酒吧的时尚宾馆。根据她的隐约暗示，她是因为"一桩大丑闻"才被迫离开首都的。她退隐到佩里内，当起了旅馆老板娘，但她并不喜欢这里，为自己的背井离乡感到极为失落。我们逗留期间的每个傍晚，她都借着干邑白兰地的劲儿向我们揭示关于这桩"丑闻"的更多细节，还会拿出剪贴簿上的照片作为佐证。看起来，她如果不离开首都，将会导致灾难性的政治后果。

不过，这些都是我们过了一段时间之后才了解的事。眼下的雅尼娜太过困倦，无心闲谈，倒是花了不少力气来确定我们不是因为搞错了才来到佩里内，并不需要搭乘中午的火车前往塔那那利佛或是塔马塔夫，而是自愿在她的旅馆里住上十几天。

我们好容易才说服她，事实的确如此，然后卸下行李，开车前去拜访常驻此地的林务官。这位林务官在培训学校附近有一座房子。他是法国人，年纪虽大，脸色却还红润，头发剪得很短。在与他的交谈中，我们所获不多，这主要是因为他的假牙丢了，让我们很难听懂他的话。听起来，他的健康状况不佳，没法亲自带我们去查看这片森林中最可能有大狐猴的区域。作为替代方案，他建议我们向米歇尔求助。后者是马达加斯加人，也是他的副手之一，在距离此地半英里的几座鱼塘那里负责养殖罗非鱼。

我们找到了米歇尔。他是个开朗的年轻人，戴着一顶大如小伞的遮阳帽，正在监督一座鱼塘的排干工作。他告诉我们，"巴巴库图"在这里很常见，他经常听到它们在近处的林子里大呼小叫。如果我们愿意的话，现在就能出发去找它们。他抛下了正在排水的鱼塘，带着我们走上了一条满是泥坑水洼、曲折通往森林深处的小路。这条路是一组组林务员很久以前开辟出来的，以便把值钱的硬木木

马达加斯加东部的雨林

291

料拖下山。然而直到今天，砍树工程都没有启动，丛林一如从前，依旧静谧。

我们一路跟随米歇尔进入幽暗的密林，情绪也越来越低落。如果这就是大狐猴喜欢居住的典型区域，那么博物学家很少看到它们也就不奇怪了——我们从未见过这样浓密的丛林。在最高的树冠构成的树叶穹顶之下，一丛丛摇曳的竹子吱呀作响，弯曲的树蕨顶着巨大叶片组成的伞盖，棕榈科植物擎起表面光滑却又零零碎碎的扇叶，一排排纤弱的树苗以不可察觉的速度向着天光生长。一些高树上伸出屋椽一样的横向树枝，上面寄生的一株株兰花缠绕树干，如同常青藤。藤蔓随处可见，从一株树爬向另一株树，将整片森林连成一张紧密纠缠的罗网。看起来，在这里拍到东西的希望相当渺茫。这里不仅阴暗，而且植被太过茂密。如果要拍摄的动物不在几码的范围之内，我们就很难获得良好的拍摄视野——除非运气特别好。

话说回来，生活在这片森林里的动物无疑数量极多。青苔覆盖的卵石之间流淌着一条小溪，从那里传来阵阵聒噪的蛙声。就在溪流中一处深褐色的池塘上空，几只曲颈瓶一样的鸟巢悬在一枝晃晃悠悠的棕榈叶末端，长着黄色脑袋的织巢鸟正在上面忙着编织。在树上高处，花蜜鸟忙着寻找花朵，好吮吸其中的花蜜。它们发出高频的嗡嗡声，让我们为之侧耳。在各种鸟儿的混乱大合唱中，我们能分辨出许多在马达加斯加岛其他地区听熟的音符。这里有冠卷尾、绣眼鸟、薮莺、鹦鹉，还有鸠鸽，只是不知道它们身藏何处。我停下脚步，站在那里，想从这片混响中理出头绪。就在这时，让人脊背发麻的诡异号叫声突然传来，所有的鸟鸣都黯然失色。

"巴巴库图。"米歇尔得意地说。

这是震耳欲聋的噪声。索纳拉曾将之描述为儿啼，尽管远不足以达意，但它仍是我所能想到的对其音质的最佳比喻。然而，他的描述却让我对这种啼鸣的音量毫无准备。哪怕是一群精力最充沛的小孩子加起来，发出的噪声也不及这种叫声的十分之一。我能听出，有好几只个体加入这场合唱，每一只都以古怪的方式凄号，那是一种时高时低的滑音，如同猫儿叫春。

这声音实在太过响亮，让我们无法不认为这些动物近在咫尺。我们眼巴巴地在密如围篱的树干和重重帘幕般的树叶之间搜寻，心想那些大狐猴必定就藏身其间，不为我们所见。然而我们一无所获，既没有看见一点皮毛，也没有看见闪烁的眼睛，甚至连一丝可能暴露它们踪迹的枝叶颤动也没有发现。突然间，号叫声归于沉寂，一如它刚才的遽然而起。接着，蟋蟀、蛙类、马岛寿带和鹦鹉的声音再次传入我们耳中，如同音乐厅里听众在一部交响乐的两个乐章之间发出的吟唱，听起来比刚刚停歇的洪亮合唱微弱许多。

然而我们仍然振奋不已。如今可以确定了，这里有大狐猴。接下来米歇尔的话让人越发鼓舞。

"总是这样，"在返回鱼塘的路上，他对我们说，"它们总是同时开始啼叫。它们习惯每天在同一时间到同一个地方来，明天还会来。你们要早点过来，带上摄像机。或许到时候运气会好一点，能看到它们。如果它们不叫，我们可以模仿它们的声音来呼唤。一般来说它们都会回答。"

这番话听起来很有道理，于是我们心满意足地回到旅馆。当天傍晚，我们在那座回音不绝、有如谷仓的餐厅里喝着干邑白兰地，向雅尼娜讲述了我们的好运。她报以无谓的笑意，将话题带回了塔那那利佛那些错综复杂的丑闻，又不断向我们打听巴黎的最新时尚。

第二天早晨，我们按照米歇尔的建议，带上设备，沿着那条小路返回森林。然而这一次我们既没有看见大狐猴，也没有听见它们的声音。我们尽力模仿它们的号叫，林间却没有传来回应。我们也尝试了探索周边区域，但五分钟后我们已经可以确认这样的努力没

在东部森林中寻找大狐猴

有什么用处，因为丛林太过浓密，我们走不出几码远，就会弄出太多响声。哪怕大狐猴在附近，它们也会被这样的声音吓走。我们似乎别无选择，只能指望坚持和耐心。每一天，我们都返回同一地点。每一天，我们都在等待两三个小时之后又发出模仿的呼号。就这样，我们渐渐熟知了周围每一种鸟儿的叫声，却一直没能找到我们的主要目标。

我们连续坚持了六天。到了第七天，我们的耐心终于消磨殆尽。当天，我们整整等了三个小时，仍然没有看到或听到任何有关大狐猴的迹象。我开始想要不要再召唤一次。就在这时，杰夫碰了碰我的胳膊。

"嘿，"他低声说，"我猜有一只雌性大狐猴就藏在那边那棵树上。它腿上坐着一只小家伙，它还在说：'看，下面有两只奇怪的动物。他们喜欢每天同一个时间到同一个地方来，还总在同一个时间开始唱歌。再过一分钟他们又要唱了。'"

于是我也失去了兴趣，不想再把我对大狐猴叫声的拙劣模仿重复一遍。

第十六章　森林中的居民

　　老实说，我已经开始失去信心，觉得或许我们永远也找不到大狐猴了。米歇尔说它们的行为很有规律，但我们一次又一次费力地扛着录音机、摄像机和远摄镜头，从鱼塘沿着那条小路走进森林，却再也没有听见过大狐猴的号叫——即使听见了，也是从远处传来的。或许，它们来到森林的这片区域歌唱是一次性的行为，是对它们的日常路线的一次偏离；然而更有可能的是，或许它们因为我们每天出现而受到了惊吓，选择前往林中的另一块地方睡觉和进食。或许我们应该主动探索。

　　在公路的对面，伐木工已经开辟出另一条相似的森林小道。那里看上去和这边同样有希望，而我们对那里的初次打探也的确小有收获。有一次我离开道路，朝一株倒下的树走过去。那里有一小片阳光，来自这棵树倒下后在森林树冠层留下的空隙。当我拨开一丛

296

齐腰高的、湿漉漉的灌木，小心翼翼地想要看清落脚点时，我发现自己差点踩上一堆大小如高尔夫球的东西。这些小球泛着亮闪闪的橄榄绿色，差不多有二百个。我刚拾起一个来，它的一侧便开了一条缝，露出大约二十对疯狂舞动的腿。接着，这只动物展开了身体，伸出一对多节的触角，毫不犹豫地沿着我的胳膊往上爬。它看上去像是生活在英国人花园里石头下的潮虫（鼠妇），只不过大了许多。这种外形上的相似实际上具有欺骗性。它并不是一种潮虫，而是一种奇特的马陆。我无法理解为何会有这么多马陆聚集在同一个地方，但我确信它们一定能为伦敦动物园的昆虫馆增添不少光彩。于是我们把它们装进袋子，带了差不多一百只回到旅馆。

毫不意外，雅尼娜被吓坏了。我向她保证这些马陆完全无害，其一生中所做的最大坏事也不过是啃食腐败的植物。然而，当我放在桌上的那只活动起来，伸出它那许多对小腿时，雅尼娜发出一声吓人的尖叫，跳起来跑向厨房。

我们把它们全部装在一只用铁丝网封口的大木箱里，往里面塞满苔藓和腐坏的木芯。到了晚上，安置它们的最佳地点似乎应该是我的卧室角落。我也只觉得它们是最安分的陪伴者。然而，当我关掉灯准备睡觉时，它们醒了过来，精力十足地开始彼此推挤和攀爬。它们在铁丝网上爬得沙沙响，在箱子的粗糙面蹭来蹭去，在啃食木芯时弄出很大的响动。这一切声音混在一起，嘈杂得让人心烦意乱。但我不想再费力气，打定主意不去下床把整只箱子搬到外面的车上。于是我用枕头捂住脑袋，终于还是进入了梦乡。

天刚亮，我就睁开了眼睛。现在可以确定了，马陆对逃脱的热情远超我的预计。那张铁丝网根本没有对它们构成阻碍。我的房间地板上已经有了三四十条虫子，它们全都蜷成一团，正在睡觉，就像一个个闪亮的大弹子球。我打开门，才发现数量几乎同样多的马陆已经从门缝爬了出去，此时正散布在整条通道里。我很清楚雅尼娜看见它们会是什么反应。还好，离旅馆的第一个员工来上班还有一段时间，离雅尼娜本人为了喝咖啡而现身更是还有好几个小时。我还有时间把它们捉起来放回去，不会让任何人知道这些虫子已经在旅馆里晃荡了一夜。

第二个晚上，这些虫子就在车里过夜了，箱子外又多了一层铁丝网。然而麻烦并未就此结束。我不敢把前一个晚上的事告诉雅尼娜。可是，当旅馆的女佣发现布草房、餐具室和浴室都有马陆出没之后，我以为雅尼娜能推断出这些虫子来自何处。其实我并不需要担心。面对这场对她的旅馆的可怕入侵，她坦然接受，仿佛这只是又一个证据，正好证明如果缺少塔那那利佛的光辉照耀，生活将是多么肮脏、野蛮和原始。

马陆并非我们的唯一收获。过了几天，林务官开着他那辆漂亮的大轿车来到旅馆门口。他正要去20英里外的一个城镇开会，刚出门时却在路上看到有人带着一只才抓到的马岛猬。他没有忘记我们，花了几个法郎从那些人手里把那只马岛猬买了下来。因为手边没有笼子或袋子，他便把它放进了汽车后备箱。他告诉我们：这不是一只像刺猬一样的小家伙，而是无尾马岛猬，也就是真正的大马岛猬，

298

毛茸茸的，足有兔子那么大；此外，这一只还特别活跃，特别凶猛。我们站在那里，打量着他的车尾。现在我们已经很清楚，后备箱里的那个家伙很可能正露出牙齿等着我们呢，在真正得到它之前，还要冒不少险。

在我们凑齐一双手套、三只袋子和一只空笼子之后，林务官才小心地把后备箱盖掀起1英寸。我想窥视里面的情况，可是那里太黑，什么也看不见。他把盖子掀起2英寸，我还是什么也看不见。于是他先提醒我们要毫不犹豫地大胆扑上去，然后才把盖子整个掀开。杰夫和我立刻冲上前，却发现后备箱里没什么东西可让我们捕捉。我们慎之又慎地挪开工具袋和千斤顶，最后连备胎也拿了下来。法国人目瞪口呆：后备箱里真的什么也没有。

无尾马岛猬

接着，我们听见底盘深处传来一阵窸窸窣窣的声音，大约来自前后挡泥板之间。可怜的马岛猬钻进了汽车的核心部位，就好像来到了一个全金属的星球。

此时，我们周围已经有了一群好奇的同情者。因此，当我提出抓到这家伙的唯一办法就是拆掉车内的衬板时，我们并不缺少帮手。那只看不见的马岛猬在它的囚笼里不断弄出声响，催促我们赶紧动手——尽管要确定声音到底来自哪里并不容易。有两个人没能抢到在车厢里使用螺丝刀的前线位置，开始琢磨是不是可以拆掉一扇车门。很明显，他们期待我们采取这个办法，就像想要拆散一件玩具的孩子那样急切，但我们想不出这如何能帮助我们找到那只倒霉的马岛猬。正在这当儿，林务官叫停了这些人打算把他的车大卸八块的计划。他说自己已经受够了，想要出发去开会，建议我们忘了那只藏在汽车底盘里的野兽。

我告诉他，那样做是最糟糕的。我们已经充分证明：就马岛猬目前所在的位置而言，如果不大量使用气焊切割，我们是没法把它救出来的。如果他就这样把车开走，让那个可怜的家伙在车里颠上个把小时（车在太阳暴晒下还会越来越热），它可能会送命。那样一来，光是散掉臭味就要一个星期左右，在那之前这辆车几乎没法使用。有个好得多的办法，那就是他把车留在这里，关上后备箱，和我们一起到旅馆里喝杯咖啡。或许只要没人打扰，马岛猬就会从底盘里那个肯定极不舒服的藏身处爬出来，回到相对宽敞的后备箱。我敢肯定，两个地方之间肯定有条通道——不论多么曲折——否则它一开始就钻不过去。

林务官先生明显很恼火，因为他的当日计划被完全打乱了。不过他还是觉得我的论证很有说服力，表示同意。

两个小时后，我们轻轻地再次打开后备箱。那只马岛猬正坐在最里面，无忧无虑地梳理着皮毛。它的体型跟一只大豚鼠差不多，有一只长得令人发笑的锥形鼻子，还有密密麻麻的胡须和绿豆一样的眼睛。它身体的后半部十分肥硕，却以垂直于地面的线条截然收尾。我们赶紧扑了过去。转眼间，它就进了我们的便携笼。它先就着一只水罐贪婪地喝了一气，然后毫不客气地享用起一堆新切好的牛排——那还是我从雅尼娜的厨房里偷偷拿出来的，当然，得到了厨师的默许。

塔那那利佛动物园里已经有了我们在伊胡特里湖捕捉的多刺马岛猬，但能得到这个不一样的物种，我们还是格外高兴，因为我们先前捉到的那些看起来毫不出奇，完全就是些迷你刺猬，而这一只——也就是大马岛猬——完全不同。我们可以说它的外表平平无奇，但同样可以说它与我们熟知的任何动物都不相似。此外，大马岛猬还有一点特别与众不同——它们每胎生下的幼崽数量比其他任何胎盘类哺乳动物都要多。一胎十五只的情况并不少见，还有一胎二十四只的不寻常纪录。此外，人们还曾在解剖一只怀孕的雌性大马岛猬时，在其子宫内发现三十二个胚胎。

然而，在马达加斯加人看来，大马岛猬的主要价值就在于它们肉质鲜美。他们会带上猎犬捕捉它们，尤其是在四五月间，也就是马达加斯加的冬季来临时。这是因为大马岛猬会冬眠——到了这个季节，它们已经积攒了很多脂肪，身体几乎胖成球形。人们十分重视大马岛猬的价值，甚至把它们带到附近的留尼旺岛和毛里求斯，让它们在野外繁衍，为当地居民提供来源稳定而优质的肉食。

我们曾向佩里内的村民打听大马岛猬的踪迹，他们全都摇头表示不知，声称这种动物还藏在洞穴深处冬眠，无法捕捉。显然，我们手里这一只是最早醒过来的大马岛猬之一。我们还曾担心：它先是被捕捉，接着又被扔进一只铁箱子——里面到处都是结构复杂而又肯定热得让它难受的螺栓孔——最后还被我们粗鲁地扑袭，这一切造成的惊吓会让刚刚从几个月的安宁中苏醒过来的它不堪重负。然而还好，它并未表现出任何受到伤害的迹象。当我们将它带回伦敦，移交给动物园时，它的块头和腰围都大了不少。不过，它从来也没有改掉老习惯，还是一看到任何有一点点像孔洞的东西，就想把自己大腹便便的身体塞进去。

佩里内附近的森林盛产爬行动物。我们捉到了三条不同寻常的避役，它们都是些长近 2 英尺的怪物，有着让人生畏的绿色躯干、锈红色的眼球，在鼻吻部末端还长着两只角。它们看上去色彩鲜艳，但只要它们以慢动作在林中灌木间穿行，或是发挥爬行动物的特长，站在一根树枝上，像一块石头一样纹丝不动，你就很难发现它们。

不过，与我最感兴趣的蜥蜴——叶尾虎相比，它们就算是显眼的了。我们早就知道叶尾虎这种爬虫生活在马达加斯加东部森林中，也知道它们喜欢紧抱树干，拥有绝佳的伪装能力，让人几乎不可能发现。在寻找这种动物时，最好的办法就是带上一些本地人，最好是小男孩，因为他们的眼力总是比城里来的外国人要好得多。可是，当我向他们解释我们要抓的是什么动物时，就连村里最热心的人都拒绝了。他们认为这种动物是邪恶不祥的，疯子才会想和它们打交道；它们喜欢跳到人的胸口上，紧紧将人抱住，只有用剃刀才能把它们弄下来；此外，任何人在触碰过它们之后，就要用刀割开遭到污染的皮肉，让鲜血洗去不祥，否则就会在一年之内死掉。就连在林学领域受过科学训练的米歇尔，在面对这些故事时也不是完全无动于衷。他将这些说法斥为迷信，也同意叶尾虎只是一种无害的小蜥蜴，但他也解释说他没法替我们抓一只来。按照他的说法，这些事毕竟谁也说不准，不必要的冒险总是愚蠢的。

因此，我们的搜寻是在没有帮手的情况下进行的。我们穿过森林，用拳头捶打每一棵树，希望能惊动某只叶尾虎，让它动一动，从而暴露它的位置。然而我们一无所获。

我们连续三天到处敲打树干，才发现了一只叶尾虎。它攀在树皮上，头冲下，距离我的眼睛不到 2 英尺。它的伪装太过出色，要不是它稍稍动了一下头，我肯定发现不了它。我向它伸出手去，它仍旧一动不动，将自己的安全寄托在伪装上。我用大拇指和食指拈住它的脖子，轻轻把它摘了下来。

一只伪装成树皮的叶尾虎

　　它的体长约为 6 英寸，灰色的躯干疙疙瘩瘩，颜色与它刚才攀住的树皮几乎毫无二致。许多动物会因为眼睛闪亮而暴露自己，但它的眼睛周围有零零碎碎的皮肤垂下，破坏了眼球的圆形轮廓，构成一种伪装。

　　然而，仅仅是这两种装备，还不足以解释它那种近乎隐形的能力。正如战争中的伪装专家所知，凡是会投下影子的物体都容易被发现。他们会在炸弹堆放点或是工厂设施周围笼上一张网，将网边钉在地上，就像一条喇叭裙。这样一来，整个建筑看上去就不再有竖直的墙垣，而只是地面上的一块隆起，因此也就没有了影子。叶尾虎的办法与此类似。它的下颌周围有一圈不规则的皮肤垂下来，并且一直向后延伸，在它的身体两侧形成两条参差不齐的边缘。它的尾巴两侧也各有一条长长的凸缘。当它将身体贴紧树皮时，这些皮膜的下缘似乎与树皮融为一体。这样一来，在粗糙的树干表面上，它就只是一个不起眼的凸起。

叶尾虎分为好几个种类。后来我们又捉到了另一种，它大概是前一只的三倍大，有四条极细的腿。它的眼睛格外与众不同，瞳孔表面看上去是有凹槽的，类似桃核。不过，它身上同样有凸缘和褶皱。为这些奇特的动物提供完美伪装的，正是这些凸缘和褶皱。

我们捕捉叶尾虎的莽撞举动让村民们骇然，不过他们并未阻止我们。然而我觉得，如果我们敢于捕捉蚺 *，他们或许就会提出抗议。许多马达加斯加土著部族都认为这些蛇是他们的祖先转世。

这种迷信的起源不难理解。回归仪式的参与者显然都很清楚，腐烂的尸体上会长出虫子。蚺则经常出现在阴暗潮湿的墓穴中。因此，认为这些蛇就是来自尸体的虫子长大后的形态，进而认为原本

---

* 此处原文为 boa constrictor，字面义为"绞杀蚺"，可专指南美洲特产的红尾蚺，也可泛指各种蚺科蛇类。此处应指马岛地蚺（Malagasy ground boa，学名 *Acrantophis madagascariensis*）。——译注

居住于尸体中的灵魂寄居在了它们身上，是再自然不过的事。

在居住于中央高原南部的贝齐寮人当中，这种信仰尤为强大。人们如果在村子附近发现了一条蚺，会十分恭敬地对待它。他们围绕在它周围，寻找种种迹象，以辨识是谁的灵魂寄居在它身上。无论是这条蛇行动特别迟缓，还是它的头上、身上有伤疤或赘瘤，都会成为线索，让急切的村民将之与某个有同样特征却早已死去的人联系起来。

他们会向蛇发问，呼唤他们所猜测之人的名字。蛇如果左右摇头（这是蛇的常见动作），就会被认为对他们的猜测做出了肯定的回答。人们便会把蛇抬回它的前世曾经居住过的房子，在那里向它奉上蜂蜜和奶。有时人们还会向它献祭一只鸡，让它能用那条伸缩不定的芯子舔舐热血。接下来，村长会发表讲话，欢迎亡灵回家，让亡灵知道人们为它能来拜访而感到高兴。

在有的村子里，涉及此事的家庭还会修造特别的笼子，让被他们视为父母或祖辈的蛇居住。在另外一些地区，人们则会让这种爬行动物自己返回森林。

对我们这些想要捕捉蚺的人来说，这种迷信可能是一种巨大的障碍。如果我们粗鲁地将这样神圣的动物扔进袋子，还要带走它，很可能会严重伤害本地人的感情。还好，我们发现佩里内人并无这种信仰，这让我们放心了不少。然而，这里的村民虽然不把蚺当成祖先的转世，却把它们看作与叶尾虎几乎同样邪恶和不祥的动物。他们无论如何都不愿意和这些蛇扯上关系，更不用说帮我们去捕捉它们了。

　　幸好，我们并不需要他们帮忙。这些蚺十分常见，很容易找到，也不难捕捉。我们在米歇尔的鱼塘旁边的一堆木料下面就发现了一条。在森林里的一块沼地上，我们又遇到两条——它们盘成一圈一圈的，宽阔的两肋随着呼吸而缓缓起伏。这些蛇行动迟缓，我们唯一需要做的，就是抓住它们的后颈，把它们提起来并扔进袋子。

　　马达加斯加的蚺没有毒，其杀死猎物的方式是绞杀。人们可能会以为，它们与非洲大陆那些跟它们相似的、通过绞杀来捕食的典型蛇种（也就是蟒）之间有亲缘关系。然而这些蚺和其他马达加斯加动物一样与众不同——它们的近亲并非任何非洲蛇类，而是南美洲的蚺。

林中捕蛇

307

事实上，蚺科和蟒科在解剖学上的差异并不大。这两类动物都是蛇这一大类中较为原始的成员，都没有发达的毒牙，躯干上曾经存在髋骨的位置还有退化的后肢遗留。如果我们分别拿出蚺和蟒的骨骼，让某个博物学家来辨认，他将很难分清——两具骨骼之间的主要区别就在于蟒的颅骨比蚺多了一块小骨头。然而，这两类动物之间的差异其实并不小。所有蟒都会产卵，而所有蚺都是直接生下小蛇。我们在鱼塘边捉到的是一条雌蚺；仿佛是为了证明其亲缘所属，它被带回伦敦不久，就生下了四条活泼的赭色小蛇。

捉蚺

308

旅馆里我的房间如今塞得满满当当。避役们在窗帘轨上互相瞪视。叶尾虎在一只高笼子里，头下脚上地挂在一块树皮上。它的邻居是那只大马岛猬。马陆挤在屋角的一只大盒子里（仅限于白天）。另一个屋角则有一条缓缓蠕动的口袋，里面藏着几条蚺。我们还没有捉到一只狐猴，但已经看到了好几种，其中既有我们在马任加附近安卡拉凡兹卡森林中的那些桴果树上见过的褐美狐猴，也有本地人称之为"辛波纳"（simpona）的冕狐猴，还有一种是驯狐猴。最后这一种狐猴是我们此前没有见过的，它十分迷人。一天早上，我在独自走路时与它不期而遇。它正坐在一条倒伏的藤蔓上，离地大约只有 2 英尺，两手紧紧抓住藤蔓。这是一只毛茸茸的灰色小家伙，跟一只小猴子差不多大，面部扁平，有着棕色的冠毛和一条长尾巴。它两眼圆睁，神色惊恐地盯着我。我仿佛能听到它不断地自言自语："天哪，我该怎么办？"它在原地坚持了整整半分钟，然后才想到要赶紧逃命。然而驯狐猴并不以敏捷著称。它尽了最大努力，也不过是在地面上恐慌地蹒跚而行。在逃跑过程中，它还不时扭头看我。我就站在那里一动不动，直到它完全消失。

　　可以说，在我们到访过的马达加斯加岛所有地区中，这片森林拥有最丰富的动物资源，远胜其余的地方。每一天，我们都能发现让我们惊喜不已的新面孔，有蛾子、甲虫、蛇、小蜥蜴、马岛鹦鹉、马岛寿带，还有奇特的蛙类。然而，还有一种动物躲着我们，那就是我们至今无缘见到的大狐猴。

第十七章　大狐猴

一位鸟类学家朋友曾拜托我们录下马岛鹊鸲的歌声，因为根据他的猜测，这种鸟的啼鸣十分甜美婉转，很可能是最动听的鸟鸣之一。这是一种紫黑色的小鸟，翅膀上有雪白的斑点，尾部外缘的羽毛白得发亮。要见到这种小鸟并不容易，因为它十分羞怯，也不显眼，大多数时候都躲在林中灌木的掩蔽下。它的歌声的确美妙，其旋律甜润纤细，千回百转。在学会辨识这种声音之后，我们才发现这种鸟的数量并不少。在森林中的许多地方，我们尽管看不见它们，却能听见它们的欢唱。

一天早上，天刚破晓，我们进行了第一次录音尝试，还带上了一种特制的抛物线形反射器。那是一只直径超过 2 英尺的铝碟，其作用类似于探照灯，只不过搜集的是声音。它将安装在碟心位置的麦克风的收音能力聚成一束，从而可以录到来自相当远的地方的声音，同时还能隔绝周围森林中的大多数杂音。我们挑选的录音对象是一只雄鸟。它比其他大多数同类都要大胆，经常在距离我们常走的小路不远的灌木丛中歌唱。

到达之后，我们才发现它早已开始了欢唱。我赶紧将麦克风线插进录音机，然后小心翼翼地将反射器对准那丛灌木。小鹊鸲浑然不觉，继续向四周抛洒一串串清亮的音符。我用反射器对准它，录音机上的指针就开始震颤，响应着它歌声中的每一个节拍。连续几分钟，磁带轴不停旋转，磁带平稳地滑过磁头。突然，远处的树上响起一阵震耳欲聋的号叫，让人毛骨悚然。这叫声的音量太大，让录音机的指针猛力一震，撞在表盘终点的止销上，停留在那里，颤动不已。这是大狐猴的叫声，比上一次我们听到的更响、更近。杰夫一把抓起摄像机，我则赶快调低了音量，以免录音失真。接着，我举起双筒望远镜，激动地在前方的绿色罗网中搜寻。这些看不见的歌手一共有好几只，仍然啼鸣不止，音量不减。可是，无论我们怎么努力寻找，还是看不见它们的身影。再次以这种方式受挫只能让人更加恼火。我沿路前行，在激动中仍然尽可能地保持缓慢，想要找一个能看到这些动物的好角度。我一直看到眼睛酸痛，仍然一无所获。

号叫声停了下来。与此同时，大约30码开外，一株纤细的高树颤动了一下，一个飞掠的身影在我视野中一闪而过。大狐猴已然离开。我们又一次失败了。

我和杰夫沮丧地沿路返回，准备去用早餐。"还好，"杰夫说，

"至少我们有了录音，能证明这种动物真的存在，还能证明我们一度距离它们只有咫尺之遥——虽然只是一度。"

就在此时，我想起了鸟类学家们定位想要研究的鸟儿时常用的一个办法。雄鸟歌唱既是为了吸引伴侣，也是为了宣示领地主权。因此，只要播放雄鸟歌唱的录音，就能吸引雌鸟。随后，或许就会有雄鸟飞过来，和这个入侵自己领地的家伙愤怒争吵。这个办法不仅适用于鸟类，也适用于其他动物。几年前，我曾经在一个晚上用过这个办法，将一只呱呱叫的大蟾蜍引入闪光灯相机的拍摄范围。现在我们已经录下了大狐猴的声音。或许它们也会对自己的录音做出反应。

对这个想法，我并没有太多信心。首先，我们的录音机是使用电池的。与原声相比，它的喇叭播放出来的声音音量太小，最多只能模仿一群大狐猴从极远处发出的叫声。然而我们已经用尽了其他所有办法，为什么不试试这个呢？

接下来的几天里，我们耐下心来，在森林的几个不同区域播放录音，却还是徒劳无功。一天早上，天刚破晓，我来到一个看起来特别合适的地点，把录音机放在我们常走的小路边。路边的地势陡然下降，通往一座草木葱茏的山谷。谷中的树木都不甚粗大，地面长满一种长着宽大的矛状叶片的植物。在山谷远端，一条小溪弯成弧形，在林间辟出一道分界线。从小路这边望去，我们下方就是一座青翠而相对开阔的露天剧场。

杰夫架好他的摄像机，又装上了我们最强大的远摄镜头。等他一准备好，我就打开录音机。我们播放了一两分钟录音。伪造的狐猴叫声十分尖细，在林间发出稀稀拉拉的回响，而那些树仍旧死气沉沉。就在我几乎快要决定放弃，打算换个地方尝试时，一阵类似喇叭声的洪亮啼叫传来，完全盖过了录音机的音量。这声音与我们之前听到的大狐猴叫声完全不同，我想不出它来自什么动物。

随后，我便看见了山谷中央的一棵树上的一名歌手。那是一只毛茸茸的大块头狐猴，身上黑白相间，坐在一根离地大约 30 英尺的树枝上。它的胸膛、前臂和膝盖以下的腿部都是白色的，看起来就像在肩膀上披了一条黑色斗篷，戴了一顶纯白色的帽子，还穿着煤黑色的袜子和手套。

我的心一沉。这不会是大狐猴。我们在塔那那利佛的科学研究所见过大狐猴的皮，它几乎是全黑的，只在背部有一小块三角形白斑，其底角分别位于左臀和右臀，顶角指向脊柱。何况，刚才这种啼叫和被米歇尔认定为来自大狐猴的号叫完全不同。

"只是一只领狐猴，"我失望地对杰夫低声说，"塔那那利佛动物园里的那只我们可以随便拍，想要多近就能多近。"

不过我们还是动手开始拍摄，这毕竟是一只十分美丽的动物。何况，能拍到自由自在的野生个体，总是比拍摄圈养动物有价值得多。此外，我们此时的拍摄位置也是绝佳的：前方地面陡然下陷，那棵树位于坡下 20 码开外，而它又坐在树上 30 英尺高的地方，这让我们和它几乎位于同一高度。

一只领狐猴

　　录音机继续播放着大狐猴的号叫声。那只动物怒气冲冲，用它那双明亮的黄色眼睛瞪着我们。它再一次啼叫起来，表达愤怒。这时，左侧的一棵树上也传来一阵喇叭似的叫声。我转过头，看见另外两只同类动物坐在树上，脖子前伸，神色困惑地朝我们看过来。第一只狐猴向上伸出手，把自己拉到头顶的一根树枝上。我不禁留了个心眼：其他狐猴属的成员——例如环尾狐猴和褐美狐猴——在移动时主要还是四脚着地的，它这个动作可有点不太一样。这有些出乎我的意料，因为领狐猴和它们在亲缘上十分接近。我的想法是这个家伙移动起来更像一只冕狐猴。接下来，当它再次坐定，我不禁吃了一惊，使劲眨了眨眼。

"它的尾巴在哪儿呢？"我小声问杰夫，"它不是应该有条很长的黑尾巴吗？"

"也许卷起来藏在腿间了。"杰夫回答道。

我继续用双筒望远镜盯着它。它也盯着我们，把头往后一扬，再次啼叫起来，露出口腔的亮红色内壁。接着，它抬起一条后腿，抬到几乎与胸部等高的位置，抓住面前的树干。我终于完全确定了——它没有尾巴。然而我竟然花了好几秒才得出这唯一可能的结论，真是迟钝。

"杰夫，"我平静地说，"那是一只大狐猴。"

再无疑问了。世界上只有一种没有尾巴的狐猴。接着，我又想起那本书来。书中说的是，尽管大狐猴主要是黑色的，但它们"不止一种颜色"。眼前这一只的颜色和我见过的那些大狐猴皮不同，必定就是因为这个原因。声音的不同也可以解释。它们并非在用相似的合唱回应一种歌声，而是因为受到惊吓，发出了警报声。就这一点来说，我的录音机把戏并没有奏效——哪怕我放的是瓦格纳的歌剧序曲，它们必定还是用同样的啼叫来回应。不过这已经不重要了。此时的我们高兴得不行，顾不上理会这些细枝末节。毕竟我们终于找到了大狐猴，而且杰夫已经足足拍了 400 英尺的胶片。他很快又换了一卷，然后拆下只能拍到那只大狐猴上半身的远摄镜头，换上一只较短的镜头，以便拍摄它的全身。我停止录音机的播放，插上一支麦克风，开始录音——这些大狐猴反复表达着它们的愤怒抱怨，仿佛是为我们的出现而恼火。杰夫想要从另一个角度拍摄，离开了小路，走到斜坡上，动作慎之又慎。然而这是过分之举。第一只大狐猴使劲一蹬腿，远远跳开。它从一棵树跳到另一棵树，动作如此之快，看起来就像是两棵树之间的一粒弹球。另外两只大狐猴紧随其后，钻进了小溪对面的茂密森林。转瞬间，它们已经消失不见。

　　米歇尔曾经强调过，大狐猴每天总是沿着同样的路线穿过森林。如果他是对的，那么明天早晨这些动物或许还会回到同一个地方。为了确认这一点，第二天我们起得很早，而大狐猴们也如约而至。由于我们不再需要播放录音来寻找，它们也就没有受到惊吓，无视

大狐猴

我们的存在。我们最先看到的那只大块头是雄性，此时它正跨坐在一根树枝上吃东西，两条仿佛穿着黑袜的粗腿垂在下面，就像一个坐跷跷板的小孩。它向上伸出双手，挑拣一番之后摘下嫩叶，无忧无虑地塞进嘴里。另外两只大狐猴坐在离它不远的地方，是一对夫妻。它们的体型比第一只略小，因此我猜测它们的年岁还不大。如果事实如此，那么年长的那只的大狐猴的配偶去了哪里？我们屏息静气，四处搜寻。最后我终于发现了它——它就藏在远处的另一棵树上。要想接近它，肯定会惊扰到其他几只大狐猴，因此我们留在原地不动，心满意足地拍摄着。

连续一个多星期，我们每天都对这个家庭进行观察，渐渐地掌握了它们的日常活动规律。米歇尔说得完全正确。这些大狐猴果然是遵守习惯的动物。它们每天晚上都在同一棵树上睡觉。天亮后不久，它们便会离开，在树枝间悠然攀缘，去往我们初次发现它们的地点，然后在那里进食。它们的歌唱时间几乎也是每天不变，一次大约在早上五点，也就是日出后不久，另一次在上午十点和十一点之间。接近中午时，它们便会越过溪流，从我们视野中消失。到了下午四点左右，它们会在山谷的另一侧再次歌唱。我们如果走另一条路穿过森林，就能再次找到它们，看着它们享用晚餐。傍晚到来时，它们又会离去，回到它们过夜的那棵树上。

我们逐渐开始了解这个家庭中的每个成员。那只年长的雄性较为沉静，甚至可以说是漠然。它时常坐在一根树枝上，背靠主干，摊开两条长腿，摆出一副好笑的人类姿势。尽管在受到惊吓时它能蹦出老远，但大多数时候它都是在树枝间缓缓攀缘。不过，它从来不会像猿类那样使用双臂，不会从一根树枝荡到另一根树枝。就荡秋千的技巧来说，它远远不及长臂猿这样的高手。

更年轻的那两只感情好得如胶似漆，每天都花上好几个小时相互抚摸和舔舐。它们表现亲昵时总是蹲坐在一根水平方向的细枝上，看起来相当危险。这让我想起一对技巧高超、在钢丝上淡定表现日常生活片段的杂技演员。然而大狐猴可没有平衡杆和安全网。它们的脚掌很大，只用中趾和大趾就能环握它们所在的树枝，并且握得又稳又紧，所以它们根本不需要用手去抓住什么东西。不过，这一对大狐猴相当紧张，容易受惊。任何突然的声响（不论来自我们，还是来自林中的其他动物）都会吓到它们。当几只马岛鹦鹉叽叽呱呱地从头顶飞过，它们就会焦躁地抬头张望。有一次，它们彼此相对，雄性正温柔地舔舐雌性颈部的皮毛，一只马岛杜鹃沿着一根藤条蹦蹦跳跳地攀上来，叫得断断续续，声音粗哑而聒噪。雌性大狐猴立即丢掉了它的放松姿态，坐得笔直，四处扭头探看，想要找出那个弄出这种吓人声响的家伙。那只雄性也往下望了望，但没有那么紧张，还想要继续它的温柔舔舐。然而雌性仍旧全身绷紧，神情焦虑。于是雄性伸手抓住一根与它头部平齐的树枝，轻轻一荡，转到伴侣的身后坐下。接着，它把自己的两条长腿分别放在伴侣身侧，仿佛是为了安抚对方。后者弯下长长的脖子，在丈夫的下巴上舔了舔，作为回报。

我们很少见到这个家庭中的第四名成员，也就是那只年长的雌性。它似乎只喜欢待在树叶最浓密的地方。或许它的沉默寡言有其理由。然而直到集中观察它好几天之后，我们才找到原因。一个小家伙攀附在它的背上，还不到 1 英尺长。这个小家伙长着黑色的面孔，有两只毛茸茸的、动个不停的耳朵，眼睛闪闪发亮。有时它会骑在妈妈背上，有时又会爬到正面来吃奶。母亲对它总是温柔以待，时不时会轻轻舔舐它。

在详细了解了这一家的日常生活规律之后，我们的拍摄变得容易了许多，既拍到了它们进食、打瞌睡，也拍到了它们互相抚摸。然而这些镜头中还缺少了一环，因为我们从来没能满意地拍到大狐

大狐猴母子

猴跳跃的画面。它们每次离开时，都是背对着我们远去。如果要拍到想要的场景，我们必须想出另一种办法。我们已经知道它们在哪棵树上用午餐，也知道了它们下午在哪里唱歌。从一点到另一点，它们必须跨越一条从鱼塘开始的宽阔公路；而这条路只有一个地方足够窄，能让大狐猴们轻松地从一侧跳到另一侧。不需要太多计算，我们就能知道它们必定会在下午三四点越过公路。因此，下午两点半，杰夫和我来到它们在跳跃时应该会利用的那棵树附近，在西面（这样阳光会从我们背后射来）架好了摄像机，开始等待。

三点半整，那只年长的雄性大狐猴准时出现在它将要从之起跳的那棵树上。几分钟后，那一对年轻情侣跟了上来。最后，母子俩也从后方的森林中钻出，坐到公路上方的一根树枝上。全体刚刚集合完毕，年长的雄性便不紧不慢地攀上伸得最远的那根树枝。杰夫开始拍摄。雄性大狐猴做好准备姿势，然后纵身一跃，从空中掠过。只是这样一跳，它就飞越了公路，落在对面的一棵树上。这个家庭中的成员挨个跟上，消失不见。杰夫喜气洋洋地关掉了摄像机。对大狐猴的私密生活的拍摄终于完成了，并且满足了我们最理想的期望。

我们如此愉快地拍摄并观察了多日的大狐猴，真的就是狗头人传说的源头吗？它们的头确实与狗相似，而且它们看起来也很像人，腿长和体长的比例与人相当接近，在攀缘于树枝之间时尤其显得如此。此外，那个传说似乎来自阿拉伯人。许多个世纪以来，阿拉伯人一直驾着三角帆船在非洲东北部海岸往来贸易，横穿莫桑比克海峡，中途在科摩罗群岛停靠。他们完全可能将大狐猴的故事带回非洲大陆。再者，阿尔德罗万杜斯在引文中提到过库诺刻法鲁斯有一件能反弹箭矢的外衣，而其他故事则描述了大狐猴如何将攻击者投来的矢石反抛回去。两种说法十分相似，很容易让人产生联想。当然，并没有明确证据能表明一个流传如此广泛的传说和这一种特定动物有关，但我还是乐意认为这种联系的确存在。有一点我可以确信：我们在马达加斯加岛拍摄的所有奇特动物中，大狐猴最为稀有，最少为科学界所知，也最富于魅力。

回到塔那那利佛，在科学研究所那座漂亮的小动物园里，我们找到了自己在马达加斯加其他地区搜集到的所有动物。它们正在笼子和围栏里等待我们。眼下我们还有很多事情必须处理，因为一个星期之内我们就得登上一架小包机，带着这些搜集成果返回内罗毕，在那里转乘一架货机，前往伦敦。我们需要为动物准备旅行笼，需要为它们办理健康证明；它们的出境许可还需要起草、盖章、附署；此外我们还要向所有给予我们帮助和建议的人辞行。波利安先生已经前往欧洲，去参加一次科学会议，然而不在国内的他仍然为我们留下了最后一次善意帮助。他很清楚我们为不能捕捉任何狐猴而感到失望，特意嘱咐人从研究所的收藏中挑出两只环尾狐猴和一只雌性领狐猴，赠送给我们。

这只领狐猴是小动物园中最可爱的动物，远远胜过其余生物。

它们也和冕狐猴以及大狐猴一样，是所有狐猴中最悦目的品种。它的皮毛浓密丝滑，白色当中间杂着亮黑色，色块的分布让人想起大熊猫。有三只这样美好的动物被关在同一只笼子里。其中一只来自东部森林的一处禁入区，它身上的斑块并非黑色，而是一种漂亮的橙褐色。没有人清楚这样醒目的色彩的作用是什么。臭鼬的醒目毛色很可能是一种让其他动物回避的明确信号，因为它拥有强大的武器——臭气熏天的喷射腺。可是这无法用来解释领狐猴的毛色，因为它性情温和，又是素食者。不过值得注意的是，领狐猴在很大程度上是昼伏夜出的，而好几种夜行动物——例如獾——都有明显的黑白花纹。或许这是为了让它们在黑暗中潜行时能看清和辨认彼此。

每一只领狐猴都温顺可爱。我们每次去研究所的动物园，都会特意去它们的笼子探望，用棍子给它们喂昆虫和香蕉。当它们仰面躺在地上，兴奋地扭动时，我们还会挠挠它们的肚子。能得到其中一只让我们激动不已——这为我们的搜集成果增添了最引人瞩目的一员。

波利安先生的第二件礼物，也就是那两只环尾狐猴，或许是世界各地的动物园中最常见也最广为人知的狐猴。这是因为它们在圈养状态中过得很好，能够正常繁育。它们长着一身短毛，这身毛从极为优雅的鸽灰色渐渐过渡为腹部和面部的纯白色。那条甩来甩去的长尾巴上有一圈一圈的黑色环纹。环尾狐猴的学名是 *Lemur catta*，意思是"猫狐猴"。许多作者都认为这个命名极不恰当。不过，它们的个头的确和猫差不多，面部也与猫相似。让这个命名显得更有道理的是，在我把它们留在伦敦家中照料的个把月里，我发现它们的叫声也和猫差不多。它们不仅会喵喵叫，每当我给予某种让它们格外舒服的享受时——例如给它们梳毛、抚摸它们耳后的毛发时——它们就会用最具猫科动物特征的呼噜声来表达愉悦。它们并没有经常这样叫，叫起来时持续的时间也多半不长，但这种现象无疑是存在的。我不清楚在猫科动物之外还有哪些动物会发出这种呼噜声，但对我来说，"猫狐猴"这样的叫法完全名实相副。

它们也是最好养的动物，因为就食谱而论，它们非常宽容，乐意接受各种看起来完全不适合的食物；我们投喂的任何与植物沾边的东西，它们都不拒绝。到后来，因为相信许多动物都不喜欢单调不变的食谱，我每天给它们提供的餐食里都包括几种不同的植物。无论是青草、葡萄干、烤土豆、生菜、胡萝卜、菊苣、葡萄，还是香蕉，它们来者不拒，只不过特别偏好的食物每天有所不同。今天它们会在食盆里翻找葡萄干，在吃完最后一粒之前不碰其他食物；明天它们又会挑出所有的生菜来吃掉，之后再尝试别的。作为宠物，它们魅力十足，逗人喜爱，既活泼又天真，充满好奇心，其杂技技巧让人眼花缭乱；它们还特别喜欢舔舐，舔舐的对象除了自己和同类之外，还有我——只要我给它们机会。

不过，年纪较大的那只环尾狐猴已经长出了像弯刀一样锋利的成年犬齿，因此我在和它玩耍时都特别小心，确保自己从不去尝试束缚它，也只在它用舔舐表达出想要亲昵的情绪时才抚摸它。它们在情感上相当挑剔——尽管我可以对付它们两个，但我从来不敢让陌生人和它们随便相处。如果讨厌谁，它们就会表达出这种情绪，或是在宽大的铁丝网笼子里飞快挥舞胳膊，或是揪住不受欢迎者的袖子使劲一扯。接下来，它们会在笼子里绕圈奔跑，仿佛是因为自己让对方猝不及防而兴奋。这类攻击可不容小觑，因为环尾狐猴的爪子又长又尖。有好几次，尽管隔着衬衫，它们还是在人身上抓出了血珠。

━━━━━

我们带回英格兰的动物并不多，不过其中好些还是被伦敦动物园视为珍品。这是因为这些马达加斯加动物尽管在原生地很常见，

伦敦动物园的环尾狐猴

此前来到英国的却相当少，其中有好几种甚至是历史上第一次有活体进驻伦敦动物园。多刺马岛猬和倭狐猴在这里过得很不错，每个季度都能产下幼崽。那只领狐猴则在安排下与来自巴黎动物园的一只单身雄性结为配偶。令所有人惊喜的是，它后来产下了一对双胞胎，从此开启了一支血脉。二十年后，它的后代仍然生活在摄政公园里。

第三卷

南回归线

第十八章　达尔文以东

统计数字令人震撼：澳大利亚的北领地南北长达 1 000 英里，东西方向的宽度也接近 600 英里，总面积超过 50 万平方英里。它在这片大陆上是一个巨大的矩形板块，却只有两万名澳大利亚白人和一万六千名原住民在此居住。这就好比不列颠诸岛被放大了六倍，人口却只相当于多佛或者庞蒂浦这样的小城，又好比梅登黑德的市长要负责管理的地区从市政厅向东延伸至柏林，向南远及丹吉尔，而他的市民就分散在二者之间的十多个小聚落中。再换一种比方的话，这里的人口密度就相当于阿什比德拉祖什或达特茅斯的人口占据了从兰兹角到约翰奥格罗茨的整个不列颠岛。*

在距其南部边界不远处，北领地被南回归线横穿而过。而它的

---

* 丹吉尔是北非国家摩洛哥的一座滨海城市；多佛、庞蒂浦、梅登黑德、阿什比德拉祖什和达特茅斯均是英国小城。——译注

北部海岸则比斐济、牙买加、亚丁或是马德拉斯更接近赤道。它的北方覆盖着莽莽丛林，一到雨季就湿得能拧出水来，许多地方因为积水而无法通行。然而，来到它的西南部，你就进入了世界上最为干旱不毛的沙漠之一，那里至今尚未被人类完全探索。这片广大地区的行政中心就是达尔文。

━━━

载我们前往澳大利亚的这架飞机上，除了我们自己，没有人会在达尔文停留。达尔文只是他们旅程中的一次恼人中断，出现在航空公司武断规定的睡觉时间内。我们步履不稳地走下飞机时，正值达尔文时间的凌晨四点，然而在我们看来，这时间根本无法确定，因为之前三十六个小时里我们的手表一直乱转个不停。头昏眼花的我们接受了海关的盘问，而本就古怪的盘问在这个无人光顾的机场显得比平时更加荒诞：我们是否带有处于任何发育阶段的昆虫？我们是否携带了任何枪械或马毯？我们是否有一份摄像机和相机所有镜头的清单？大部分同机旅客填完表格之后就折向中转大厅——机场中人所共知的可笑之地。对他们而言，达尔文只是这个大洲的一道后门，而大城市还远在2 000英里之外。对我们来说，达尔文却是我们在澳大利亚期间所能见到的最大城市——至少这一次是如此。

这一次查尔斯·拉古斯再度与我同行。五年前我们就曾一同路过达尔文，前往新几内亚岛拍摄极乐鸟。这一次我们的想法与上次

330

大不相同。尽管我们仍然希望能在北领地拍到鸟类和其他各种动物，但我们的目标不限于此。我们想拍摄一系列能整体展现北领地风貌的影片，涵盖这里的居民、地貌和动物。录音师鲍勃·桑德斯加入了我们的队伍。这是我们第一次在此类行程中多了一个同伴，也是鲍勃第一次踏足欧洲之外的地方。此时他正环顾四周，打量这个令人感到压抑的空旷机场。

"好啦，我们要怎么开始？"鲍勃开口道。在行程中这样一个低潮时刻，他的热情几乎显得有些不合时宜。

<hr>

达尔文位于澳大利亚的北部边缘，是一座孤零零的城市。它在1836年获得这个命名，此后人们便有各种各样的理由来解释它的存在：它是采珠船的港口，是19世纪八九十年代淘金热中的金锭交易结算所，是油轮停靠地，也是1872年连通此地的陆上电报线路与通往伦敦的海底电缆的连接点。然而，所有这些理由都不足以支撑一座像样的城市。

本地居民来自世界各地。有的中国家庭因为祖辈来到此地的金矿谋生，如今已经开起了几家商店。新近移民的意大利人和越南人从悉尼北上，在这里开餐馆。对靠着丹波面包*和炖矮袋鼠肉长大的乡野

---

* 澳大利亚的一种特色面包，从前为流浪汉、牧人、司机等野外生存者的常备食物。——译注

之人来说，他们的炸肉排和意大利饺子简直是来自天堂的美味。在这里的邮局，你还能碰到英国劳工和新西兰人；有人来自伯明翰，也有人来自布里斯班。似乎只有少数人的生活与城市主街尽头之外的莽莽荒野有关。你偶尔会在酒吧里听到有人提起谁发现了金矿或是找到了一处偏僻的铀矿。在电影院外，或许会懒散地站着一些身穿鲜艳运动衫、用吸管喝着软饮料的土著人。在大街上衣冠楚楚的银行职员中，你会时不时发现一个高个子的牧人，头戴牛仔帽，靴子上装着马刺。

在达尔文最好的旅馆的酒吧里，我们遇到了这些开辟荒野的先锋中最张扬的一位。此人面色红润，一身风格夸张的拓荒者装束，在格子衬衫的领口系着一条红手帕，下身穿一条几乎磨破的紧身马裤和一双马靴。我们先前认识的道格·缪尔——本地一家包机公司的老板——向我们三个介绍了此人。

"这是艾伦·斯图尔特，"他说，"如果你们几位想看丛林中的野生动物，找他帮忙准没错。"

我们和他握了手，感觉很热，和这两个被晒得黝黑的同伴相比苍白得不健康。我解释说，我们来此的一部分目的正是拍摄动物。

"那你们到了我那里就会舍不得走了。"艾伦说道，"有鸭子，有雁，有袋鼠，有像你胳膊那么长的尖吻鲈，还有鳄鱼。想拍什么都有。"

他一口喝光了杯中的啤酒，咂了咂嘴，满意地评价道："连边儿都没沾到就下去了。"

道格明白他的意思。"这杯算我的，"他说，"我感觉你们几位可以再来一轮。"他收起空杯子，走向吧台。

"别忘了，"艾伦继续道，"你们在拍照片时得当心水牛。它们有时候可不好惹。道格可以给你们讲讲他老爹的事。"

道格端着五杯啤酒走了回来。"没错，"他说，"老伙计正在林子里找东西呢，那头大块头的公牛突然就冲了出来，把他顶倒在地，想要踩他。老家伙够硬气，抓住牛角，扭它的脖子。最后牛大概也受够了，总算是离开了他。可是老家伙已经不成样子，断了四根肋骨，身上到处都是瘀伤。我们只好把他送到医院去救治。这是三个星期前的事，直到今天他才出院。"

"听起来这些牛脾气不大好，"我用一种自认为轻描淡写的口气说道，"怎么避免这样的麻烦？"

"用枪打，"艾伦又喝完一杯，"你们应该有枪吧？"

"呃，没有，"我承认，感觉自己比任何时候都像个老朽的英国佬，"事实上，就算有枪，我也怀疑自己能不能射中一头冲过来的牛。"

"那就别带枪，"艾伦严肃起来，"太多人带着枪到处晃悠，可就算让他们撒一筐麦子出去，也碰不到两码外的牛屁股。"

"可要是牛闹起脾气来，我们怎么办？"鲍勃继续追问。

"爬到树上去，越快越好。"道格回答他。

"曾经有个姑娘被牛撞倒。在牛膝盖压下来之前，她一边抚摸牛鼻子，一边说'好啦，好啦'。最后除了几处青肿，她几乎完好无伤。你也可以试试。"艾伦帮着出主意。

"当然，如果你们坐在车里，就不会有什么事。"道格说道，"去年有个家伙在公路上和一头牛对面相遇。他飞快倒车，退了得有两英里，那牛才放慢速度，不再理睬他。"

"可是，我觉得这样的牛应该很少吧。"查尔斯开口了，努力想乐观一点。

"很少？"艾伦有些愤愤，"就在我家附近就有成群的牛，起码两百头。我告诉你，这里是整个北领地最适合野生动物生活的地方。"

这些牛不是曾经遍布于北美平原的那种厚毛隆背的家伙，而是一种完全不同的、形似黄牛的动物，来自亚洲，叫作水牛。一头大块头的公水牛体重可达 3/4 吨，以一对从眉部伸出、弯向肩部的角为武器，两只角尖之间的距离可以宽达 10 英尺。这些水牛在原生地的温顺让人对它们产生了错误印象——它们任劳任怨，拖动沉重的板车，忍受驾车人的毒打。它们喜欢在沟渠里打滚，允许小男孩爬到它们背上，擦洗它们的皮毛。然而，哪怕在原生地，它们有时仍然会爆发野性。陌生的欧洲人气味完全可能大大激怒它们，让它们发狂，拉翻车子，冲向靠近它们的任何人。

一百多年前，这种牛被人从帝汶带进澳大利亚，为北海岸莱佛士湾和埃辛顿港新建立的驻军点提供肉和奶，也被当作役用动物。然而到了 1849 年，这些兵营被废弃了，水牛变成了野牛。这片地方适合它们生长，因此自那以后它们就繁衍日盛。在大多数地方，它们都能自由自在地在原野中漫游，不会受到伤害，但艾伦的营地努尔兰吉这样的地方则是例外。

努尔兰吉原先是一处有特许权的木材采伐点。在树木被伐完之后，艾伦接手了那里的租赁权，又新建了一些住人的小屋，把它变成了狩猎营地。那些水牛则成了庞大的猎物，与鳄鱼、袋鼠和野禽一样，吸引着来自南方城市的猎手。这些人如饥似渴，想要享受令人难以理解的屠杀刺激。

　　艾伦想把北领地变成大动物猎手的乐园，然而他的努力似乎并不成功。努尔兰吉已经基本被废弃了。如果我们要去，那里就有地方住，还有一部野外电台和一条私人飞机跑道可用。看起来，努尔兰吉很适合成为我们的大本营。那里当然会有很多水牛，肯定还有不少值得我们拍摄的其他动物。于是我们决定接受艾伦的邀请。他本人要在当天下午飞回去，我们则要先租到一辆路虎，然后带上所有设备驾车前往。

斯图尔特公路

离开达尔文的陆上通道只有一条，就是斯图尔特公路。这条路有一个昵称——"柏油路"。光是这个名字就能让人猜到它的独特之处。除了一条向东通往昆士兰的支线，它就是整个北领地唯一一条铺装公路，也因此成为北领地雨季中唯一一条可以通行的公路。

"柏油路"修建于 1940 年到 1943 年间，目的在于向达尔文运输军用物资。当时日本人入侵新几内亚，让达尔文变成了战争前线。这条路宽 20 码，长近 1 000 英里，沿着几乎正南的方向穿过桉树林带和多石荒漠，通往艾丽斯斯普林斯，在那里接上一条坑坑洼洼的碎石道路。后者继续向南延伸 1 000 英里，通往阿德莱德。

我们很快就把达尔文的破败郊区抛在身后，驶上通往派恩克里克的漫漫长路。我们将在那里过夜，之后离开"柏油路"，前往努尔兰吉。公路在桉树林中穿行，不时能看到大片因为山火而变得焦黑的区域。枯黄的草地上耸立着一座座蚁冢，扶壁尖顶俱全，高达 10 英尺，宛如方尖碑。偶尔会有一只矮袋鼠出现，尾巴撑地，警惕地坐着，从稀疏的桉树丛后窥视我们，然后跳开。在"柏油路"上，这些动物常常带来意想不到的危险。或许是为了享受柏油路面经过白天的炙烤后尚未散尽的热量，到了晚上它们会坐在路上，经常被夜间以 70 英里乃至 80 英里时速飞驰的汽车撞上。这些车有时会严重损毁，偏离路线，撞入丛林。每当这种情况发生，矮袋鼠几乎不可能幸存。前一个晚上被撞死的袋鼠的尸体躺在路边，因为腐烂而膨胀，外皮绷紧如同酒袋，而四肢别扭地翘起，指向天空。

我们开了 100 多英里，来到派恩克里克，一路上经过的居民点都只有寥寥几栋房屋。就连派恩克里克也只有十几栋房子。其中最大的一栋挂着一个灯光闪闪的漂亮牌子——"住宅酒店"。我们满心感激，把车停在路边，走了进去。此时是星期六晚上，脱掉外套只穿衬衣的男人们挤满了酒吧，冲着彼此的耳朵高声喧哗。酒保带着我们通过一扇蚀刻有"门厅"字样的玻璃门，我们便发现自己被一堆摆放得乱七八糟的镀铬钢管桌包围。桌子上摆放着白色的塑料郁金香——这个国家多的是金合欢、兰花和三角梅。一位身材高大的

一座磁白蚁丘*

---

* 澳大利亚北领地特有的磁白蚁（magnetic termite，学名 *Amitermes meridionalis*）的蚁丘，形状扁平，轴线总是指向南北方向，因而得名。——译注

夫人从远处的厨房里走出来迎接我们。

她端出一些饭菜，然后坐下来和我们聊天。我们一边吃着，一边听到酒吧里的叫嚷声越来越响。

"你们这里请了保安吗？"我随口一问。

"我自己就是。"女主人回答道。她的双臂肌肉发达，抱在胸前。"不骗你，我真的自己动手。"

我一点也不怀疑她的话。

"不过这段时间还算太平。"她继续道，"这里也不再是什么偏僻地方了，虽然南方佬好像还是认为我们是一群野人。你敢相信吗，"她的话中有了怒意，"前几个月我女儿在这儿结婚的时候，一家报纸的作者从悉尼打电话来，问我有多少客人是骑骆驼来参加婚礼的！"

我们摇着头，心怀同情。门外的酒吧传来一连串的酒杯破碎声，紧接着又是一阵怒吼。"抱歉。"她意味深长地说，然后迈步走了出去。

第二天清晨，我们早早出门，继续前往努尔兰吉的最后 80 英里路程。一路上的风景与我们到派恩克里克之前所见几乎一模一样，不过此时我们已经离开了"柏油路"。碎石公路很快就缩小成一条蜿蜒的小道。在"柏油路"上，我们至少偶尔能见到其他车辆，还能见到交通标志。此外，尽管那条路人迹罕至，总还有不少人工营造的迹象。在这里，除了小道本身，原野上没有任何痕迹，既没有建筑，也没有电线杆，一无所有。大地上只有一片完完全全的空旷。有一次，我们停下车来让引擎冷却一会儿，竟然听到一阵出乎意料的马蹄声。一个高个子骑手从林中钻出来。他裸露着胸膛，也没有穿鞋，马鞍上挂着一罐啤酒。

"你们要是看到几个赶着一群牛的家伙，告诉他们古德帕拉的吉普车坏了。"他说。接着，没等我们对这个奇怪的请求做出反应，他掉转马头，让马一路小跑而去。这是我们在派恩克里克和努尔兰吉之间遇到的唯一一个人。

我们到达艾伦的营地时正好赶上午饭。当我们在乱糟糟的小屋里坐下来喝水解渴时，此地仅有的另一名住客出现在门口。他刚刚冲完澡，身上只有一条内裤和一件皱巴巴的长背心，后者几乎盖不住那个下垂的大肚子。他是一名屠夫，从墨尔本到这里来打几天猎。因为阳光的暴晒，他的脖子位置有一块红得刺眼的三角形，两条小臂也在脱皮。我想象中的彪悍白人猎手可不是这样。

"你好，"我们不知不觉用上了本地腔调，"你咋样？"

"看这肌肉。"他兴奋地回答，同时用力捶打自己的胸膛一侧，让他的整个躯干像块牛奶冻一样荡漾起来。"不能再好了，再好我就受不了。"

他这么得意是有原因的。就在几小时前，当一头大公牛站在树林里望向他时，他一枪射穿了它的脑袋。

"一点没错，"他兴致不减，继续发表他的惊人见解，"这一趟可真带劲儿，真正的野人生活。"接着是一通大笑。

四天以来，这个屠夫一直开着车在丛林里跑来跑去，还带着一个原住民向导帮他确定水牛的位置。劲头儿还没过去的他很乐意把这种野兽的习性统统告诉我们——比如在哪里才能找到它们，要和它们保持多远的距离——甚至表现得有些急切。可我们还是觉得，来自一名更有经验的水牛猎手的信息会更可靠。这名猎手名叫约基·比利。

约基住在距离努尔兰吉 1 英里远的地方，和他在一起的还有他的妻子、他们的五个孩子，以及一群马。他的家简直就是一张缀满补丁、用杆子撑起来的大帆布。一串串肉挂在大帆布的牵索上，让太阳晒干。门口燃着一小堆篝火。约基已经七十多岁了，头发灰白，因为在马背上过了一辈子而双腿罗圈。他的皮肤和原住民一样黝黑，但从五官看还是欧洲人。他就出生在这里，对这片地区以及这里的动物，没有人比他更了解。

"我父亲到这里来是为了找金子，"他说，"别人管他叫约基·米克，因为他从约克郡来。"

"约克郡？"我有些吃惊。

"约克郡也是大英帝国的一部分，"约基耐心解释道，"大概就在伦敦北面的什么地方。我老爹原先在那里种土豆和洋葱。不过我猜那里没什么意思，大多数时候都被雪盖住了。我老爹觉得这里好得多。"

他摩挲着自己上唇的胡须。

约基·比利

"不过他也没找到金子。"

和父亲一样，约基也娶了一名原住民为妻。他的妻子还年轻，有一双我所见过的最细的腿。在我们聊天时，她因为害羞而和孩子们一起待在帐篷里。

"她是我的第二个老婆。"约基说，"第一个老婆是我在林子里闲逛时遇见的，已经死了。现在这个老婆是根据部落誓约许配给我的。在她出生前，她父母就把她许给了我。这样的誓约是不能违背的。

当然，这也是说不准的事。谁知道生下来的是不是个女孩呢？而且我还得等上好久才能娶她。不过她可是个好老婆。"

约基和他的马群在努尔兰吉附近扎营，为的是向那些到这里猎杀大野兽的猎人出租他们可能需要的马匹。然而大多数人选择坐在吉普车里开枪，因此约基的日子并不好过。从前他曾是平原上的水牛射手，那时候的情况要好些。

"从前一张大公牛皮能卖个二十镑，现在没人买了。"他说，"所以无论什么事，能挣钱的我都干。一条野狗尾巴能卖一镑。如果能搞到鳄鱼皮，也能卖个好价钱。就是我老爹一直没找到的金子，我也还没放弃呢。"

"这些水牛真的危险吗？"我问道。

"要我说的话，危险。有时你能碰上一头屁股上挨过枪子儿的老公牛，它准会朝你冲过来。还有些牛攻击你只是因为天生脾气不好。我经常在慌忙中被它们赶到树上去。"

"要怎么避免危险呢？"

"和它们保持 50 码以上的距离。你能看出来哪些是坏小子——它们脸上的表情就不善。"

我解释说我们对水牛的表情还不够熟悉，没法分辨它们是生气还是友好，更别说还距离 50 码远了。

"好吧。那要是它向你冲过来，而你又没有枪，也没有树可以爬，"他说，"就只有一个办法了。一直等，到它离你还有几码远的时候，你往地上一躺。它会从你身上跳过去，然后继续向前跑。"

第十九章　鹊雁与巨蜥

南阿利盖特河起源于努尔兰吉以南 100 英里的空旷山野，蜿蜒向北，一路汇集从广袤的岩石高原阿纳姆地的破碎西缘流下的更小水流，水势增强后向海岸流去。有时候，在旱季，它会收缩到退出我们的视野，藏身于一道道炙热的白色沙岬之间；有时候它又扩大成一片片深琥珀色的水面，成为凤头鹦鹉和鳄鱼的乐园。在接近终点、快要汇入帝汶海时，它仿佛迷失了方向，泛滥开来，淹没努尔兰吉附近的宽广平地，因为芦苇的纠缠而盘桓，因为拱出水面的红树根而迟滞，变成一片光芒闪烁的沼泽迷宫。

我们第一次来到这些沼泽时天色已晚。要到达这里，需要驾车穿过大片蓝土平原。平原上除了零零星星的粗粝野草丛，什么也没有。大约一个月前，这片土地还被淹没在水面下。然而阳光从无云的天空直射水面，将死气沉沉的浅水潟湖先是晒成沼泽，再变成大片泥地。成群的野牛来到这些泥沼中，在齐膝深的泥浆中行走，在最软和的地方打滚。然而在泥泞中扑哧作响的快乐时光并不长久。最后一点水分蒸发之后，太阳就会像陶窑中的烈火一样，无情而迅速地把泥浆烤得如石头一般坚硬。此时，当我们的车驶过这原本黏稠得能让野牛泥足深陷的平原时，那些深深的牛蹄印坚硬而翻卷的边缘让车轮剧烈跳动，让我们觉得轧过的是一片花岗岩砾石。

我们颠簸着缓慢穿过平原，驶向一条林带。那里是一片永久潟湖的边缘。我们在距离这些树木不到 100 码时把车停下。随着引擎声的平息，我们听见树后传来一阵阵节律分明的合唱声，在空气中弥漫，如同巨大蜂群在飞舞。再清楚不过了，这样的嗡鸣只能来自大群野禽同时因为心满意足而发出的鸣叫。

我们谨小慎微地走向树林，又在林间小心寻路，以免因为脚下踩断树枝而暴露。来到林地另一边，我们躲在树叶的遮蔽后，透过一条缝隙向沼泽方向窥视。

或许大群聚集的水禽对你来说已经司空见惯，但这样的时刻无疑仍会让你心动不已。这片潟湖极为广袤，近处距离我们藏身处只有几码，远端延伸到至少 1 英里外。我们左边的远方，太阳已经沉落在一座灌木丛生的小岛之后，将猫眼石一般的灰色广阔水面染上了一层粉红色。我们的视野中到处都是鸟类：成群的白鹮飞过红霞斑驳的天空；黑鸭、棉凫、树鸭、绿翅鸭和麻鸭各自成队；斑鹭在湖滩上紧靠彼此，并立成行；体形娇小的褐色澳洲燕鸻在浅水中啪嗒啪嗒地行走，寻找昆虫，它们的尾巴因为兴奋而晃动不停；然而最多的是鹊雁，它们是这片潟湖的主人，它们的声音在空气中弥漫。

　　引起我们注意的正是鹊雁。此时我们眼前的大多数鸟类都能在澳大利亚其他地方找到，其中也有几种是我们从未见过的。然而只有在澳大利亚的热带地区和新几内亚，你才能找到数量够多的鹊雁。此外，只有在努尔兰吉附近的沼泽中，它们才会结成大群。

　　鹊雁是一种相貌古怪的动物，跟其他雁形目鸟类相比显得有些迟钝。它们的腿特别长，身体相当沉重，头顶上有一个奇特的锥形隆起，如同小丑的帽子。就颜色而论，它们主要是黑色的，但在胸背位置有宽阔的白色环带。大多数鹊雁此时都在嬉水，时而垂下它

猎杀鹊雁

们长长的脖子，寻找水生植物的球茎。有的已经吃饱了，一动不动地兀立。这里到底有多少鹊雁？我完全无法估计。然而根据别人的说法，仅在南阿利盖特河沼一处大约就有十万只鹊雁。因为数量太多，北领地的一些人甚至将它们视为害鸟。

早些年，人们曾尝试在达尔文以南40英里处的汉普蒂杜种植水稻。大片土地被清理出来，种上了秧苗。然而野生稻谷向来都是鹊雁最喜欢的食物。发现这一处丰盛的新觅食地之后，它们大群大群地飞落在稻田中。农夫们试着用强光、响铃、稻草人和喇叭来驱赶它们，但没有一种手段真正产生了效果。人们投下毒饵，杀死许多鹊雁，但鸟群的规模仍然没有变化，因为不断有别的鹊雁从整个北领地各处飞来。最后人们动用了军队。机枪队看守着稻田，定时朝生长中的秧苗上方开火齐射。然而需要看守的面积太过广袤。鹊雁只需要飞离枪手，在超出射程的地方重新落下。最后，整个项目被放弃了，笑到最后的是鹊雁。

然而，就算鸟儿这一次取得了胜利，它们此前却经历了无数次挫败。鹊雁曾经遍布澳大利亚，却成为猎人眼中值得夸耀的猎物，遭到大量捕杀。它们在旱季赖以觅食的许多沼泽也被人工排干。到了20世纪中叶，鹊雁在这块大陆的大多数地区已经被消灭殆尽，无法维持繁衍。如今，雨季里它们仍然遍布澳大利亚各地，但随着旱季到来，水潭和沼泽陆续消失，它们就会退缩到这片北方沿海地区。如今此地已经是它们最后的避难所。

我们猫着腰，在红树林中躲藏了一阵，观察这些鸟类。然而要想拍到任何像样的内容，我们都需要一处掩体。而要搭建这样一个东西，我们就得暴露自己。我从树叶间穿过，走到泥泞的湖滩上。随着一阵雷鸣般的振翅声，整个鸟群飞离湖面，盘旋之后落在沼泽中的更远处。我们眼前的水面变得空空荡荡，只有它们离开时留下的波纹。

就在此时，我发现有一条狭窄的旱地从湖滩突出，作为观察点再理想不过。在那里我们可以获得面向沼泽的广阔视野，而旱地背后的树林又足够茂密，能让我们在不被发现的情况下接近观察点。此外，旱地尖端有一株白千层，一根树枝垂向地面，构成一个框架，让我们可以轻易在上面添加带叶的枝条，搭起掩体。

我们当晚就搭好了掩体。第二天清晨天亮之前，我们已经坐在里面，开始观察和拍摄鹊雁。

掩体这种东西基本和舒适二字无缘，而这一处尽管位置极佳，舒适程度却比大多数掩体要差。我们搭建掩体的那处地表看起来还算坚实，但在我们的踩踏下很快变软，让我们和摄像机的三脚架在烂泥中越陷越深。周围的树枝极为有效地防止了我们被鸟儿发现，却也挡住了偶尔拂过潟湖的寥寥几缕轻风，让掩体内部变得空气不足，令人窒息，如同一间土耳其浴室。在清晨和傍晚，沼泽上的蚊子会嗡嗡叫着飞进来，毫不留情地叮咬我们。我们担心会吓到鸟儿，不敢太过用力地挥手驱赶或是拍打，这让我们的痛苦变得更难忍受。不过，因为有了鹊雁，这一切都值得。

我们距离它们觅食的地方如此之近，甚至能看清它们喙根部的亮粉色皮肤和它们的明亮的黄色双腿。我们发现，许多鹊雁在这里待得太久，它们原本白色的胸部敷满了来自脚下的泥浆，多了一层脏乎乎的栗色外壳。此外，我们还能看出它们的脚上的蹼只有一半，这也是让它们区别于其他所有野生鸟类的地方。

藏身掩体中，我们的动作慢到了夸张的程度，交谈时也只能低声耳语。这样的做法和身处圣地时颇为相似。而且，鉴于身体的姿势往往能引起相应的情绪，我们对眼前的场景产生了一种崇敬感。我们是得见异象的信徒，我们凝视的是一个崭新的世界。这是在人类出现以前就存在于大地的景象。在这里，人类的逻辑、偏好、道德和规则一无用处。在这个世界，主宰一切的是最基本的自然元素——阳光的炽热、水分的蒸发、芦苇的滋长，还有鹊雁心中无可名状的冲动。

两三个小时之后，一股风吹来，卷起摄像机的嗡嗡声，把它抛向沼泽。一只原本已经踱到距离我们只有几英尺的鹊雁惊恐地扭过脖子飞走。几秒钟之内，警讯已经传遍四周。很快，所有鹊雁都已起飞。它们原本心满意足的嘎嘎声变成了慌乱的拍翼声。让人更悲哀的是魔咒已被打破。我们侵入了这个世界。我们先前得以偷窥的平衡与和谐变成了碎片。

这片潟湖是鹊雁聚集的大本营。这里的水深正好合适，而鹊雁最喜欢的荸荠在这里也长得最为茂密。这片沼泽的其他区域则属于其他鸟类。一处静谧的死水潭里，有一群鹈鹕会定期列队操练。所有鹈鹕似乎都被一种强制力控制，必须让每个动作都与群体保持一

鹊雁从潟湖水面起飞

致。它们在游动时从来都排得整整齐齐，路线彼此平行，而它们古怪的脑袋总是以同一个角度朝下弯曲，搁在胸前。在捕鱼时，它们会同时把袋状的喙浸入水中，整齐得就像训练有素的合唱团女孩。不幸的是，专属于它们的那片水面岸边几乎没有树丛，因此我们很难在接近时不被发现。一旦发现我们，它们就会暂时放弃那种水兵式的纪律，慌乱地奔过水面，飞向空中。然而，一旦腾空而起，它们又会恢复保持一致的本能，组成方阵缓缓飞走，群体中翅膀的拍动完全同步。有时它们也会滑翔——全体同时停止拍动翅膀。在改变方向时它们也同步行动。没有人知道为何一只只独立的鸟儿能实现这样的奇观。或许它们有一种通信方式，而对其机制我们一无所知。

在另外一处，运气好的话我们还能看到澳洲鹤。它们一身端庄整洁的灰色，头戴小红帽，两两成对，沿着湖滩高视阔步，仿佛沉浸于深刻而严肃的交谈。所有鹤类都喜爱舞蹈，然而无论从哪方面来说，你都找不到一种舞蹈规模能与澳洲鹤相提并论的鹤。它们通常成对起舞，但有时也会整群加入一种方阵舞，头颈时伸时屈，上下喙快速触碰，发出嗒嗒声。甚至有人说，如果哪一只澳洲鹤忘记了自己的舞步，其他鹤便会被激怒，愤愤地啄它，让它回到正确的步伐。可是，我们看到的这些澳洲鹤从来不为我们起舞。我们来的季节太早了。在我们靠近时，它们只是拍打翅膀，快步奔向我们无法进入的沼泽中央，然后在那里重新开始严肃的交谈。

白鹭几乎和鹊雁一样随处可见。它们数量众多，覆盖了沼泽的某些区域，看上去有如大片积雪。如果受到扰动，它们便会像一团旋转不定的白色云烟，飘然而起。

就技术而论，在努尔兰吉拍摄鸟类是一件相对简单的事。我们有时搭建掩体，有时把摄像机架在膝上，开着车缓缓驶过平原，有时轻手轻脚，悄悄穿过露兜树林。就这样，除了大量关于鹊雁的画面，我们很快还拍到了棉凫、三种鹦、四种不同的鸭、鹭、蛇鹈、长脚鹬、鹰和其他各种鸟类。

在录音方面我们也没有碰到多少麻烦。鲍勃稳定地积累着我们拍摄的每种鸟类的声音资料。如果他独自行动，远离摄像机的噪声，事情往往会更简单。只要录像上和录音中的是同一种鸟，声音和画面就能匹配，而后期的音像组合也毫无难度。

　　然而，如果拍摄对象是特定的一只鸟，为了捕捉到它的鸣叫和它的每个动作所发出的沙沙声，摄像和录音就必须同时进行。在技术上实现这一点的难度要大得多。查尔斯必须用一只带软垫的帆布罩——所谓软隔音罩——将摄像机包裹起来，以隔绝它发出的噪声。这个罩子庞大而累赘，使得三脚架成为必需。此外，他用泡沫橡胶和衬垫将镜头包裹了一层又一层，让焦距和光圈调节也成了大工程。

巨蜥

鲍勃的任务同样不简单。他必须把麦克风架在合适的位置，不能让它进入摄像机的视野。此外，他不仅要用一条线来连接麦克风和录音机，还得用另一条线来连接录音机和摄像机，这样磁带才能捕捉到来自摄像机的脉冲信号，好让我们在后期对录音和画面进行精确同步。所有这些工作都必须在被拍摄的动物受到惊吓并逃之夭夭之前做好。

一天傍晚，使用这项技术的第一次机会出现了，当时我们已经花了好几个小时拍摄鹈鹕，却一无所获。鲍勃和查尔斯沮丧地拆卸设备装箱，我则溜达到附近的一片小桉树林中。走到大约 200 码开外时，我突然发现，刚才我在远处判断为一段木头的东西，其实是一只大得惊人的蜥蜴——我们特别渴望拍到的巨蜥。它侧对着我，头高高抬起，像一尊塑像一样一动不动。这条巨蜥大约有 4 英尺长，通体暗灰，喉部略呈黄色。它的目光直视着我，仿佛要把我穿透，毫无畏惧之意，就像一名愤怒得说不出话来的军士长。我悄悄向后退去，在退出几码之后才加快步伐，然后转身奔跑起来。

我回到停车处，鲍勃和查尔斯正在合上设备箱的最后几个锁扣。

"巨蜥，"我大声叫喊，"需要同步拍摄，赶快。"

我说完便掉头奔向那条蜥蜴。它还在原地。我靠在一棵树上，一边喘气，一边等待查尔斯和鲍勃到达。我和巨蜥就这样大眼瞪小眼，等到查尔斯终于赶到时，时间似乎已经过去了好几个小时。查尔斯扛着重新组装起来的三脚架、摄像机和罩子，跑得跌跌撞撞。我让他盯着巨蜥，自己掉头跑向鲍勃，准备帮忙。鲍勃还坐在汽车后座上，在一盒麦克风线里仔细挑拣。"怪了，"他若有所思地喃喃道，"我明明记得我有一根同步线的。"

我站在一边等他，不耐烦地磨着牙齿——他正在组装设备，动作慢得让人发疯。既然在这里帮不上什么忙，我便再次折返，与查尔斯会合。那条巨蜥还在我第一次看见它的地方，一点也没有挪动。

鲍勃终于来了。"好啦，"他容光焕发地说，"到底还是搞好了。"接着他架起麦克风，小心翼翼地摆好线缆，将录音机和摄像机连接起来。"录音就绪。"他宣布。

听到这句话，那只蜥蜴做出了我们出现之后的第一个动作——它跑了起来，快得出人意料。它扒开一堆落叶，钻进一棵树下盘结的树根间的一个洞里，消失不见了。我们可没办法把它挖出来。

我们默默地掉头向汽车走去。在第二次收拾设备时，谁都没有说话。回到努尔兰吉之前，谁也没有心情开口。

用科学术语来说，我们没能拍到的这种动物叫作"古尔德巨蜥"。巨蜥分布于整个热带地区。澳大利亚有十二种，包括体型最小的一种，它只有 8 至 10 英寸长，迷你而又可爱，分布于澳大利亚大陆西部。古尔德巨蜥并不是最大的。在澳大利亚中部的沙漠里还有另外两种大型巨蜥——眼斑巨蜥和帝摩尔花点巨蜥，它们可以长到超过 6 英尺长。最大的巨蜥则是科莫多巨蜥，生活在此地以西 1 000 英里外的印度尼西亚。科莫多巨蜥体长可达 10 英尺，是世界上现存蜥蜴中最大的一种。不过，曾经有过一种比科莫多巨蜥还要大的巨蜥生活在澳大利亚，那就是我们从化石遗存中发现的古巨蜥，其体长达到惊人的 20 英尺。

Goanna 这个词适用于澳大利亚巨蜥，却颇有误导性。它是 iguana 一词的变体，然而严格说来 iguana 指的是南美洲那种漂亮的绿鬣蜥，头上有鳞冠，并且沿脊柱向后延伸。巨蜥则不同。在所有蜥蜴中，巨蜥与蛇的亲缘关系最近。它们有分叉很深的长舌头，也像蛇一样时常吞吐。事实上，它们的舌头比蛇的要长得多，因此更显奇特。这两种动物的舌头的作用也是一样，都是一种感觉器官，用来采集空气样本并将其送到上颚后部的一对凹陷处，以分辨气味。

幸运的是，有一种特征是蛇有而巨蜥没有的，那就是毒液。除了科莫多巨蜥，其他巨蜥都无毒。它们以腐尸和蛙、雏鸟等易于捕捉的小动物为食。但这并不意味着在面对它们时不需要保持一定的谨慎。它们的长爪子能造成可怕的伤口。此外，如果你惹到它们，它们会非常愤怒，用十分吓人的样子朝你吐舌头，然后用尾巴扫过来，力量相当大。反正我肯定不愿意被那样一条尾巴扫到。

无论如何，在鹈鹕潟湖旁拍摄巨蜥失败的经历让人难以释怀。三人全都决定再次尝试。我们设计出一种特别方案，安排好汽车后备箱里箱子的摆放顺序，以便在第一时间能够取用，不需要在一大堆其他设备里翻找。鲍勃重新规划了他的种种设备，让他能从箱子里取出它们之后几秒之内就完成组装。我们确信，下一次我们就可以像皇家锦标赛上的炮兵队一样，快速而高效地行动起来。

要想找到原来那只巨蜥未免是痴心妄想，不过我们还是返回鹈鹕潟湖，去碰碰运气。

它还在。这一次，它坐在潟湖边一块空旷的平地上。我们在离它还有一段距离时停了下来。只用了几秒钟，鲍勃就连好了麦克风和录音机。查尔斯将隔音罩笼在摄像机上。我们小心翼翼接近那只蜥蜴。脚下的地面看上去还坚实，我们踩上去才发现它是由一大堆粉尘聚集而成的，每走一步都带起一团尘雾。巨蜥还在那里等待，很有耐心。在距离它还有 10 码远处，查尔斯将摄像机安在三脚架上，开始对焦。

"好了。"他低声说。

"好了。"鲍勃也同样低语。

"开拍。"我说。

摄像机嗡嗡响了几秒，停了下来。查尔斯扯掉隔音罩，把机器打开。胶片卡在了入片口，摄像机内部塞满了乱成一团的折叠胶片。查尔斯用他最快的速度把胶片扯出来，然后从口袋里掏出一卷新的。我一点点挪动着，向巨蜥靠近，想把麦克风放到更好的位置上。巨蜥嗞嗞地吐着舌头，突然朝我冲过来。我吓了一跳，向后退去，想要躲开它，却绊在三脚架的一条腿上，撞翻了摄像机。机器开口朝下，跌落在厚厚的尘土中。巨蜥一转身，脚步不停地朝潟湖奔去，然后哗啦一声跳进水中游走了。查尔斯拾起摄像机，从机器内部吹出一大团灰尘。

"我觉得把它清理干净也许用不了几个小时。"他的语气中充满苦涩，"再说了，谁知道呢，说不定还能用。"

第二天，我们又出发了，开始第三次尝试。我们到达那天认识的墨尔本屠夫想跟着来，这让我们深深觉得遇到了挑战。如果再次

尝试录下巨蜥入水时的声音

失败，又被他看到，那将是让人难以忍受的耻辱。私底下，我甚至希望这次找不到那只巨蜥——这样既能脱身，又能让我们的职业技能不受质疑。

然而巨蜥还在那里，懒洋洋的，正在距离水面大约 1 码远的地方晒太阳。从我们的角度看，这是最糟糕的位置，因为它如果要逃走，几秒之内就可以消失在水中。

我们把车停在 20 码外，小声商量了一会儿。此前一直坐在后排看风景的屠夫突然俯过身来，粗声大气地叫起来："它就在那儿，真漂亮。"

此时我们已经完善了方案，很快各自完成了工作，在半分钟内就准备就绪。我们叮嘱屠夫留在车里，之后便慢慢朝巨蜥走去，每走一步都会停下来。为了拍到好画面，我们不能在离得足够近之前让它受到惊吓逃进水中。

"快点啊，伙计们，"屠夫大喊，"它不会伤害你们的。"

查尔斯再次放下摄像机，对好焦距。鲍勃蹲在录音机旁，递给我一根长杆。杆头上挂着一只麦克风。我小心降低杆头，向巨蜥伸过去。这个动作刺激到了它。它抬起头来，吐出一条长度足有 12 英寸的带分叉的紫色舌头，又鼓起它黄色的喉部，十分配合地冲着麦克风发出咝咝声。堪称完美。

"要不要我开一枪让它动一动？"屠夫热心地高喊，"你们不想给片子来点戏剧性吗？"

巨蜥四脚一撑，让身体离开地面，威胁性地朝我走了三步，然后猛地将尾巴一扫，好像是在配合屠夫的建议。从头到尾，查尔斯都没有让它脱离焦点。头戴耳机的鲍勃面对录音机，满脸笑容。巨蜥转过身，沿着水边大摇大摆地踱起步来。接下来，似乎是为了一次展现自己的所有技能，它涉入潟湖，身体优雅地左摇右摆，扬长而去。

拍摄一直没有停止，直到巨蜥潜入水中，消失不见。在返回停车处的路上，我们个个扬扬得意。

"不怎么难嘛。"屠夫评论道。

"不难，"我说，"小菜一碟。"

第二十章　洞穴岩画与水牛

在努尔兰吉周边的原野上，没有人会饿肚子。这里的丛林稀稀拉拉，满覆尘土，岩石山脊裸露在烈日下，看起来相当贫瘠，不适合生存。然而，对了解这片土地的人来说，这里到处都是充足的食物。低矮的巴拉望树是苏铁的一种，其羽状叶片组成的冠冕下藏着锥形的坚果。粉色莲花星星点点，缀在潟湖表面。沿着其茎秆往下，在湖底的淤泥中就能找到鲜嫩的根茎。就连红树和露兜树也会在适宜的季节结出可食用的果实——只要你知道如何烹制。至于肉食，人们可以在桉树林中猎捕成群的矮袋鼠，也可以在清澈的溪流中捉到懒洋洋地游动的尖吻鲈。当然，最丰富的肉食来源莫过于大群大群的水禽。然而，这片原野依旧人烟稀少。有些原住民在努尔兰吉营地工作，男人们充当狩猎向导，女人们在炉灶和洗衣盆旁忙碌。不过，我们没有见到一个生活在丛林中的原住民。

从前并不是这样。就在五十年前，这里还是卡卡杜人的家园。他们迁徙不定，以家庭为单位组成群体，在丛林间流浪。他们偶尔也会聚集成大群，举行繁复的仪式，但从来不在一个地方长期停留。到了 19 世纪和 20 世纪之交，北领地著名的白人开拓者之一——帕迪·卡希尔在距离努尔兰吉 60 英里、位于东阿利盖特河对岸的昂佩利安顿下来。他开展商业化的水牛猎杀，以获取牛皮。不久之后，他又有了蔬菜园、棉花种植园和产奶的牛群。卡卡杜人在他的产业里找到了工作，射杀水牛，照料作物。他们用工资购买刀具、糖、茶和烟草。对他们来说，昂佩利的生活相对容易。于是，一家接着一家，整个部落渐渐不再迁徙，而是停留在卡希尔的基地附近。1925 年，传道会接手了昂佩利。新东家全力加速卡希尔开启的进程，招揽附近原野上的所有原住民，让他们在基地永久定居，以便他们的孩子可以稳定接受教育，而病人和老人也能得到医疗服务。

出于对现代生活的向往，卡卡杜人被锚定在传教站周围。他们的生活方式因而急剧变化。许多人遗忘了对他们的迁徙生活来说必需的古老技能和传统。他们与来到传教站的其他人混杂而居，失去了自己的部落身份。如今，作为一个部族的卡卡杜人已不复存在。他们位于南阿利盖特河周边的古老猎场也已经被废弃。

卡卡杜人不事农耕，也不修建永久性的房屋，但他们还是在这片土地上留下了印记，因为他们和大多数北方部族一样，都长于艺术。他们的绘画至今仍留存在他们曾经扎营的地方，在那些岩壁上和掩蔽处。昂佩利周边的山峦以其卡卡杜岩画的数量众多和精美而知名，然而艾伦·斯图尔特还知道另一些近在咫尺、绘画数量丰富的岩石画廊。它们最近才被欧洲人发现，有幸目睹的外来者寥寥无几。

我们开车前往这些画廊，先是沿着去昂佩利的小道开了1英里左右，然后折上向南的岔路，在林间颠簸冲撞，朝一座岩石山峰前进。这座山高出丛林约600英尺，如同一座巨大的石砌堡垒。我们围绕山脚开了半个小时，在林间穿行。有时为了通过，汽车的保险杠不得不撞倒一株小树苗。在山脚的西南端，地上散落着大如房屋的巨石，有些距离岩壁有数码远，有的则紧贴岩壁，形成洞穴。主石壁拔地而起，在我们头顶形成一座座塔楼和一道道壁垒，还有一

努尔兰吉岩石上的壁画

360

条条深深的裂缝。

　　艾伦停车处，石壁向外倾斜，形成一个浅浅的开放式掩蔽。这里的岩石呈灰色，曾有水流经过的地方则是黑褐色。然而，掩蔽处内部的石壁截然不同。从地面位置开始，上至 8 英尺或 10 英尺高处，整面墙上都是用白色、黄色和锈红色绘出的图案，光彩夺目。

　　我们的眼睛花了一些时间，才看明白这些繁复的线条和形状。随后我们便意识到，在整个掩蔽处最显眼的石壁中央，是一排几乎与真人同高的立姿人像，以白色绘成，又以赭红色描出轮廓。这些人似乎戴着头饰，要么就是梳着一种复杂的发型，因为环绕在无特

努尔兰吉岩石上的女性人像

征的小小白色面部周围的，是大块的红色圆盘，上面还有黄色的放射线条作为装饰。大多数人像的手腕和小臂上都戴着镯子或系绳。每个人像都是女性，因为有风格化的巨大乳房横贯于她们的腋窝位置，向外鼓出。她们的躯干纤细修长，下半部分曾遭擦拭，已经褪色，但我们还能辨认出其中一些人的足部曾经上色。这些脚并未以寻常的站立姿势将踵部水平置于地面，而是脚尖下垂，让这些人像显得像是在空中飘浮，如同绘在一座拜占庭风格的教堂四壁上的圣徒。

在这些人像中，还腾跃着一只不一样的生物。它处于动态之中，膝盖微弯。它没有乳房，也没有雄性生殖器。它的双臂并不像那些女性人像那样垂于体侧，而是交叉于躯干前方。它也没有佩戴头饰，其面部仅以一块白色的大椭圆形呈现。它的大腿上布满纵横交错的白色线条，仿佛涂上了祭礼所需的纹饰。尽管那些女性人像的腿部已经褪色，我们还是在其中一部分上发现了类似的装饰图案。

在这些画像之上，游动着一条巨大的尖吻鲈，画得细节毕现。画出这条鱼的人不仅展示了他眼中所见的鱼的外观，还画出了他对这条鱼的实质的认识——在以白色绘出的鱼身轮廓上，他又用红色画出了食道、胃和肠子。这就像是一幅 X 光影像。

我们还在女性人像上方找到一个童稚风格的图案，那是一把看起来相当古老的手枪。在其他地方，我们又找到了步枪、马刀、帆船，还有蒸汽船，上面装着两根喷吐浓烟的烟囱。这些艺术家画出这些东西，是出于仪式需要，还是仅仅为了自娱，为了向同伴展示自己外出时在 50 英里外的海边见到的最新奇迹？

然而在我看来，这些图案中最生动的，不是对灵魂的诡异刻画，也不是对动物的自然主义描绘，而是被那把手枪覆盖了一部分的两个质朴手印。来到这里的人中，有一个曾经将沾了赭红颜料的右手掌拍在石壁上。另一个人如法炮制，留下的手印与前一个平行，但还留下了手腕和小臂的痕迹。这两只掌印从它们或许正在创造的奇异超自然生物之间向上伸出，强烈地昭示了来到此地画出这些神秘作品的画家的存在。至于他们为何来此，我们只能猜测。

我们在岩石间攀缘，或手持电筒探索各处洞穴，或攀上岩壁观看藏在高处角落里的小组岩画。在我们发现的岩画中，有巨蜥、鳄

岩画中的袋鼠

鱼、海龟、袋鼠，还有一头巨大而优雅的海豚。即便考虑到原住民的敏捷矫健，有的作品在岩壁上的位置看起来仍然不像是人类所能抵达。或许在这些岩画问世之后，有一片岩架已经剥离坍塌。如果事实如此，或许能说明画作是何等古老。或许这些画家太过重视自己的作品以及作品所在的位置，不惜工本地搭起了梯子或是脚手架。

在搜寻更多岩画的过程中，我通过一条狭窄的石缝向下窥视。那下面有一个发白的人类颅骨，卡在石壁之间，两个空洞的眼窝直视我的方向。颅骨下方散落着腿骨和肋骨。不远处，我又发现一只褪色的帆布包裹，在一根长长的树杈的支撑下顶在石壁上。包裹里有些打磨光滑的卵石，有一块矩形的木头，上面有赭色绘出的交叉阴影线，有一条编织的穗带，因为年代久远而腐烂，在我手中变成了碎片，此外还有一只已经变形的小烟罐，盖子上印着颜色鲜明的维多利亚时代商标，无疑属于一家早已消亡的企业。这个包裹必定是死者的遗物，是他最珍爱的财富——在他的葬礼结束之后，这些东西仍然被留在这里，留在他的遗骨旁边。那条穗带是一种遮羞布，也是卡卡杜人身上唯一会穿的衣物。那只烟罐显然十分难得，让他极为珍视。卵石和绘有图案的木块则是极为神圣的仪式器物，也是原住民的财产中极为重要、极为私密的东西，在其拥有者在世时，只有少数得到主人允许的人才能观看。我用那块破烂的帆布将它们重新包好，放回原处。

在活动于努尔兰吉周边的所有动物中，我们以为水牛是最容易拍摄的。事实证明我们错了。水牛数量众多，也很容易找到。我们经常能看到它们在远处的矮树丛中半隐半现。如果我们要打猎的话，用一支步枪射中它们不是难事。然而，当我们尝试靠近拍摄时，它们总会闻到气味或是听到声音，于是就撒腿奔向林中更深处。我们用上了焦距最长的远摄镜头，总算拍到了它们在距离岸边半英里的沼泽中央浸泡打滚的画面，也拍到了忠实陪伴它们的成群牛背鹭。然而从拍摄角度来说，这样的画面质量太差，因为沼泽表面反射的热量，水面上方的空气会发生扰动，让野牛的图像变得游移不定，就像有波纹的水面映出的倒影。我们想要的是更真切的、没有树枝和灌木干扰的画面。要达到这个目的，我们必须离它们足够近。然而野牛对这样的局面并不热衷——其实我们也一样。

这一次，从堪培拉来的一个动物学家小组加入了我们。他们一共三个人，任务是调查阿纳姆地部分特定区域的动物种群。其中一位名叫哈里·弗里思，数年前曾在这里对鹊雁进行过一次开创性的研究。他对此地了如指掌，对水牛也相当熟悉。"我们开车去。"他提议说，"找到牛群之后，你和查尔斯可以带着摄像机跳下车去藏起来。鲍勃和我继续往前开，绕过牛群，从另一个方向接近它们。我们会把水牛朝你们的方向驱赶。只要你们不做傻事，就能拍到想要的所有画面。"这个主意听起来不错。

在距离营地5公里处，我们发现了一个大牛群，比此前见到的都要大。要估计它们的数量并不容易，因为牛群距离我们还很远。除了在树木间缓慢移动的一片褐色身影，我们什么也分辨不清，只能猜测它们的总数或许在一百头左右。我们左边有一片水沼，右边的地面隆起，形成一条岩石山脊。在二者之间的平坦通道上，伫立着一株树干中空、已经死去的桉树。哈里把车停在树旁。查尔斯和我迅速从距离牛群较远的一侧溜出车门，躲藏在树后。几秒钟之后汽车便继续前行，因此野牛不会看到我们下车。风是从它们那边刮过来的，所以它们也不太可能闻到我们的气味。万事俱备。

空心树干足够容下我们中的一个。此外，树干离地面不远处还有一个洞，让我们可以观察前方的原野。我从这个窥孔中向外探视，查尔斯则拿着摄像机蹲在外面。我们能听见汽车颠簸着驶向我们右方某处。到目前为止，远处的水牛群还没有出现骚动的迹象。随着汽车声响渐渐消失，我们周围的丛林仿佛又活了过来。一条小蜥蜴从一片树皮下爬出，继续狩猎飞虫。一群色彩鲜艳的燕雀飞来，停在近旁的一丛灌木上，唧啾不停，全然不知道我们的存在。我们坐在那里，纹丝不动。

远处隐隐有汽车喇叭声传来。哈里和鲍勃必定已经成功抵达牛群的另一侧，正把它们朝我们这边赶过来。我在树中蹲坐下来观察水牛。查尔斯检查了摄像机。一切都已就绪。通过那个窥孔，我看见牛群的首领们正缓缓朝我们这边走来，显然正在如我们期望的那样通过那条通道。截至此时，它们还没有因为那辆汽车而受到太多惊吓，只是谨慎地采取避让措施。当它们发现汽车正紧紧尾随，其实是在追赶它们时，整个牛群自然就会开始朝我们的方向奔跑。有这棵树的保护，我们就像是在交通高峰时段身处繁忙城市街道上的安全岛，应该不会有问题，而在这里拍到的画面应该也是最精彩的，都是距离镜头只有几码的特写——溅起尘土的牛蹄、转动的眼珠、泛着白沫的口鼻，还有簇集如林的可怕牛角如风而过。查尔斯紧紧贴着树干。牛群越来越近了。领头的几头牛紧张地把头高高昂起，已经开始快步前进。左边还有一小群白色凤头鹦鹉朝我们飞来。它们直接停在了我们头顶的一根树枝上，因此应该没有注意到我们。此时我们已经能听见擂鼓一般的牛蹄声，也能听见它们身后那辆汽车的呼啸和鸣笛声。牛群的首领距离我们只有 50 码了，速度也变为小跑。查尔斯不敢从树后探出头去窥视——这时若是暴露，会搞砸一切。他靠在树干上，将摄像机举到眼前。突然，树枝上的一只凤头鹦鹉向下望了一眼，发现了我们。它伸长脖子，似乎不敢相信自己的眼睛，接着便发出一声刺耳的尖叫。它的同伴们也向下望过来，然后也跟着它的愤怒聒噪尖叫起来。从观察孔望出去，我看到牛群首领们步伐一阵犹豫，然后惊恐地转向左方。紧随它们身后的水牛也跟了过去。整个牛群冲入沼泽地，溅起一片泥水，最后消失在露兜树间。我们一个镜头也没有拍到。被凤头鹦鹉泄露位置，从而导致拍摄计划被破坏的事情发生过许多次，而这只是第一次。在这些丛林里，它们是最好奇、眼神最尖、嗓门最大的哨兵。

约基·比利确信，我们如果打算在营地附近拍摄想要的水牛画面，那么永远不可能成功。"这附近的牛胆子很小，"他说，"太多人从近处向它们开枪。"他建议我们到坎农希尔附近的平原上去。坎农希尔在我们东面，再往东几英里就是昂佩利。"那里有大群的野牛，也很容易观察，因为那里相当开阔。"

坎农希尔还有另一样东西吸引着我们，据说全澳大利亚最美的洞穴岩画就位于那里和附近一处名为欧比利的突出岩层上。

此地距离努尔兰吉有 70 英里。要想既拍到野牛也拍到岩画，无疑需要好几天时间。我们决定带上够用一星期的给养，以备不时之需。然而最大的限制因素不是食物，而是水。艾伦·斯图尔特借给我们两只原用来装甲基化酒精的 8 加仑 * 空桶。我们把桶清洗干净，往里灌满水，又在车头挂了两只帆布水袋。我们能从车上腾出的所有空间也就这么多。如果不把太多水用在汽车散热器上，也不浪费在洗漱上，这些水应该能让我们三个人坚持一段时间。

前往昂佩利的路在很大程度上是卡车司机们压出来的。在旱季里，每隔几个星期就会有卡车向昂佩利运送给养。这条路经常会分成三条岔路。我们很快就明白直接向前开的愚蠢之处，因为岔路意味着正前方要么有深陷的车辙，要么有树木倒下截断了道路，总之

---

* 1 加仑约等于 3.79 升。——编注

是有什么障碍让卡车司机们选择绕路，轧出一条新的弯道。选择从两侧通过要安全得多。

一路上我们涉过几条小溪。在这个季节，这些小溪只不过是被一条细线般的水流串起来的一个个土褐色水坑。没过多久，我们就从白色城垒般的努尔兰吉岩石左侧通过。一英里，又一英里，前方蜿蜒的路仿佛没有尽头，而我们的车后扬起一路回旋的尘土。行驶了三个小时之后，灌木丛戛然而止，我们来到一片巨大的开阔平原的边缘。

和努尔兰吉沼泽周边的平地一样，这里在几个月前也被浅潟湖淹没。此时地面上只剩下连绵不断的、坚硬的深坑和沟槽，都是由野牛的蹄子踩踏而成。在远方的地平线上，有一条长长的银蓝色水面，反射出灌木丛的倒影。如果我们是焦渴的旅行者，看到这一幕，必定会选择穿过炙热的平原，到那处天赐的潟湖中将水瓶灌满。然而潟湖并不存在，那水面只是海市蜃楼。因为没有风的扰动，贴近地面的那一层静滞空气会变得特别热，起到镜子的作用，反射出上方无云的蓝色天空，同时又通过折射而扭曲远在平原对面的树木影像，让我们觉得它们就位于这个幻想之湖的岸边。

在幻景的右方，一系列岩壁出现在平原远侧，与努尔兰吉岩石类似，但基部没有植被。其中一处岩面上，一条长长的石头如手指一样水平伸出，就像战舰一侧的炮管。根据我们的判断，此地无疑就是坎农希尔 *。这样一来，欧比利必定就是右侧更远处那些较小的

---

* 英文名 Cannon Hill 的字面义为“炮山”。——译注

岩石中的一处。然而，我们在平原中央看到了更能让人立即兴奋起来的景象。那是聚集在原野中一片褐色地面上的大团黑色小点。从颜色来看，我们认为那片褐色是残存的泥沼。我又通过望远镜观察了那些黑点，正是水牛。

机会来了。在这里我们终于可以拍到一直以来渴望的近镜头，同时又不需要牺牲安全。如果运气好，我们完全可以开车接近牛群，在拍摄时甚至不必下车。我们已经发现，这些动物往往会无视汽车，只是在看到行走的人类时才受到惊吓。查尔斯取出了摄像机。

我们缓缓通过满是褶皱的平原，一路摇晃颠簸。距离牛群还有差不多 1 英里。它们并未留意我们。在驶近的过程中，我们不时会遇到凹陷的地面。那是一道道河床，其中曾有水流蜿蜒穿过平原，直到被太阳烤干。我们毫不费力地通过了前两条。就在距离牛群只有半英里远时，第三条河床横在我们面前。我们的车向下驶入其中，然后开始加速，准备冲上另一侧。引擎大声轰鸣，车却停止了前进。后轮磨穿了地面的硬壳，陷入蓝色的软泥中，空转起来。

牛群仍然没有注意到我们。要让汽车脱困，必然免不了大量的挖掘和推车工作。说不定我们还得卸下所有行李，以减轻车重。那时这些水牛必定会看见我们，很可能被这一切行为吓到，让它们谨慎地离开此地，躲进丛林。那样一来，我们就错过了一个绝佳的机会。另一方面，我们离得还不够近，不足以拍到好的画面。扛着沉重的三脚架和摄像机走过去似乎不是个好主意——如果它们冲过来，我们要么就得扔掉摄像机，任由它们蹄踩角顶，要么就得尝试跑回车里，却因为器材的拖累而被牛群追上。

不过，还有一个折中的办法。我可以步行朝牛群走去，看看在走到多近时它们会表现出反感。如果在我进入摄像机的拍摄距离前它们就冲过来，因为没有器材的负担，我完全来得及跑回来躲进汽车。这样的话，尽管汽车还是无法动弹，但至少能让人躲起来。何况，如果一切如我所想，我能足够接近又不至于惊扰它们，查尔斯就可以带上摄像机跟上来。

"别忘了约基说的话，"鲍勃开心地建议，"如果它们冲过来，你就趴下。"

我一直走到距离它们 150 码远的位置。没有一头水牛抬头。我放慢速度，继续靠近。现在所有水牛都扭头看向我，却都没有表现出一点攻击性。我想起查尔斯一心要避免热气导致的影像闪烁，于是又靠近了一点。当我来到距离 60 码处，一头特别高大的公牛朝我走了几步，抬头又低头，摇晃着牛角。我站住不动，努力想回忆起自己到汽车的距离，同时尽量不回头看，以保持对那头公牛的观察。我计算自己的最快速度和野牛赶上我所需的时间，似乎太复杂了。我渐渐失去了信心，越来越觉得约基的自救法不像从前那样靠谱。

大公牛又威胁性地向我走了几步，再次摇晃牛角。这群野兽显然不会同意我们在这个位置拍摄——我离得太近了。在可耻地逃走之前——也许根本逃不掉——更好的办法似乎是试试通过恫吓来先发制人。我高高跳起，挥舞胳膊，大喊大叫。公牛向后退去，然后转身慢慢跑开。我突然觉得自己勇气非凡，于是追了上去，放声高喊，巩固胜利。整个牛群快步跑开，扬起滚滚尘土。

我停止了奔跑，掉头返回，准备为毁掉拍摄机会向查尔斯道歉。令我意外的是，查尔斯不在车里，而是站在我和车之间。他一直在我身后20码左右跟随，拍下了整个场景。

我们花了快两个小时才把那辆路虎解救出来。车轮陷得太深，以致后车轴贴到了地面，而减震弹簧也被埋进了土里。我们爬到车下，趴着用双手刨土。为了让车轮有借力点，我们往回走了半英里，回到平原边缘的灌木丛，砍下几株小树拖回汽车的位置，把它们塞到车轮下。鲍勃发动引擎。查尔斯和我用棍子全力撬动汽车后轴。车轮飞转，散发出难闻的热橡胶气味。终于，轮子咬住了树枝，汽车英勇地冲出它自己挖的深坑。我们自由了。

我们径直驶向欧比利，因为艾伦说过这里有些相当出色的岩画。他并没有夸张。这处岩石水平分层。岩壁西侧有一块巨石向外水平伸出大约30英尺，形成一片距离地面约50英尺高的巨型遮盖。

这是一座自然形成的开放大厅，其后面的岩壁为一条恢宏的饰带所覆盖，上面画满了红色的尖吻鲈。这些怪鱼每一条都有4英尺或5英尺长，头部斜向下方。与我们在努尔兰吉见过的一样，它们也是以X光照片风格绘制，但细节更为复杂。脊骨、鱼尾的鳍条、肝脏背部的肌肉束、食道、肠道一一呈现。在这些仪态高贵的鱼中间，有蛇颈龟、袋鼠、巨蜥、鸸鹋和各种几何图案。这些图案分布在长 50 英尺、高 6 英尺的横带上。因为画得太过密集，重复的次数太多，有时甚至能从后期的图案中找到早期画作上的动物头尾。我们兴奋地探索这处洞穴，每发现一种新的样式、一种不同的动物或是一幅格外宏伟的作品，就呼唤彼此。

我们无法拍摄它们，因为时间太晚了，离天黑还有不到一个小时。此外我们也还没有扎营。尽管这里没有水源，我们还是决定在洞穴旁边过夜。

这是一处世外桃源般的宿营地。我们身后是巨岩，前方一侧是广袤的平原，另一侧是灌木丛林。除了缺水之外，此地只有一处缺陷——到处都是苍蝇。它们聚集成爬动的黑色大群，落在我们的额头上、手上、嘴唇上和眼睛里，无处不在。这些苍蝇并无危害，然而它们的脚在皮肤上造成的恼人感觉与叮咬并无二致。当晚我煎了鸡蛋饼。我们围坐在篝火边进餐，苍蝇就落在我们的盘子里。它们锲而不舍地攀爬在食物上，仅仅挥手根本无法赶走。要避免一口吞进一打苍蝇，只能在吃每一口之前都不停地用力吹气，直到将食物送到唇边，然后趁这些讨厌的昆虫还没来得及重新落下时迅速将它投入口中。

我们架起野营床，在每张床上支起蚊帐，如释重负地钻了进去，终于不用继续忍受苍蝇的骚扰。我借着手电筒读了一会儿书。躺在床上时，帐外的任何东西我都看不见，因为手电筒照亮了蚊帐，让它显得密不透光。此时的感觉仿佛身处一个小小的白色房间。我关掉灯光，周围的白墙消失。我的目光上及无穷远处，看见灿烂的银河。在我前方，星光煜煜的夜空下浮现出欧比利岩石的轮廓。即便在此时，天气仍然相当热。我只能脱光衣服钻进睡袋。

午夜过后的一段时间里，我醒了过来。周围暗夜沉沉，却充满喧嚣。不时有一声凄厉的尖叫响起。我想那是某种鸟类的叫声，却分辨不出是哪一种。我又听见存放给养的地方传来一阵窸窸窣窣的声响，应该是什么小动物正在研究我们的食物储备，或许是老鼠。更远的地方，在一片露兜树丛中，有更大的沙沙声传来，随后是一声沉重的撞击。

"喂，"鲍勃开口了，"那边是什么声音？"

"我觉得是狐蝠。"我小声地让他放心。我也不知道自己为何要小声说话。

"狐蝠好像没有这么响，不是吗？"

又一阵持续的沙沙声，然后又是砰的一下。

"狐蝠怎么能弄出那种撞击声？"

"那是果子落地的声音。快睡吧。"

然而鲍勃的问题让我产生了疑惑。那片露兜树距离我们宿营处15码远。如果在那里弄出声音的不是一只狐蝠，那会是什么？我意识到，如果不弄清楚这个问题我就没法入睡。于是我拿上一支手电筒，赤条条地从蚊帐中爬出来，光着脚朝露兜树丛走去。我刚刚走到那里，树丛中一声轰响。一个巨大的身影从里面蹿出，冲入夜幕之中。那是一头水牛。

第二天一早，我们为了寻找更多岩画，沿着岩壁一线行驶。这里有太多突出地面的巨岩，还有密如迷阵的落石，初看起来无从下手搜寻。然而我们逐渐开始明白原住民偏爱在什么样的地方作画——悬空的突出部、能遮挡风雨的岩缝、洞穴、形状特殊的岩石结构（如拱形岩石或整块巨石）。这样的地方都值得探查，而且我们经常能在其中找到岩画。最明确的迹象是板形石片或平顶石块上面的圆形凹坑，那是画家用来配制颜料的地方。在这些凹坑中，他们用一块小石头将赭石矿碾成粉末，制成颜料。要在坚硬的石英石上凿出这些凹坑，需要花费多年时间，因此这些凹坑的存在本身就证明：画家选中这些地点并非因为一时兴起，而是因为它们对画家来说意义重大，他们年复一年返回，更新画中的图案或是增添新作。

　　在探索中，我们有时会看见又小又黑的岩袋鼠从我们附近跑开。它们是一种体型迷你的袋鼠，和狴一般大小。在逃走时，它们经常展现出惊人的敏捷，在陡峭的岩面上跳跃如飞。

　　在欧比利漫游时，我们曾经走到距离营地很远的地方，但我们在这一带发现的最有趣、最具美学价值的岩画，就位于主洞对面的一处小岩棚中。这幅画呈现的是一组猎人。每个人像都携带一支或更多矛枪，有的还带着其他东西，如投矛器、鹅毛扇、挂在肩上的篮子或是脖子上的系绳口袋。这些人像并无一定模式，每一个在姿势、武器和装束上都和其他人不同。绘画风格也完全不同于那种 X 光照片式的巨大尖吻鲈。画家没有详细呈现猎人躯体的细节，而是在涂红的岩石表面上用白色单线条来表现。那些鱼的位置更像是信手选择的，一条条鱼相互重叠遮盖，而这些人像的安排形成了一种均衡的矩形构图。那些鱼和其他动物是静态的、固化的，而这些人像充满了生命力，以腾跃的步伐奔跑着。所有人像组合起来，构成一幅充满刺激和活力的狩猎场景。

没有人知道这是哪个部落的作品。如今居住在这片地区的原住民明确表示这些岩画并非出自他们或他们的父辈之手。他们自有另一种解释——这些岩画的作者是被称为"米米"的仙灵，是他们的自画像。从画中可以看出，"米米"的身体细如芦苇，十分脆弱，大风一吹就会弯折，因此他们无法在大风天出门。他们像原住民们一样狩猎、进食、在火上烹饪、举行祭仪。那些石崖就是他们的家，但从来没有人见过他们，因为他们非常羞涩，耳朵又很灵。如果发

努尔兰吉附近一处岩棚中的仙灵画像

现有人类靠近，他们就会对着岩石表面吹气。吹拂之下的岩石会顺从他们的意志而裂开，并在他们钻进去躲起来之后再次关闭。

据说"米米"们是对人无害的快乐仙灵，然而在这幅狩猎场景中还横置了两个邪恶女巫的形象，那是"纳玛拉卡因"女人。她们和"米米"一样有细棍一样的身躯，但她们的面部被画成了三角形，并且使用的是红色颜料。根据原住民的说法，这些女巫会偷走人的肝脏，然后烤熟吃掉。她们手中捧着一个绳圈，那是她们的法宝。凭借它，她们可以在夜间飞越长远的距离。

我们使用带电池的小灯照明，拍摄了许多这样的岩画。那条画满尖吻鲈的巨幅饰带太过庞大，无法人工照明。还好，它位于欧比利巨岩的西侧。每天傍晚有十分钟时间，落日的光线会以接近水平

我们位于欧比利巨岩旁的营地

的角度照射在洞穴内壁，让它变得明亮。这也是我们的拍摄时间。这面石墙上有些区域重叠了太多层岩画，让人难以分辨，于是我们商定，在拍摄时我要从饰带的一头走到另一头，通过解说来指出不同的绘画并加以描述。这要求我们再一次使用同步录制的方法。

我们准备在扎营的最后一天来处理这组镜头。鲍勃提前测试了他的设备。查尔斯提前架好摄像机。我们对我从石壁前走过时要做的事进行了演练。关键在于我们不能犯错，因为返回努尔兰吉的行程无法再推迟。我们带来的水已经快要用光。如果当天傍晚无法完成令人满意的拍摄，我们只能离开，完全放弃记录这些令人惊叹的尖吻鲈。一切都准备好之后，我们便开始等待。太阳一点点下沉，洞穴内壁上的光照一点点上升。夕阳的红光增强了那些赭色鱼的丰富色彩。

终于，整条饰带上下都被照亮了。接下来我们有十分钟时间拍摄。刚刚开始，鲍勃就恼火地叫停。不知为何，录音机发出嘈杂的电流声，让正常录音无法进行。他飞快地把录音机拆开，在一块石头顶上将零件依次摆开。看起来所有连线都是好的，鲍勃也没有发现任何明显的问题。他又将录音机组装起来，但不把它放进外壳中。在组装时，因为一直站在阳光下，他注意到周围气温相当高。或许问题就出在这里，因为我们早就知道，有一部分当时刚刚进入大规模应用的晶体管在温度高于某个值时无法工作。于是鲍勃将机器放在一块石头的阴影下，用帽子给它扇风。在他的耳机里，尖锐的噪声缓缓消失不见。哪怕在查尔斯操作摄像机时，鲍勃还是一直扇个不停，直到我们完成拍摄。关机后一分钟左右，夕阳在灌木丛后面沉落下去，洞穴中只余一片暮色。

无人知晓阿纳姆地的岩画有多长的历史。有迹象表明，至少其中一部分已经相当古老。我们发现有一些岩画表面已经有了一层薄而透明的、类似石钟乳沉淀的物质，它来自岩石表面的水滴。我们在努尔兰吉的岩画上见过一支手枪，其型号也已经很多年没有在这个国家出现过。本地部落否认是他们创作了"米米"岩画，这本身就意味着这些岩画的作者在此居住已是相当长的时间之前，并且已经迁徙他乡或是消失了。无论如何，这些岩画中有一部分的历史肯

查尔斯·拉古斯在一个岩穴中拍摄

定超过一百五十年，因为马修·弗林德斯*曾提到过：在 1803 年那次伟大的探索之旅中，他就在卡奔塔利亚湾的卡瑟姆岛上发现过以海龟和鱼为主题的岩画。赭石的颜色主要来自氧化铁，而氧化铁并不容易褪色，因此岩画可以存留很长时间。此外，处于遮蔽中的位置也让它们免遭恶劣风雨的侵蚀。

因此我们几乎可以确定这种绘画方式早已是原住民的传统技术。同样可以确定的是，一部分岩画的创作时间相对较晚。较晚的时间及古老的技术让这些岩画极具魅力和重要性。这是因为它们在许多方面都类似人类的最早一批绘画，如欧洲山洞中那些创作于两万年前石器时代的宏伟壁画。

就表现对象而论，欧洲的岩画颇有不同，因为画中出现的是原牛、欧洲野牛、鹿、猛犸和犀牛。然而在一个重要的方面，这些动物与尖吻鲈、海龟和袋鼠并无二致——它们都是人类为了食物而猎杀的对象。西班牙的洞穴岩画中也有以细棍形式表现的人形，与"米米"惊人地相似。在法国和西班牙的洞穴岩画中，我们都能找到手印。无论是在拥有法国最精美的洞穴岩画的拉斯科，还是在其他地方，我们都发现了种种神秘的几何图案，与澳大利亚的情况一样。此外，随意重叠的现象在两地的岩画中也都很常见。

就绘画技法而论，欧洲岩画与澳大利亚岩画也十分相近。二者的绘制都使用矿物赭石，并且绘画的地点选择也是一样的，不是在

---

* Matthew Flinders（1774—1814），英国航海家和地图测绘家，曾率领历史上第二次环绕澳大利亚大陆的航行。——译注

山洞里，就是在岩棚下。在法国，人们已经发现了与岩画相关的投矛器和带纹饰的仪式器物，而我们在努尔兰吉和欧比利也找到了类似的东西。

关于史前时代的洞穴已有众多著述。关于石器时代的人类为何会创作这样令人惊叹的艺术，我们也有种种猜测，却不可能找到确定的答案。然而，我们仍然可以探索澳大利亚原住民创作岩画的缘由，因为这种创作至今仍在进行。洞穴岩画的创作在很大程度上已经停止了，然而原住民仍在树皮上绘制类似的图案。如果能看见这些画家的创作过程，或许我们就能对他们绘画的原因了解一二，进而通过类比，窥见史前人类将颜料涂抹在岩石上，创造出第一批艺术品的动机所在。

第二十一章　阿纳姆地的艺术家

要想找到仍在绘制图案，并且其作品可媲美努尔兰吉和坎农希尔岩画的原住民，我们只能深入阿纳姆地，也就是东阿利盖特河对岸那片平坦而广阔的原野。阿纳姆地南及罗珀河，向东和向北延伸到海边，面积约与整个苏格兰相当。这里没有公路可以通行，只有寥寥几位探险家曾经穿越。在地图上，这片地区只有部分区域的地面细节或多或少得到呈现，也就是分布于海岸线上的那几处传教站和政府驻地的周边紧邻区域。阿纳姆地是整个澳大利亚北部最蛮荒、最不为人所知的地带。

人们至今未曾在这片荒野尝试大规模开发。在这块大陆上气候更为温和的南方，大城市拔地而起，原住民被赶出连绵起伏的草原，为牛羊腾出地盘。然而阿纳姆地以及这里的居民还没有受到太多影响。其结果就是：存留于此的原住民的数量超过澳大利亚其他任何地区；这里的原住民也最缺乏压力和机遇来改变传统方式，转向白人规定的生活方式。1931 年，这片大陆最早的居民的悲惨历史终于触动了澳大利亚人的良心——整个阿纳姆地都被宣布为原住民保留地。只有获得特别许可，商人和勘探者才能通过这里的山谷，鳄鱼捕猎者才能上溯这里的河流，并且这些许可也无法免费取得。

早在达尔文时，我们就已申请了这种许可，并获准前往马宁里达。要想找到仍然发挥部落原始功能的绘画，马宁里达是所有定居点中的最佳选择。这个定居点是新近建立的，两年前才由政府福利部启动，因此这里的原住民还没有受到欧洲生活方式的太多影响。此外，这里也是唯一一个没有传教士的定居点。只要绘画还有任何仪式性的功能，那些致力于让原住民脱离部落宗教的男女传教者就不免扭曲他们的艺术性质。

从未有人从陆路前往马宁里达。每隔几个星期，会有一条小轮船通过海路向那里运送给养，然而到达那里最方便的还是乘飞机。因此我们预约了一架单引擎小飞机。它将从达尔文飞过来，再将我们送往马宁里达。从努尔兰吉起飞时，飞行员让这架小飞机转了一圈，从沼泽上方低空掠过，让我们再看一眼几个星期以来自己一直拍摄的原野。在我们接近沼泽时，那些原本点缀在波光粼粼的咖啡色潟湖上的小黑点展开了黑白两色的翅膀。它们与自己飞驰的黑色倒影脱离开来，看上去仿佛数量突然增加了一倍。我们的飞机倾斜飞过，不再打扰这些鹊雁，向东飞越阿纳姆地。

为何这片被烈日炙烤的蛮荒之地长久以来一直被开拓者们视为

畏途？此时答案再明显不过。一片裸露不毛的砂岩平原被一道道深谷分割开来，又横亘着一条条宛如伤痕的长而直的岩石断层。这样的景色一直无休止地向前延伸。当飞机从原野上方嗡鸣着飞过时，我为自己找了点乐子——在下方的大地上为驮马队乃至卡车设计一条可以通行的道路。每当我的视线追踪一条明显向东延伸的走向颇直的山谷，它要么在一道蛮不讲理的绝壁前戛然而止，要么就折出直角，离开我原来想走的方向。这就像是印在纸上给小孩子玩的谜题——你可以拿起铅笔，描画出一条穿过迷宫、通向图片中央宝藏的路线。然而在这里，你找不到一条没有阻碍的路线，也看不见此地存在任何宝藏的迹象。与我们在破解谜题时一样，如果一名旅行者想要在不脱离地球表面的前提下前往马宁里达，难度最小的路线总是最长的那一条，也就是乘船沿着海岸线绕行。

飞行员扭过头来，冲我大喊。

"如果现在引擎坏了，你觉得我们应该怎么办？"

我望向下方的地面，为他的想法感到惊恐。

"坠毁？"

"可以冲着那一小块地方去。"他一边高喊，一边指向前方的一小片矩形开阔地。与其他区域相比，那里几乎没有灌木，但周围是一圈断崖。"我们的高度足够，即使失去引擎，也能飞到那里。而且我觉得那块地的大小差不多刚够我降落。当然，别人要怎么才能把我们弄出去，我就不知道了。在飞越内陆时我总是要记住这样的地方。这样才能安心。"

我们继续向前飞。下方的地貌变成了绵延不断的岩石。我拍了拍飞行员的肩膀。

"要是飞机在这里坏掉,你会怎么办?"

他朝两边看了看,若有所思。

"祈祷。"他大声喊道。

飞了一个小时多一点,我们终于望见了海岸线。飞行员指向一条弯弯曲曲流向入海口的河流。在它的对岸,在一片蛮荒的围困中,我们看见了一簇小得可怜的玩具般的房舍。那就是马宁里达。

五年前,当福利部的船只停在利物浦河河口的沙滩上时,它们面前只有一片红树林。从那时起,每隔几个星期,就有轮船从 300 英里外的达尔文出发,绕过海角,运来一台台建筑机械、一袋袋水泥,还有拖拉机和食物给养。成群的木工和砖瓦匠也来到这里,在这与世隔绝的地方工作。他们已经建好了一所学校、一所医院、公共厨房、仓库和员工宿舍,也辟出了几座花园、一个检阅场和一个足球场。一面澳大利亚国旗在一根高高的桅杆上飞舞。

这一切工程的受益者扎营于基地周边。其中有的人沿着一条长而弯曲的海滩搭起了简陋的树皮棚子。他们是古纳维吉人,一个极少远离海岸的部落。古纳维吉部落的男人懂得如何挖制独木舟,并驾着独木舟捕杀海龟和尖吻鲈。女人们则在每天低潮时搜索礁石边缘,拾取贝类和螃蟹。另一个部落——布拉达人居住在基地另一侧稀疏的桉树林中。他们与古纳维吉人不同,并不熟悉大海,通常生活在内陆地带,在炎热而多石的丛林中搜集根茎,猎捕袋狸和矮袋鼠。

有的本地居民穿着欧洲人的旧衣服，但许多男人只穿一条兜裆布，也就是一块简单的方形织物，从两腿之间穿过，四个角在臀部打结。他们的皮肤光亮，颜色有如乌木，黝黑程度超过我见过的其他任何部族。他们的四肢纤细，看起来像是营养不良，然而这种精瘦体型正是某些原住民部族的典型特征。他们的头发不像新几内亚和西太平洋上其他部族的人那样满是小卷，而是相当柔顺，通常是波浪式的大卷。

当天下午，基地主管米克·艾弗里领着我们四处参观。他一再强调：尽管马宁里达的运营显然要耗费大量公帑，它却远非一处慈善机构。原住民要想加入这个定居点，就必须工作，每个人也能从这里多种多样的工种中找到适合自己的。有人在锯木场里锯柏树原木；有人替仍在修建新房子的欧洲承包人搅拌水泥；有人照料那些拱形喷水浇灌的园子，园里种着番木瓜、香蕉、西红柿、卷心菜和甜瓜；有人清理土地，种上新草——艾弗里希望这些新草很快就能足够茂盛，养起牛群。女孩们在医院里帮忙；成年女人在厨房里忙碌；老人可以劈柴。作为回报，每个男人和他的家人都能稳定地享受伙食供应，得到工资。有了钱，他就能在基地小卖部购买茶、烟草和刀具。他的孩子们可以上学。随着建筑工程的推进，用不了多久，很多人就能住进小木屋。每个人都能得到医疗服务。两名欧洲修女护士负责医院的日常工作。她们的上级是一名医生，每两周从达尔文飞来一次，出现紧急情况时也可以在几小时内赶到。碰到疑难的病例，他还可以带上病人和他一起飞回达尔文，在那里的医院处理。

在定居点建立之前，许多本地原住民就对白人社会有了一定了解——这些人曾在采珠船上干活，或曾去过达尔文，或曾在海岸线上其他某处的传教站住过。但有一部分人是从附近的荒野中迁来的，最后决定在此落脚。时不时会有一个新的迈沃人家庭来到这里，在基地附近扎营，他们是从未在任何定居点生活过的未开化原住民。他们会躲在安全的丛林里，一边观察基地内的同胞们的奇怪行为，一边思考。米克·艾弗里会派人出去，尝试鼓励这些迈沃人加入。有的迈沃人会对这种邀请报以粗野的嘲笑，然后离开，但有的人也会接受邀请，进入基地。在前两个星期里，他们可以和其他人一起得到免费食物，这在猎物稀少的时节有相当大的诱惑力。然而，过了这段时间，他们就得做出选择，要么开始工作，要么离开。

"不过这种情况很少出现，"米克说，"毕竟赶走他们没有任何好处。如果他们留下来，多数时候我们都能轻松说服他们加入劳动。问题在于，许多人根本拒绝在基地生活，一心想要回到丛林。"

我们抵达之后不久，米克就领着我们前往布拉达人的营地。我们跟着他来到树林边缘，走进一个由树枝构成、以几片相互间隔的树皮和布料加固的棚子。一名老者坐在这片荫凉下，身上除了一块脏兮兮的兜裆布之外什么也没有穿。他双膝贴地，双腿盘在身前。除非从小到大一直如此，否则我很难想象有谁能用这个姿势坐下来。

他的胸口和上臂上有长长的伤疤，来自年轻时的接纳仪式 *。我们走近时，他咧嘴笑起来，露出雪白的牙齿。因为常年吃粗粝的食物，他的牙齿严重磨损，快要与牙龈平齐。

"你好，老板。"

"你好，马加尼。"艾弗里指向我们，说道，"这几个人想看你们黑人画画。我告诉他们，你是马宁里达最好的画家。我说得对吗？"

马加尼点了点头。"没错，老板。"他接受了艾弗里的评价，并非作为一种奉承或是个人观点，而是作为一种人所共知的无可争议

马加尼

---

* 加入群体、教派时需要通过的仪式。——译注

的事实。

"你能画给他们看吗?"

马加尼用他那双黑眼睛盯着我们看了一会儿。

"可以。"

接下来几天里,我们每天上午和下午都会到马加尼的棚子去,在那里坐下来抽烟聊天,但这第一次拜访没有持续多久,因为我们没有带上摄像机。他正在一块三角形的薄树皮上画一组袋鼠,这项工作明显不需要很快完成,他在工作时很乐意聊天。

他用的是皮钦语,但刚开始我们很难听懂,因为他说话的节奏、每个单词的发音,还有他个人的重音选择,对我们来说都太过陌生,让我们听得云里雾里。在渐渐习惯他的说话方式之后,我也努力像他那样说话,但不时会用上我在新几内亚学到的那种皮钦语。这两种皮钦语差异明显。我很怀疑,尽管我尽力想让他听明白,但我的皮钦语给他带来的困惑比正常的简单英语还要多。然而,或许是出于非理性的考虑,我总觉得应该修改自己的语言以符合他最习惯的说话方式,否则就会显得不礼貌。我们的交谈粗浅且词不达意,不过我还是很快发现马加尼其实相当有幽默感。

一天下午,鲍勃、查尔斯和我坐在他的棚子里观看他绘画。另外两个人也加入进来,蹲坐在棚子后部。突然,其中一个人尖叫着跳起来。"蛇! 蛇!"他大喊大叫,指向一条翠绿色的小蛇。它正从一堆树皮碎片下钻出来,往地面上爬。除了马加尼,我们全都跳了起来。每个人都拿起棍子敲打那条爬虫,可马加尼一动也不动。他的画笔蘸上了赭石颜料，正悬在树皮上方。直到我们把蛇打死，扔出棚子，马加尼才有了纷扰开始以来的第一个动作。他转向我，心满意足地笑着，用标准的澳大利亚口音，加上天生的喜剧家的节奏，吐出了两个不堪入耳的字眼。

"马加尼，"我假装吓了一跳，"那些词不好。"

"哦，对不起。"他的眼睛望向上方，用手指向天空。"对不起。"他提高嗓门，重复了一遍，仿佛是向天上的神明道歉。接着他又望向我。"还好啦，"他表现出一种夸张的如释重负，笑着说道，"今天又不是星期天。"接着他尖声大笑起来。

"马加尼，那些坏词你从哪儿学来的？"我问他。

"芬尼湾。"芬尼湾是达尔文的监狱。

"你怎么会去芬尼湾？"

"很久以前了，有个家伙，一个坏家伙，我杀了他。"

"你在哪儿杀的？"

马加尼俯过身来，伸出手指在我的肋骨下方戳了戳。

"就这里。"他就像是在解释一件寻常事，"他是坏人。我必须杀了他。"

马加尼有一个特别的朋友，是他绘画时的帮手，时常待在这座棚子里，名叫贾拉比利。贾拉比利年纪没那么大，个子更高，下巴突出，眼睛炯炯有神。他性子沉稳，完全没有马加尼那种对笑话的爱好。我们对他说任何话，他都会严肃对待，仔细思考。有一次，我问他一种动物的名字在他的母语里是什么。他以为这种兴趣表明我想学会流利地说布拉达语。之后很长一段时间，他每天傍晚都会来找我，要求我和他坐下来，听他口述一大篇词汇表。接下来他会让我把笔记放在一边，然后用前一天傍晚的词汇表来考我。我不是个好学生，可是贾拉比利既执拗又耐心。尽管我记住的词汇太少，无法让我进行哪怕最简单的对话，但时不时地，我也能在我的皮钦语里加上一个布拉达语单词。这就足够让贾拉比利脸上难得地露出笑意。

我们在这间棚子里度过了许多时间，可它并非马加尼唯一的栖身之处，只是他作画的地方。他的妻子和孩子们住在另一处，离基地更近，但马加尼只有吃饭睡觉时才到那里去。他在树林里还有一个棚子，用来养狗。他还对我们提到他最喜爱的那条母狗刚刚下了崽。"我不把它们带到这里来，"他说，"说不定米奇波里 * 会开枪打它们。"最近基地里饿狗成灾，米克·艾弗里不得不采取严厉措施。马加尼似乎总觉得我们或许也持一样的态度。因此，他虽然为那些小狗感到骄傲，却明显不乐意让我们看到它们。我们也没有强求。有时我们来拜访他，却发现他既不在画棚，也不在家人那里。其中一次我们碰到了贾拉比利。当我们问起马加尼在哪里时，他看起来有些不自在。"他去林子里了，忙事情。"贾拉比利在提到所有跟宗教有关的事时，都会用到"事情"这个词。我们也没有追问下去。

布拉达人都没有太多物质财产。拥有物质的欲望让我们太多人苦恼不堪，可布拉达人一直坚持迁徙的生活方式，直到近年。这种

---

* 即米克·艾弗里，马加尼带有口音。——译注

生活让他们无法产生类似的欲望。他的画棚后壁上只挂着一只迪利袋，就是一种用长长的流苏装饰的细长编织袋。除此之外，他还拥有几根矛和一个乌梅拉，也就是投矛器。乌梅拉是一块长木板，一头做成把手，另一头装了铁尖。铁尖可以卡在矛尾端的一个凹槽上，相当于能把人的手臂延长一倍。这样可以增强矛的杠杆作用，大大增加投掷者的投掷力。马加尼还有一只烟斗，那是一根细长的空心木管，一头装着一只小小的金属杯，用来盛烟草。这种款式的烟斗上百年前从印度尼西亚商人那里流入澳大利亚原住民手中，因此被称为望加锡烟斗。这只烟斗的中段一直缠着一根已经磨得破破烂烂的脏布条。我们过了好久才弄明白其中的缘由。

贾拉比利有一根迪吉里杜管。它原本是一根被白蚁蛀空的树枝。贾拉比利将它打磨光滑，制成了一支简陋的小号。有时他会用它为我们演奏，吹出一种颤动的低音。他还能在这种低音中加入一种粗哑的渐强音和相当丰富的节奏变化。哪怕用它只发出一个音符也不是简单的事，可贾拉比利可以好几分钟不间断地吹出这种声音。在需要用鼻孔吸气填满肺部时，他会通过收缩两颊来维持吹奏。这正是专业巴松管乐手的能力。

最后，我们觉得马加尼和贾拉比利对我们已经足够熟悉，是时候问他们是不是可以开始拍摄了。马加尼同意专门为我们开始绘制一幅新画，让我们能拍到他作画的每一个步骤。他只用一种桉树的树皮来作画。我们一起出发去采集树皮。马加尼承诺说这块树皮"要够大"，这样他才能画出一幅真正的杰作。我们从他的邻居那里借来一把斧子，一起向丛林进发。

　　进入丛林后，桉树便随处可见。然而马加尼相当挑剔，十棵树中有九棵他都是瞄一眼就淘汰了。他偶尔会在某根树干上试着砍一斧子，接着说这树皮太薄，要么说它没法和里面的木质完全分离。有的树皮有裂口，有的树皮太多节疤。我开始担心或许我们永远也找不到一棵合适的树；或许马加尼太想为我们画出一幅杰作，为自

马加尼剥下绘画用的树皮

己定的标准太高。就在这时，马加尼终于找到了一棵看上去满足他所有标准的树。他拿起斧子，在树干上离地 3 英尺处砍出一圈缺口，接着又捡起一根落地的树枝，把它顶在树干上，然后沿着树枝攀爬上去。他用脚趾紧紧抓住树枝以保持平衡，在下方缺口之上 5 英尺处熟练地砍出另一圈缺口。接下来，他沿着竖直方向切掉一条，将两个圈连通，然后慢慢将一大张树皮剥离下来。树干上被剥掉的部分裸露出一片白色，渗出了树汁。

回到营地，他仔细剔掉树皮外部的纤维层，用剔下的部分点起一堆火，然后将卷曲的树皮内面向下，放在火上烤。火堆的热量不足以让树皮燃烧起来，却能蒸发其中的部分树汁，让整张树皮变得柔韧。几分钟后，他把树皮铺在地上，用石块压住，以使树皮在硬化后能变得完全平整。这就是他的画布了。

他一共使用四种颜料，还向我们展示了每一种在何处取得。他在一条干涸而多石的溪床上搜集褐铁矿石，也就是一种水合氧化铁。他拿起这些小石块在一块大石头上刮，以鉴定其品质。能留下黄色和红色印痕的他都会留下来。在海滩边红树林中挖出的一个坑里，他可以找到白色的高岭土。至于黑色颜料，他通过碾磨焦炭来制备。以上就是他的调色板中四种最基本的颜色。然而，除了红色的褐铁矿石，他还会使用另一种红色更浓更深的赭石颜料。这种颜料并非采自本地，而是来自南方，需要通过与产地所属部落的贸易来获得，因此相当宝贵。马加尼会仔细地把它用白千层树皮包裹起来，放在自己的迪利袋里。

还有一种必不可少的材料是石斛兰的肉茎。石斛兰寄生在桉树高处的树枝上。马加尼说他太老了，没法自己上树采集，因此爬树的任务就落在贾拉比利身上。这种茎的汁液可以起到胶水的作用，防止颜料剥落。

　　此时那张树皮已经变干，马加尼可以开始作画了。他将树皮平铺在地，双腿交叉在树皮前坐下来。他身边放着一只鸟蛤壳和几个香烟罐，里面都盛满了水。他先在一片砂石上碾磨一个红色石块，将磨出的赭石粉倒进那只蛤壳，由此得到颜料。接着，他用手指蘸上颜料，涂抹在树皮上，为自己的图案造出一片纯红色的背景。在

马加尼检验小块矿石的品质

开始作画

画每个形象之前，他都会用兰茎粗粗描出轮廓——他已经将兰茎的末端咀嚼过，使其能流出汁液。到了描画细节时，他使用三种不同的画笔。一种是末端经过咀嚼而散开的树枝，用来绘粗线；一种是尖头树枝，适用于点画法；另一种顶端还拖着一根纤维，马加尼使用它时手法稳定而富于技巧，在树皮上画出一根根纤细而柔美的线条。

他画得很慢，一丝不苟。袋鼠、人类、鱼和海龟——在他笔下浮现，都是风格化的简单图案。他从不试图表现某种动物的准确形象——那是不必要的，因为人人都知道袋鼠和人类长什么样子。观画者应该用自己的想象力来为它们穿上一层现实的外衣。他的目的很简单，就是清晰地表现各个形象的本质。为了确保这一点，他会挑出每种形象中最能彰显身份的特征来加以强调。大多数时候，就连我们这种外行的观者也能辨认出那些图案。马加尼使用的象征符号都非常精确。他笔下的蜥蜴可不仅仅是些长得像蜥蜴的东西，而是壁虎或巨蜥，与鳄鱼的区别很明显；他画的鱼能让我们认出是尖吻鲈、魟，还是鲨鱼。然而也有一些图案因为高度风格化，让初识这种画法的人难以辨认。一堆圆圈上方有一块隆起，中间以交叉阴影线分隔，这就是一个淡水潟湖，因为前者是睡莲球茎的符号，后

工作中的马加尼和贾拉比利

者代表的则是水。如果这个图案中还有一根长条——代表女人们用于挖掘的棍子——整个画面就呈现出人们在水潭中搜集球茎的场景。

马加尼的许多构图都有丰富的细节，是许多不同形象的组合拼盘，交织在代表大海、沙滩和云雨的几何符号中。他的画没有透视的概念。其密集的构图不论哪个方向朝上，都不影响观赏。在包含人物的构图中，你很难找到所有人物形象都以同一个方向站立的情况。

这些画都是简单而基本的作品，却让人回味无穷。马加尼十分有限的调色板反而意味着色彩的微妙调和，而各种符号的极度精简又赋予它们尊严与力量。在我们看来，它们有一种特异的美感。

每一个被我们问到的人都欣然认为自己是画家。我们居然会觉得一个人有可能不是艺术家，这似乎让他们惊讶。不过，如果说他们享受绘画，那也是因为绘画这种行为，而非对画的观赏。很少有人会从观看他人的作品中得到多少乐趣。我们对绘画感兴趣的消息传开后，人们纷纷带着各自的树皮来找我们。然而几乎没有人的作品能与马加尼的相比。他们缺乏他那种技巧、想象力和手法。

我曾问过马加尼他为何画画。这个问题让他感到困惑。他的第一个回答很简单——是我们请求他这么做的。然而在我们来到马宁里达之前，他已经在绘画了。这是为什么？因为米奇波里出钱买他的树皮，而他可以用钱在商店买烟。很长一段时间里，这就是我能从他那得到的唯一答案。然而这不可能是唯一的原因，早在白人来

马加尼和一幅半完成作品

到这里购买画作之前，马加尼和他的族人就已经有了长久的绘画传统。从岩画中，从早期探索者的记录中，我们都能知道这一点。"我们一直就这么画。"这就是马加尼的唯一解释。

我们拍摄了马加尼创作这幅大树皮画的每一个步骤。在他完成之后，我们一起坐了下来，然后我请他为我逐一辨认画中的形象。在树皮中心下方，有两个长长的身形，其侧面或是顶端有短短的胳膊伸出。躯干内部被分成一些矩形的区域，用白色、黄色和红色加上了交叉阴影线。

"蜂蜜袋。"马加尼回答道。这是一根装满了野蜂蜜的空心树干。那些"胳膊"其实是树枝，因为与核心概念无关，在尺寸上被大大缩小了。这两棵树的一侧有三个附属形象——"这个人——拿矛——杀野狗"。"两个女人——一个男人——生火——躺下——睡觉"。在这些图案上方，有一条巨蜥、一条壁虎和另一条脖子上长着红色皮褶的蜥蜴。"它有大耳朵。"马加尼指向它。这是一条伞蜥，一种优雅漂亮的动物，我们在努尔兰吉附近已经见到过。它的脖子周围有一圈巨大的皮膜，张开时活像伊丽莎白领圈。

在野蜂蜜树的对面，我看见一个让我难以索解的符号。那是一个长长的矩形，中部刻画着交叉阴影线，两端则有红黄白三色的宽条纹。一个男人的形象倚靠在它的一端，面部与矩形接触。在他下方还有另外两个人形，一个在跳舞，另一个明显拿着两根棍子在相互击打，就像唱歌的人在给自己打节拍时的动作。我伸手指向那个矩形。

"这个是什么？"

此前马加尼在回答我的问题时声音一直很大，也没有犹豫。这一次他却俯过身来，凑到我耳边轻声说出一个我没听过的名字。

"你为啥这么小声？"我同样压低了声音。

"如果我们声音太大，小男孩和女人会听见我提到他的名字。"

"他们为什么不能听？"

"那是秘密，很要紧，他是神造出来的。"

我听不懂他的话。显然这个符号与某种仪式有关，与某个不能在未成年男孩和女人面前提起的话题有关。然而，它到底是现实中存在的事物，还是某种精灵，或是二者皆是，我就毫无头绪了。

"这东西在哪儿？"

"在林子里。"

"马加尼，我不是女人，也不是小男孩。我可以看看他吧？"

马加尼认真地盯着我，伸手抓了抓他的鼻子。

"好吧。"他说。

树皮上的这个形象将向我们揭示马加尼投身艺术的主要原因，也将向我们揭示驱使他终日绘画的最大动力。

第二十二章　咆啸的大蛇

马加尼脚步坚定，在丛林中穿行。他行走时身体挺直，上半身稍稍后仰，双臂摆动。他的赤脚踩在树枝和棘刺上，仿佛无知无觉。在布拉达人营地附近，林中还有小道纵横交错，但随着我们的深入，小道越来越细，消失不见。很快，我们就已经身处一片明显人迹罕至的丛林。半英里之后，我们来到一座由树枝组成的大棚子。贾拉比利正坐在棚前，不是在忙什么，只是眼神空洞地盘腿而坐。随着我们走近，他明显突然一惊，眼含怒火转向我们。马加尼飞快地用布拉达语和他说了几句，然后两人一起走进棚中，取出一件用于祭仪的圣物，上面画满了花纹。

搞清楚这种仪式的性质以及与之相关的神话的过程相当慢，花了我们不少时间。每天我们都会谈论它，然后我将马加尼告诉我的东西记录下来。我发现这其实是一个以不同变体广泛流传于澳大利亚这一地区的神话，其许多版本已经见于种种记录。不过，在倾听马加尼的讲述时，我尽量将从其他人的记载中读到的东西抛诸脑后，专注于他的版本。我尽量不提有引导性的问题，不试图为故事套上一个顺理成章的情节，不强求事件必有原因，也不将它们引入我们的小说体裁所要求的行为和后果的逻辑顺序。就其原初形态而言，我们自己的神话也很少符合明显的逻辑。在初识神话时，我们会不持异议地接受它们，将它们当成一系列前后相继的事实。一条蛇劝说一个古代女人吃下一只苹果，从而让一个男人失去永生的赐福，注定要面对死亡。这个故事并不比马加尼的故事更有逻辑性。

我也明白：我可以在笔记本上记下马加尼的讲述，却只能隐隐领会一点这个故事对他来说具有的意义。我是一个把自己文化中的创世神话都只视为诡奇寓言的人；而对马加尼来说，这个故事直接解释了他的族人和家园的起源，故事中的事实饱含意义和神圣力量，以至于他不能在无权了解它的女人面前说出故事中某些主要人物的名字。所以，我如何能理解他对这个故事的态度呢？

我们逐渐听懂了马加尼的故事。它是这样的：

在梦境时代，大地一片平坦，到处都是一样；动物与人相似，而人与神灵相似。有两个女人从瓦维兰克人的地方向南方去。她们的名字是米西尔戈埃和波阿勒雷。她们一路走，一路为她们见到的、此前没有名字的动物和植物起名。米西尔戈埃已有身孕。当她们来到一处名为米拉米纳的水井边时，米西尔戈埃感到腹中胎儿的动静，于是她们在水边扎营。米西尔戈埃停下来休息，波阿勒雷出去搜集食物。她采来山药和睡莲根茎,又捉来巨蜥和袋狸。

姐妹俩不知道的是,这处水井是一条大蛇的家。它正躺在幽暗的水面之下,在水底沉睡。很快米西尔戈埃就产下一名婴儿,是个男孩。她们为他取名姜加朗。当波阿勒雷去烹煮她杀死的动物时,动物突然复活,跳入井中。姐妹俩猜到了真相。"这一定是因为水底有一条蛇,"她们说,"我们要等到太阳落山,也许还能再次抓到它们。"

然而,与此同时,米西尔戈埃在生姜加朗时出的血流入井中,污染了井水。大蛇尝到血的味道,知道有两姐妹来到水边。米西尔戈埃搜集千层树树皮,为婴儿做了一个摇篮,接下来又搭了一座能让三人过夜的棚子。可是那条大蛇因为水被弄脏而生气,带着在水下避难的巨蜥从井里钻了出来。它咝咝地吐着舌头,气息变成天上的云彩,于是天地都阴暗下来。米西尔戈埃已经入睡,可波阿勒雷拿着打节拍的棍子相互敲打,一边唱,一边跳,取悦水中的大蛇。跳累了之后,她回到棚子里的姐姐身边,把两根棍子插在地上,敬拜它们。然后她也睡着了。

这时大蛇已经从井中爬出。它一口咬住婴儿姜加朗的屁股,吞吃了他,然后又吃掉了两姐妹。接下来,它向天空弓起身体,它的躯干如同彩虹,舌头如同闪电,声音如同雷鸣。它在云端召唤原野中其他地方的大蛇,将泉水边发生的一切告诉了它们。其他蛇都嘲笑它,说它太愚蠢,又说吃掉两姐妹和她们的孩子是错误的。大蛇后悔了,回到井边,在那里把还活着的两姐妹和孩子吐了出来,然后返回井底。

这是一部长篇传奇，而以上只是其中的一个故事。整部传奇记录的是瓦维兰克两姐妹和她们被大蛇吐出后前来寻找她们的翁加尔男子的事迹。随着神话的讲述，世界上的所有动物都被创造出来，并被命名；割礼和献祭的仪式得以制订；舞蹈的节拍和庆典的规程得以开创。布拉达人的社会结构——图腾、氏族和群体——得以确立，因为每一个布拉达人都与故事中的主人公有关，因此可以据此确定自己与其他族人之间的相对地位。

这个故事的篇幅像《尼伯龙根的指环》一样长，内涵之丰富有如《创世记》。女人们不可知道故事中的细节。就算是男人，也只是在一生的过程中逐渐了解它。在出生之前，人的灵魂会先离开图腾之泉（那是他的祖先最早出现的地方），进入母亲的子宫。到了八九岁，他要接受割礼，并听闻这个故事中不那么神圣的部分。随着年纪增长，他了解的故事内容越来越多，也能见到更多的神圣符号。到了最后，他会变成像马加尼这样的老人，但也会了解生命的全部意义。当生命终结，他的灵魂从身体中解放，回到其诞生的图腾之泉。

马加尼和贾拉比利准备呈现神话中的一个小片段，让达到相应年龄的年轻人可以见证神圣的符号，了解如何颂唱和舞蹈，从而进入了解世界的新阶段。他们每天都会演练这些颂唱。

有一次，贾拉比利在颂唱结束后深陷情绪之中。他坐在地上，手中的节拍棍一动不动，面无表情，却有泪水流下两颊。"我想起了我的爸爸。"他对我们这样解释。

贾拉比利和他的儿子

在马加尼和贾拉比利的准备过程中，丛林里各处偏僻角落里正有许多仪式在秘密举行。布拉达和古纳维吉这两个部落各自分为几个氏族，而氏族又分为不同的图腾群。每一个这样的社群都要各自组织自己的仪式。此外，每个男人都各自拥有圣物。他珍视自己的圣物，在独处时与它交流。只有与他属于同一个图腾群的近亲才能获准观看他的圣物。因此，步行穿过这片丛林需要十分小心，以免撞破陌生人的隐私。

有时我们会雇一个年轻人来扛摄像器材。在第一次的时候，我在一株金合欢树上看见了一只形似鹦鹉、头胸为红色的漂亮小鸟。那是一只吸蜜鹦鹉。它飞走了，我一边兴奋地追上去，一边招呼扛器材的小伙子跟我来。我推开灌木，慢慢向前钻去，眼睛紧紧盯着那只鸟。我转过身，看见那个小伙子站在原地纹丝不动。鸟儿再次飞起来。我又追上去，同时第二次招呼他，口气更加严厉。就在这时，我才看见一个老人坐在大约20码外的一根树干上，双膝上横放着一件圣物。小伙子停下来时离我还有一段距离，但也已经足够靠近，看见了那个老人。我们站在那里，老人把他的圣物从膝盖上拿下来，塞进树干下，在上面盖了一块树皮。然后他朝我们走过来，和那个小伙子说话。根据两个人的商议，小伙子必须支付两听烟草作为赔偿。付钱的人自然只能是我。很明显，他们也意识到我不会拒绝，因此提高了赔偿数额。无论如何，这种对信仰隐私的侵犯无疑总是要求侵犯者以某种方式做出补偿。如果类似的侵犯完全发生在部落情景中，那么只能通过更严厉的惩罚来解决。

　　终于，举行仪式的时间到了。马加尼拿起他的圣物，说道："明天的时候，跳舞。"此时我们也明白了这两个男人在仪式中将扮演的角色。贾拉比利属于巨蜥族，将扮演他自己的图腾祖先。马加尼则有一个与之相关但不相同的图腾，或者用他的说法——梦境。为了

向我们展示他的图腾是什么，他领着我们返回画棚，取出他的烟斗。确认附近没有女人和孩子之后，他小心翼翼地解开了烟斗上的裹布。烟斗身上刻着一连串三角形，每隔一个就有一个被刻上整齐的交叉阴影线，那是雨云的符号。"这个，我的梦境。"

第二天是星期六。中午刚过，男人们就陆陆续续来到马加尼的棚子。我认出其中一人是定居点里的园丁，另一人为建筑商搅拌水泥。还有些老人我从未见过。有几个人来时穿着长裤，却把裤子脱了下来，换成兜裆布。贾拉比利和另一个人清理掉棚子前的灌木和小树，辟出一大块空地。一个人仰面躺倒，另一个人准备好赭石颜料，开始在同伴的胸口画一条巨蜥。很快又有几对开始在对方身上作画。他们的手法与马加尼在树皮上绘画时所用的完全一样，也是先用一根末端咀嚼过的多汁兰茎粗略抹出图案的轮廓，在描画白红黄三种颜色时用的也是同一种枝条画笔。每个躺下让同伴描绘身体的人都闭着眼睛，一动不动，仿佛无知无觉，进入了某种出神状态。他们身上的图案本身差异不大，但位置各不相同。有些人胸口上的形象的头部朝向上方，另一些则颠倒过来。贾拉比利身上的巨蜥比多数人的都要大，巨蜥的舌头已经够到他的臀部，尾巴则搭在他的肩膀上。所有图案都以完全相同的风格画成：每个形象都要从上往下看，都是双腿张开，躯干上都有交叉阴影线，心脏和肚肠的画法也正如我们在马加尼的树皮画上所见。每个人的额头上都涂抹了一条白色宽带，眼睛下方横跨鼻梁的另一条则是红色。每个人都背着一只迪利袋。

马加尼出现了。他身上的装饰比其他任何人的都要华丽。我们已经了解他那种狡黠而浮夸的性格，所以这一幕本在我们意料之中。他的额头上系了一根用吸蜜鹦鹉羽毛编织成的长绳子，脸上的红白色带比别人的更宽，颜色也更鲜艳。然而他胸口上并没有一条巨蜥，因为那不是他的图腾。

等到所有人身上都画好图案，已经是下午相当晚的时候。先被画好的那些人此前一直坐在周围的林荫中等待。此时，所有人都在棚子里集合。一群年轻男子被人领到这片场地上，站在一侧，眼睛望向别处。这场仪式就是为他们举行的。他们将见证一种神圣的奥秘，此前对他们来说那还是一种可怕的秘密。我也要见证这神圣的奥秘。然而，我尽管希望能把后来发生的事描述出来，却没有资格透露。

我们来到马宁里达，是为了更好地理解原住民绘画的原因。马加尼已经清楚地向我们证明：就他个人而论，绘画的首要目的是服务于仪式。他笔下的图案是他的祖先为满足仪式需求而创造的。这些图案因此得以神圣化，被赋予极大的重要性，成为女人不可理解之物——即使是男人，也需要终其一生经历种种仪式，才能明白这些图案的全部意义。绘画本身已经成为一种崇拜行为，成为一种与那些曾经创造世界、至今仍然统治世界的神灵沟通的手段。观看了这些图案，年轻男性才能了解自己的起源和天地运行的规律。

因为与超自然之间存在这种联系，绘画便有可能通过其他方式影响大自然的发展走向。如果谁想让另一个人患病或死亡，可以在一片树皮或一块岩石上偷偷画下某个邪恶神灵的形象，以召唤它。如果谁想让妻子生儿育女，可以画出她怀胎待产的样子。有时人们也会通过绘画来确保作为食物的动物种群能绵延昌盛。创世时出现第一只袋鼠祖先的洞穴中，有着一代代流传下来的、用赭石色描绘的袋鼠图案。如果一个老人掌握着袋鼠的图腾奥秘，他或许就需要负责这些图案的更新，因为如果岩石上的形象消褪，周围荒漠中的袋鼠也会随之减少乃至消失。

不过，马加尼也证明了这些岩画并非总是神圣的。这些人在仪式上绘制的巨蜥图案的每个细节，都和马加尼在树皮上展示给我们看的一模一样。它们并无明显的宗教意义，甚至也可以让女人和孩子们看见。只要不在仪式情景中，没有被仪式神圣化，这些图案就没有神圣的力量。然而这种世俗化的艺术变体从何而来，在人们的生活中有什么作用？一位权威曾有如下解释：澳大利亚北部雨季漫长；在大雨如注的时候，人们往往需要和家人在遮蔽处躲上许多天。大雨淋透桉树，将他们平日狩猎的原野变成泥泞的沼泽。或许就是在家中枯坐时，他们开始在为自己遮风挡雨的岩石和树皮上绘画，也许仅仅是为了消磨时间，也许是为了练习，以在更隐秘的场合中画出能够满足神圣目的的图案。接下来，他们或许又为了自娱或娱乐彼此，创造出只是描绘他们的交谈而别无意义的新形象，画出如我们在努尔兰吉所见的轮船和手枪之类的图画。

然而原住民绘画的主要动力无疑是宗教性的。哪怕最简单的图形也有其不可能为外人所猜度的神圣内涵。如果我们是考古学家，并发现了马加尼的望加锡烟斗，我们很可能会认为烟斗身上那一串刻有条纹的三角形只是随意的饰纹，只是烟斗主人为装点其个人物品而刻上的几何图案。我们不可能明白这些线条其实是他的个人图腾，因为太过隐秘而必须用布条包裹起来，以免女人和孩子们看见。

这一切能为我们带来什么样的线索，让我们更好地理解在史前欧洲洞穴中创造出人类世界第一批艺术品的人的动机？在审美意义上，以拉斯科洞穴中的杰作为代表的古画无疑远远胜过本地原住民的一切作品。然而，正如我们在努尔兰吉所见，就其出现在岩石上的形式、主题和技法而论，原住民的绘画与那些史前作品有很大的相似度。我们是否能对创作这些作品的两批作者做出有意义的比较？

本地原住民作者似乎是途经亚洲和印度尼西亚诸岛来到澳大利亚的，当时这些地方还不像现在那样彼此远隔重洋。他们并非来自澳大利亚本地，而是在四万至五万年前才进入这片大陆，这一点确凿无疑。在撒哈拉沙漠的岩石上和西班牙南部的洞穴中，我们仍能见到某个已经消失的族群留下的岩画饰带，上面那些奔跑的棍状小人与阿纳姆地的"米米"惊人地相似。如果本地原住民来自欧洲，那么这种相似性就是线索，让我们得以追踪他们在千百年间横跨半个地球的旅程。

有一点我们基本可以确定——石器时代的欧洲人与澳大利亚的早期原住民曾经拥有相近的技术水平。两者都是迁徙的狩猎族群，只是一个猎杀袋鼠和海龟，另一个猎杀野牛和猛犸。他们都没有掌握如何驯化动物或种植农作物的奥秘，因此无法在一个地方定居下来生活。或许正是相似的生活方式导致了相似的宗教信仰，也导致两个族群创造的绘画作品类似。当然，这只是一种猜测。

即便如此，仍然有一层精密而复杂的意义之网笼罩着原住民的绘画，这足以说明史前绘画很可能也不会只有一种单一而简单的解释。拉斯科洞穴居民的绘画无疑是他们的狩猎魔法的一部分，他们描绘体侧插着箭矢的公牛和肚肠流出的受伤野牛，以此寄托对提高狩猎成功率的希望。然而，谁又能说这些灿烂的壁画中没有隐含图腾崇拜和更微妙的哲学意蕴呢？

怀抱矮袋鼠的原住民男孩

我们不可过于夸大二者之间的近似。无论本地原住民起源何处，他们已经不是史前人类。任何社会都不是静态的，不可能让其文化的所有细节像化石一样永久凝固。在诞生于自身社群的种种新观念和新信仰的刺激下，原住民的生活不断进化。尽管千百年来隔绝于人类流动的主流，他们仍然受到其他族群——如西方的印度尼西亚人和北方新几内亚岛上的美拉尼西亚人——的影响。

现在欧洲人也加入这种影响之中。新的事物不断涌入，越来越多，终将不可避免地来到阿纳姆地。马加尼和与他一样的画家们会如何反应？我们还不得而知。不久以后，他们只需要花几个便士就能买到丰富多彩的各色颜料。他们是否有足够的天赋或训练来掌握这些色彩？让他们学会使用古老调色板中四种颜色的那种传统会不会过于僵化，无法应对可用材料的突然大幅度增加？也许他们的传统有能力容纳新的材料，但更有可能的是古老的画法被淘汰，被一种风格和目的完全不同的画法取代。

在基督教传教团的努力侵蚀下，原住民的仪式生活不可避免地崩坏，而他们也将掌握新的技术。在这二者的共同作用下，无论接下来发生的是什么，都会剧烈地改变原住民艺术的整体性质。在马宁里达，我们见证了人们在创作树皮画时心怀何等的关切与敬仰。然而，当上述变化出现时，这种树皮画终将与史前壁画一样，成为古老的陈迹。

第二十三章　博罗卢拉的隐士

　　我们乘坐飞机从马宁里达返回达尔文，至此我们在澳大利亚北方的工作已近尾声。接下来，我们计划前往艾丽斯斯普林斯以南，了解完全不同的澳大利亚中部荒漠。在离开达尔文之前，我们必须购买更多给养，对汽车进行大修，还要和我们在此认识的许多朋友道别。

　　达尔文太热。在主街上从头到尾走了一趟，我们便已经汗流浃背，需要喝上一杯。达尔文人喜欢吹嘘说他们的人均啤酒饮用量比世界上其他任何地方都高。在这座拥有如此可怕记录的城市，不难想见酒吧随处可见。你当然可以在体面旅馆的正规休息室里喝啤酒，坐在安乐椅上，身边是塑料花和戴着黑领结、佩着饰带的侍者。要想真正解渴过瘾，最好的去处还是酒吧。那里才像是正经卖啤酒的地方。我们挑的这一家到处都铺砖镀铬，没有任何不直接强调场所主要功能的多余装饰。一台装着玻璃门的巨大冰柜占据了屋中的一整面墙。一个粗声大气、精力十足的女招待飞快地从中取出冰镇啤酒，四处分发。她用来装酒的玻璃杯同样冷冻过，以确保啤酒在进入顾客的嘴唇前不会比必须的温度高出一度。在挑剔的澳大利亚啤酒顾客看来，冰冻杯子是一道必不可少的仪式，和英格兰人喝茶时要先暖壶一样。

我们在酒吧里遇到了道格·洛克伍德。道格是一名作家兼记者。你很难找到一个对北领地的了解比他更广泛的人，也没有谁比他更乐于分享信息，比他更好打交道。我们谈到了北领地的一些人物，接着话题转向了"无望者"。

"无望者"指的是那种放弃文明的舒适，弃绝社会，选择独自隐居的人。比起世界上其他任何地方，空旷广袤的北领地可以让追寻孤独的无望者更容易、更成功地达成目标。当然，这样的人不可能只存在于北领地。五年前，查尔斯和我就曾在昆士兰遇到一位。

当时我们正在前往新几内亚途中，已经离开凯恩斯，乘船沿大堡礁北上。在凯恩斯以北大约 100 英里的地方，我们汽艇的引擎轰隆一声停了下来，整条船震动起来。一根连杆断掉了，打坏了活塞头，又压弯了主轴。我们清理掉碎片，设法重新启动了引擎，可是汽艇的最大速度变得只有两节。我们还没擦干净手上的油，就从收音机里听到了飓风即将到来的警告。如果在船还没修好时遇上风暴，那就真的要倒大霉了。为了躲避风险，我们榨干这条破船最后的力气，龟速驶向海岸。最好的避风港似乎是地图上一个名叫波特兰罗兹的小黑点。与这条荒凉海岸线上的其他任何地方一样，这是一个偏僻孤绝的地方，然而在战争中，美国人在这里建了一个码头，以便向他们在内陆距离海岸几英里远的丛林里建好的飞机跑道运送给养。据我们了解，这个码头已经被废弃不用，不过如果我们真的遭遇飓风，它至少能给我们带来一点掩蔽。

我们一点一点向西航行，速度慢得让人发疯。终于，地平线上出现了一抹山丘的影子。在接近岸边时，我们惊讶地发现一个小小的身影坐在码头末端。他背对着我们，正在垂钓。等到我们与他平行时，我站在船头冲他大喊，请他接住我们的缆绳。他没有动。我喊了一次又一次，他仍然没有表现出听见的迹象。最后，我们的船头挨上了码头的木桩。我跳出船，顺着木桩向上攀爬。攀爬的过程并不容易，因为木头表面长满了藤壶和牡蛎。查尔斯把绳子扔给我，我们这才把船系牢。然后我俩一起朝那人走去。整个过程中，他毫无反应，一直在钓鱼。我很难想象，身处这样的偏僻之地，有谁不想要见到新鲜面孔，不想和别的人类交谈。他是个干瘪的小个子，身上只有一条破烂的短裤和一顶散了边的草帽。

"你好。"我说。

"你好。"他回答。

对话就这样卡住了。不知何故，我觉得自己有义务让对话继续。于是我向他解释我们是谁，从哪里来，为何到此。老头无动于衷地听着，偶尔抬起头，透过他那副钢架眼镜看我一眼。我好容易说完，他收起钓线，动作僵硬地站起身来，若有所思地打量着我，开口说

416

道："我是麦克。"

说完，他转过身，沿着长长的码头慢慢离开。他那双长着老茧的赤足踩在烈日炙烤的木板上，发出啪嗒啪嗒的声音。

我们被困在波特兰罗兹好几天。后来我们才发现麦克居然有工作。某个官方机构支付一小笔薪水，让他永久值守码头，以备有进港船只需要人接住缆绳。我们一定是他许多个月以来见到的唯一顾客。

美国人在内陆修建的那条飞机跑道也需要有人清理草木，以备紧急降落之需。此外，每隔六个月左右，就会有人运送一批沉重的桶装航空燃油到这个码头上，麦克的额外责任就是把这些燃油运到跑道边的临时仓库。他用一辆卡车来完成这个任务。这辆车非同寻常，多年来麦克给它加注的一直是航空燃油。按他的说法，卡车的引擎几乎还是完好的，事实上唯一的毛病只是散热器有时会漏水。麦克愤愤地解释说，他已经用尽了一切可能的办法，他在散热器的正反面都抹了一遍黏固剂，还一罐一罐地往里面倒过几次浆糊，可它还是会滴水。他觉得这简直就是故意作梗。不过，他也承认这辆车确实有些老了。他已经用敲平的煤油桶换掉了车上的挡泥板，还用绳子加固了货厢所剩无几的栏板。更严重的是，整个车架都有了裂缝，前部和后部之间的连接快要断裂。因此，坐在这辆车的驾驶舱里让人有些紧张：如果前轮轧过路面上的突起，你的膝盖就会被顶向胸口；如果前轮落进凹坑，你就会觉得脚下的踏板突然下坠。

我们向凯恩斯发了电报，请求他们派一艘汽艇送来零件。接下来，除了等待，我们便无事可做。为了找点事做，我们开始在码头的木桩上凿牡蛎。我吃过的最美味的牡蛎莫过于此——不论是生吃还是烤着吃。

麦克的住处在海滩边的一座小山上。那是一座盖着生锈的波纹铁瓦的棚子，淹没在一大堆空啤酒罐和碎酒瓶中。除了坐在码头上垂钓，他的大部分时间都在这座棚子外面度过，他就在那里坐着。一天傍晚，我走上山去找他。他突然变得不同寻常地健谈，向我讲述了他最初为何来到这里。他原本是来寻找金矿的。在他到来之前和之后，有许多人在这一带勘探。一部分人大有收获，但其中不包括麦克。

"我也中过几次彩，"他仿佛只是在陈述一件事实，"可是不够回本赚钱。"

他只用一只手，就给自己卷了一支烟。"过了几年，我就懒得再找了。如果你有兴趣，这里应该还有不少。"他又加了一句，"不过照我说，就让它们留在那里好了。我无所谓了。"

"你在这里多久了？"我问他。

"三十五年。"他回答我。

"好吧，麦克，"我打趣他，"那我想我知道你为什么留下来了。再没有哪里的牡蛎比这里码头上的更好了，对吗？"

麦克把烟点着。烟纸冒出火苗。他猛力吸了几口，直到烟草完全燃烧起来。

"那很好，"他说，"我也喜欢好牡蛎，经常好奇它们尝起来是什么味道。"

他向后仰去，靠在棚屋的墙上。

"我一直希望能去弄几个下来，只是好像一直没有时间。"

听完这个故事，道格·洛克伍德大笑起来，又叫了一轮啤酒。"没错，"他说，"麦克应该就是个真正的无望者。不过在北领地你能遇到好多这样的家伙。如果你想见识三个凑在一起的，那就去博罗卢拉吧。那里是个鬼镇，只剩下几间破棚子。还有三个这样的家伙住在那堆破烂里。"

"听起来不错，"我说，"这地方在哪儿？"

"沿着'柏油路'一直往南开，在戴利沃特斯左转，直走就到。"

第二天，天还没亮，我们就开车穿过达尔文黑暗而凉爽的街道，向南进发。这是平淡无奇的一天。20码宽、1 000英里长的"柏油路"毫无变化，不断向前延伸。路上几乎没有车，每处定居点间的距离都有50英里。我们到达戴利沃特斯的时候，离天黑还有一段时间。

第三天，我们开始第二段旅程，在看到一处路标后左转。路标上写着"博罗卢拉，240英里"。

路面平整，我们以50英里的时速匀速行驶。这条路实在是太直，经常一连二三十英里不怎么需要动方向盘。干枯而覆满灰土的灌木稀稀拉拉，长在荒芜而多石的原野上，中间偶尔能看见低矮的蚁冢。公路笔直不变，植被单调乏味，让驾驶变得毫无趣味，令人疲倦。只要不是在开车，我们就在打瞌睡。每当我们再次睁开眼睛，眼前的景象还是和原先一样，让我们疑心自己一直停在原地。

100英里，110英里，120英里。我们的车吱嘎响着前行。每过一个半小时，我们会停下来换司机，让引擎冷却，加点水、机油或是汽油。这趟旅程或许有点无趣，好在没出什么岔子。

随后，我们便遭遇了尘埃。在北领地，人们都管这些尘埃叫"牛尘"。没有人确切知道这个命名的来由，但大多数人各有自己的粗略猜测。无论其源头是什么，这个词已经获得正统文学的认可，因此仅仅将之称为"尘埃"就显得欠缺了些什么。在我看来，此地的尘埃与其他任何地方的都不相同。因为它太过特异，科学家们甚至赋予它专门的地质学身份。在艾丽斯斯普林斯，我们还听说有人把这些尘埃装进瓶子，高价卖给旅游者，游客把瓶子带回南方，为自己在北领地旅行如何艰苦的故事增色。就细腻度而论，这些尘埃的颗粒太过微小，摸起来竟有滑石粉的稠腻感。牛尘在公路上大片堆积，将路上那些足以让高速行驶的汽车折断车轴的凹坑和石块完全掩盖。有时尘埃堆积太厚，在我们驶入时大片扬起，将整个汽车笼罩，如同救生汽艇迎面撞上大浪。有时它仿佛有自己的古怪性格，变得像恐怖电影里的异形怪物。我们减速时，车后的尘云会反超上来，如同一道隐藏恶意的肮脏白墙，在我们的车窗外缓缓移动。每当此时，我们便觉得自己仿佛被人追赶，赶快提速。

我们时刻关注着里程表——此时车速已经下降了将近一半。读数一格一格地转动，220英里，230英里，慢得让人发疯。在转过240英里大关时，我们周围仍是一大片空空如也的平坦荒原。如果戴利沃特斯的路标是准确的，我们此时应该已经到了博罗卢拉，然而周围完全没有人类居住的痕迹。或许我们的里程表有问题，或许路标出了错。或许，我们被笔直的道路弄糊涂了，错过了转往博罗卢拉的路口，眼下正前往昆士兰，前方是另外300英里的空旷道路。然而，当里程表转到248英里时，我们瞥见了一个躺在路边草丛中的路标。它的方向垂直指向天空，上面写着"博罗卢拉商店，3英里，供应汽油和机油"。

根据我们的猜测，这个路标从前指向的必定是路对面那条隐约可见的岔道。于是我们振奋起来，沿着岔路开了下去。不到十分钟，一座破败的波纹铁瓦建筑出现在前方，就在一株杧果树下。更远处是一排绿树，标出了一条河流的走向，那是麦克阿瑟河。我们已经到了。

当晚，我们在麦克阿瑟河岸边扎营。这里是一处理想的宿营地。我们把帐篷支在一片宽阔平整的沙地上，正好位于一丛木麻黄树的树荫下。宽广的河流波光粼粼，对岸有几间残留的原住民棚屋。太阳落山时，我们燃起一大堆柴火。我把睡袋在火堆旁铺开，借着跳动的火苗的光线读书。幽暗的河面上有声音传来，是鳄鱼排气的颤音和鱼类跳出水面的溅水声。此时气温凉爽惬意，让我庆幸于睡袋的温暖。木麻黄的羽状树叶间漏下点点星光，闪亮有如水晶。在经历了令人窒息的酷热、漫天的尘埃和行车的喧嚣之后，此地在我们眼中宛如天堂。不难理解人们为何会选择在这里建起一座城镇。

第二天早晨，我们开始了在这处定居点废墟中的漫游。这里只剩下三栋建筑屹立不倒，并且彼此距离都相当远。原先的警察局如今是一名政府官员的住处。他的责任是保证在河对岸丛林中扎营的原住民的福利。距离警察局 1 英里处有一条山谷，到了雨季就会变成一条注入麦克阿瑟河的汹涌支流。山谷对面是一家小商店，也就是那个倒下的路标指向的地方。你可以在这里买到汽油、机油、啤酒、水果罐头、腌牛肉、混凝纸制成的牛仔帽，还有硬糖。光顾这里的，有原住民，偶尔有去往昆士兰或从那里来的旅行者，还有从牛场来的骑手。在为了聚拢畜群而出远门时，这些骑手有时会来到距离博罗卢拉只有几小时路程的地方，然后起念来这喝杯啤酒，跟别人聊聊天。

幸存建筑中的第三栋也是最大的一栋，它是一家破败的旅馆，距离我们的河边营地不远。它屋顶的波纹铁瓦只剩下一半，有一点风吹过就不祥地吱嘎作响。它的走廊已经变弯下沉。房子周围到处堆满了垃圾，就像防波堤周围聚集的浮物。其中有破碎的朗姆酒瓶、塌陷生锈的啤酒罐、机油桶、方向盘上爬满枯萎藤蔓的半个车架，还有各种铸铁的轮子和连杆——必定来自某台我们无法揣测其功用的机器。

博罗卢拉的旧旅馆

　　旅馆内部的地板在我们的脚步之下塌陷。它们内部的木心已被白蚁蛀空，只剩下薄纸一般的外壳。一面长满霉斑的镜子斜挂在木板墙上，屋角的一个铁床架因为生锈而变得歪歪扭扭。在一堆垃圾里，我发现了一本书，是耿稗思的《师主篇》。谁会把这样一本学究气的灵修著作带到这里来呢？我翻过书的扉页，发现白蚁几乎吃掉了那位隐修士的所有文字。白蚁显然很喜欢墨水的味道，因为书页四周的纸边完好无损。在书的附近还有一张卷折的地图，已经发脆，入手便有碎片落下。地图上的日期是 1888 年，还有一行醒目的标题——"博罗卢拉镇"。

上个世纪末，牧人们在昆士兰建起大如英格兰诸郡的牛场，又沿海湾南沿西进，进入还未有人探索过的空旷的北领地。麦克阿瑟河受到潮汐影响，河水含盐，但仍然可以饮用。牧人们在这里歇脚饮牛。他们赶着数量超过千头的牛群，希望用这些牲畜来填充自己还未见到的牛栏。他们也可以在此获得给养，因为航船沿河上行至此并不困难。从达尔文到这里的航程足有 1 000 英里，耗时可能长达半年，却还是比经由艾丽斯斯普林斯的陆路运输更快，也更便宜。因此麦克阿瑟河沿岸成为人们和牲畜常用的营地。他们在此休息，恢复气力，然后再次出发，进入荒芜而尘土飞扬的北领地。

　　有人在金伯利地区发现金矿之后，渴望暴富的淘金者们穿越大陆，从澳大利亚各地赶来。许多人走的正是从昆士兰出发、经由博罗卢拉进入北领地的牛群迁徙路线。这是一个艰难的时代。原住民部落和通过他们领地的白人之间时有冲突发生。孤身上路的淘金者时刻面临危险。除此之外，这片荒野在旱季里太过缺水，在这里死于干渴并非天方夜谭，而是时有发生的事。明智的旅行者会小心安排行程，从一处已知水源走到下一处。博罗卢拉曾经有一个出名的人物，在这方面比其他大多数人都成功，因为他娶了一个原住民女人。有了妻子作为向导，他可以进入其他欧洲人不可能自行通过的地区。这是因为这个女人从小就在这片荒野上迁徙，知道何处石缝中的积水可以存留最久，也知道在哪里只是徒手挖坑就能让浮着泡沫、颜色黄褐如泥浆的地下水渗出。夫妇二人携手同行，从博罗卢拉出发，对北领地的内陆展开探索。每天晚上，他们都会燃起篝火。女人就在火堆边睡觉，而惯于荒野生活的老头会把毯子卷成人体形状，作为假人放在火堆另一边。他自己则会爬到树上，躺在树杈间，怀抱着步枪入睡。到了早晨，他经常会发现那卷毯子上多了一个破洞，那正是夜间被人偷偷用矛刺穿的地方。

在那个时代，博罗卢拉已经发展成一个小小的开拓者聚落，看起来注定会继续成长，变成功能完备的城镇。我们在旅馆里找到的地图上就标出了规划中的大路和广场，每一处都被冠以响亮的名字，如莱卡特街、波特街、麦克阿瑟街。镇中的主干道是里多克街（Riddock Terrace），从地图上的一处空白地带开始，以一处箭头结束。箭头处标注着"通往帕尔默斯顿"。或许这是地图测绘员开的一个蹩脚玩笑，或许是为了诱惑南方来的地产投资者购买土地，因为"帕尔默斯顿"正是达尔文当时的名字，距离这个尚未长成的小镇还有 540 英里，中间隔着一片荒漠，无路可通。

无论如何，博罗卢拉曾经拥有成为城镇的必要条件。一名警士在此驻扎，还管理着一处牢房。在聚集于麦克阿瑟河两岸的野蛮牧人和疯狂淘金者中，他负责建立某种类似法律的秩序。此人颇有文学品味，曾向墨尔本发出申请，要求在博罗卢拉建一座图书馆。令人意外的是，墨尔本方面几乎立刻就发出了一千册书。在抵达目的地之前，这些书要在路上走六个月。这批书的总量后来又追加到三千册。马队和大车在河边的政府码头上等待，准备接收给养船上卸下的货物，将它们转运到北领地内陆，然后向北进入肥沃的巴克利高原，如今那里已经建起了牛场。

1913 年，第一辆汽车离开从北领地中央穿过的南北向主干道，折向博罗卢拉。这辆车的轮胎上包裹了水牛皮作为保护，走的是一条小道——在过去，乘坐轻马车走完这条路需要大半年时间。人们在博罗卢拉周边的山地发现了黄金、煤炭、铜和银铅。此时，除了警察局，这里又多了两座旅馆、五间商店，还有五十名常住的白人居民。看起来，博罗卢拉即将实现那位多年前在沙漠里标出街道的地图测绘员的希望。

然而，澳大利亚的城镇似乎远比其他地方的更脆弱。在人口稠密的欧洲，聚落很不容易消亡。一旦建立，它通常就能获得自身的发展惯性。哪怕最初导致其建立的刺激因素已经不再有效，聚落仍能继续为居民创造出新的活动和职业。可是北领地的人类聚落有所不同，在这个巨大而空旷的空间中，它们断续闪烁，在一处熄灭，又在另一处亮起，只有少数几处亮光能够持续。当一处聚落的光芒衰减熄灭，人们就会搬走，在身后留下空空如也的建筑物。这里没有无家可归的过剩人口，没有人忙着占据空房子。没有人会因为这些破败的棚子不够整洁或为了满足人们追逐土地的需求而去拆掉它们。人们不会向这些被抛弃的地方看一眼。曾经的居所在孤寂中霉烂，消失，被人遗忘。

随着时间的流逝，人们在内陆钻出的自流井越来越多。博罗卢拉失去了饮水补给点的重要地位。金伯利淘金潮渐渐退去。始于昆士兰的大量人畜迁徙也结束了。北领地有了新公路，牛场通过陆路得到给养比从前更容易。

一辆接一辆大车在它们停下来的地方渐渐腐烂，直到只剩下车轮上的铁轮毂。除了我们在旅馆里找到的那本，整座图书馆的藏书都成了白蚁的美餐。1913年那位开拓者司机之后罕有追随者。一路挣扎、喘着粗气抵达博罗卢拉的汽车寥寥可数，其中有好几辆在这里永远停了下来。澳大利亚的荒野居民在机械方面的天赋不容小觑，然而这里的可怕地貌给汽车造成了太多伤害，其中有些只能通过更换零件来修复。博罗卢拉没有零件可换。炎热的深山中，最后一位全职淘金者在他的特许地上孤独地饮弹自尽。博罗卢拉逐渐衰落消亡。

然而对有些人来说，死去的博罗卢拉的残留躯壳比兴旺繁荣的博罗卢拉更有魅力。我们远道而来想要拜访的那三个人就是如此。他们眼中的博罗卢拉就是世界上最美好的地方。

杰克·马尔霍兰是博罗卢拉旅馆的最后一任管理者。我们找到他时，他正坐在一间破烂的小型附属建筑的门槛上。那里原本是博罗卢拉的邮局。他似乎永远占据着这道门槛，就像固定在底座上的石像。我们无论何时去找他，他都在那里，连姿势都不变。黄昏时分开车驶过，我们会在那扇永远洞开的门中瞥见他的模糊轮廓。天刚刚亮时前往，我们也能看见他坐在自己的位子上。我几乎想在半夜里拿着手电筒偷偷摸到那里去，看看他是不是睡在同一个地方。我们习惯了在那里看见他的身影——我们离开前不久的一个下午，当我来到邮局，发现门口空空如也时，我不禁担心发生了什么可怕的事。这就像纳尔逊*从他的圆柱顶上消失了一样。惊恐的我又往门里望了望。马尔**就躺在那里，躺在一堆乱七八糟的毯子、旧汽车电

杰克·马尔霍兰

池和破烂杂志中间。我有些担心，往里走了一步。只见马尔的胸口上下起伏，鼾声如雷，我这才松了一口气。

马尔是个身材粗短的爱尔兰人，年近六十。他大半辈子都在澳大利亚度过，可口音中还是带着爱尔兰式的鼻音。他说话柔和缓慢，眼睛总是因为毒辣的阳光而眯成一条缝。他的头发依旧浓密，还没有发白。他对我们讲起了自己最初来到这里的缘由：他听人说"卢"*是个好地方，又从未见识过这片大陆的这个地区，于是决定来看一看，然后发现这里的一切都名副其实。

"所以我就留下来了，"他说，"然后花了四五个月时间在图书馆里读书。后来，旅馆的老板想找人替他们管理，我就接手了，再也没有离开过。"

他望向那座摇摇欲坠的大建筑，若有所思。

"这工作不怎么累，"他谦虚地补充道，"适合我。"

"你同时需要招待多少客人？"

"从来都不会多于一个。"马尔似乎对我的想法感到震惊。"说起来，从我来到这里，我能回想起来的顾客不超过三个。"

"难怪旅馆会关门。"我说。

"没错。"马尔若有所思地揉了揉没剃胡须的下巴，然后又眯起眼睛，抬头望向一株棕榈树的枯萎树叶，在风的推动下，它们正沙沙地扫过屋顶。"本来也不是多么能赚钱的生意。"

---

* 马尔霍兰对博罗卢拉的简称。——译注

我们就坐在他的棚屋前的台阶上，周围是数不清的铁皮罐和破碎的朗姆酒瓶。

　　"喜欢喝酒？"我问他。

　　"没有，"马尔说道，一副清心寡欲的样子，"也没什么喝酒的机会。这些瓶子在这里可能有二十年了。"

　　"没想过把这地方清理干净吗？"

　　马尔严肃地看着我。

　　"整洁，"他说道，"是精神的疾病。"

　　马尔几乎没有物质需求，但他还是得从商店购买面粉、烟草和弹药。我问他钱从哪里来。

　　"打鳄鱼剥皮，打野狗，不过如今这些家伙在这附近不常见了。当然，我也会修点收音机。"

　　最后这一条听起来不像是住在这么一个偏僻无人地区的家伙会选择的工作。然而我们后来发现他在这一带竟然相当出名，因为他善于让老式收音机重新焕发青春。大部分时候，他维修靠的是一种细水长流的拆东墙补西墙的方法。有时候，骑马路过博罗卢拉的牧人会把一台坏掉的收音机扔给马尔，问他是否能够修理。马尔提起兴趣的时候，就会检查收音机，找出毛病。在这样的气候下，焊点和连接点松脱都是常事，所以有时候修理起来相当简单。然而更多的时候，问题出在电子管烧毁或是某个零件需要完全更换。这时马尔可能就得再等上六个月，直到下一个人送来需要修理的收音机。然后，他就会从第二台里拆下第一台需要的零件。他日积月累地从每台收音机获取零件，最后总有一个倒霉蛋会被告知自己的收音机已经坏到没法修理，而其实那台收音机就躺在马尔的棚屋后面，已经被摘光了电子管和电容。接下来，整个过程会重新开始循环。"我要么修好它们，要么毁掉它们。"马尔这样说。

马尔可以说是一个近乎天才的荒野机修师。就在他的棚屋旁边，停着一辆1928年的庞蒂亚克，至少引擎盖上的铭牌是这么说的。原车的零件已经十不存一。这辆车更像是一个拼盘，集合了过去五十年来到博罗卢拉，然后在此朽坏的各辆汽车的不同部分。它那两只巨大后轮用的还是木质辐条，与前轮显然来自完全不同的旧车。所有轮胎都瘪掉了。发动机中央位置的矩形缸体有一种原始的简洁和优雅，然而顶上已经长出一座巨大的白蚁丘。从表面上看，这台机器和附近那些被草丛掩埋的废品没有区别，让人很难想象它在最近十年中曾经被人开动过。我险些把这样的想法直接说出来，问他上次开这辆车是什么时候。那必定会伤害他的感情。好在我及时打住，委婉地提出了我的问题。

"这车你多久开一次？"我问。

"只要你想看，我随时可以发动它。"他不服气地回答道，"它能去的地方，你那破路虎可去不了。"

为了向我证明，他主动提出第二天要把这辆车开出去转一圈。为此他需要做的准备工作可不少，可是他因为我的质疑大受刺激，立即就开始了忙碌。首先，他需要给这辆车加一台水泵。在院子里的一辆报废车上找到水泵之后，他花了一下午在上面开槽锯口，以

马尔和他的老爷车

使这台水泵能装在自己那辆车上。第二天一早，一切已经就绪。这辆庞蒂亚克的生产年代早在电动起动机问世之前，而原有的摇柄也早已遗失。然而马尔自有一套完美符合逻辑的办法。他先把车的后轮顶起来，让它们完全离开地面。接下来，挂上挡，然后握住辐条，推转后轮。这可是个力气活，让马尔出了一身大汗。五分钟后，引擎发出巨大的轰鸣声，运转起来。马尔立刻冲向车头，把震颤不停的引擎推入空挡，再将后轮轴放下，然后自信满满地回到车头，爬上驾驶座，骄傲地开车绕行旅馆一圈，以庆祝胜利。

后来我们才知道，有一次马尔曾经躲进丛林里，待了不少时间，起因是一名警官即将抵达博罗卢拉。他之所以如此，并非有什么不可告人之事或害怕什么，只是不愿毫无必要地与法律发生纠葛。整整三个星期，人们没有看到他的身影。直到有一天，远处传来熟悉的汽车轰鸣，那是马尔在归程中穿过平原。在离家还有半英里时，引擎熄了火。马尔可以立即就地修理，也可以步行走完最后一段路，以确保在离开这么久之后能再一次睡在家中。然而这两个选择他都放弃了。他从车里爬出来，燃起一堆火，煮了一壶茶，然后打开行囊，就在汽车的遮蔽下睡了。他在原地停留了三天，一直在思索引擎出了什么问题。最后，他打开引擎盖，清理了火花塞。引擎立刻重新启动。他气定神闲地完成了回家的旅程。

我曾问过马尔，进入丛林时他都干些什么。

"噢，多半是为了勘探。"他说。

"找到过什么东西吗？"

"算是吧，金子、猫眼石、银铅矿都有，但都挣不够钱。"

"那不会让你失望吗？"

"一点也不会。"他表现出不同寻常的激动。"如果真的找到了什么，那才让人伤心。那时候生活还有什么意义呢？毕竟钱对人又没有什么好处。"

"它能让生活过得舒服又轻松。"我说。

"你能拿它做什么呢？"马尔说道，"买几条豪华游艇，喝好酒，找漂亮女人？我看不出那有什么意义。一点也没有。如果说我从自己的生活里学到了什么的话，那就是一个人需求越少，就越富有。

我已经够快乐了。"

"好吧，"我说，"大概没有多少人能像你一样不求舒适，同时还能说自己快乐。"

"唉，"马尔流露出一丝同情，说道，"那他们一定是哪里松掉了一颗螺丝。就是这么回事。"

———

马尔最近的邻居也是博罗卢拉最老的居民，名叫罗杰·乔斯。他在 1916 年就来到这里，之后只有三四次短期离开。罗杰相貌不凡，留着长者式的灰色大胡子，一头卷曲的银发，久经暴晒的皮肤满是皱纹。他的衣着有些怪异：一顶奇特的高帽，形似法国军团士兵的军帽，却是他自己设计的，用露兜树叶纤维编成；衬衫的两只袖子被他有意从肩膀的位置剪掉，膝盖以下的裤腿也被截去。如果他走上舞台，扮演《金银岛》里的本·甘恩，台下的观众大概会以为服装设计师和化装师太过自由地发挥了想象力。

没有人知道罗杰的年纪。就连他自己的说法也并不可靠，至少在过去六年中，他一直声称自己是六十九岁。

他的住处和他的衣着一样奇特，是用波纹铁瓦搭起来的一座圆形建筑，侧面开了一道小门。这原先是一个容量 5 000 加仑的水箱，为旅馆蓄积雨水之用。罗杰把它大卸八块，然后搬了 1 英里远，再重新搭起来，部分是为了避险——旅馆正在逐渐解体，而此地的平原上不时会有大风，可能会让旅馆屋顶上的波纹铁瓦飞落下来——部分也是因为马尔住进来之后，罗杰觉得旅馆好像有点太挤了。

罗杰是图书馆的最后一任管理员。在馆中藏书被白蚁啃光之前，他几乎把它们通读了一遍。这不仅让他变得热爱学识，也让他对词语产生了热情。可以说词语让他着了魔。他品味它们，就像品尝甘美的糖果。词语在舌尖的流动让他感到欣喜。它们的精确含义与各种引申都时常让他思索。

我问他平常都吃些什么，他答道："唉，我也想尝一尝主家的牛肉，却又得不到。所以我只有追逐狡猾的有袋动物。"

罗杰·乔斯坐在他的小屋外

塔斯·费斯廷是巡回本地的福利官员，有时会来看望罗杰。罗杰则会把塔斯的看望视为良机，与他分享上次见面之后自己从记忆中发掘出来的一些美妙词语。对话通常以罗杰的套话开场："前几天，我在读一本书的时候……"对于罗杰来说，"前几天"指的完全可以是十年前或十五年前，因为他的视力早就让他没法阅读任何东西了。接下来，罗杰会假装天真地提出一个问题，盼着塔斯卡壳或者给出错误答案，好让自己以胜利者的姿态纠正他。塔斯恼火起来，有一天抢过了主动权。

　　"罗杰，"他问道，"你读了那么多书，有没有见过 leotard ？"

　　罗杰狐疑地眯起眼睛，盯住塔斯。

　　"我想我见过它的一张皮。"他有些犹豫。

罗杰坐在用水箱改造的家门口

"不可能，"塔斯说，"leotard 没有皮。"

罗杰沉默了。

"那你倒是说说 leotard 是什么？"他不甘处于下风。

然而塔斯拒绝告诉他。三天后，罗杰赶往塔斯的营地。突如其来的知识断层让他焦虑不已，无法入睡。他必须知道答案。这一次，塔斯才告诉他，leotard 是芭蕾舞演员的练习服。

"那时我觉得自己真蠢，"罗杰在对我们讲起这件事时这样说，"怎么连这个词都不知道。"

然而，罗杰从他的阅读生涯中收获的不仅是词语。他爱好诗歌，喜欢引用格雷的《挽歌》，也喜欢引用莎士比亚、奥玛珈音 * 和《圣经》。他也意识到自己和别人不同。

"可我并不比别人差。"他赶快补充了一句，"别以为是那么回事。我也在城里生活过，也和其他人打交道，那时候也过得好好的。然而那是我产生现在这种优越感之前的事了。后来我觉得，最好的伙伴就是我自己。于是我就逃到荒野里来，寻找内心的宁静。这里就是我的终点。或许你也可以说我无路可走了。"

"你从来不觉得太过孤单吗？"我问他。

"我心中有上帝，"他语气柔和，"怎么会孤单？"这时他的声音开始发颤，让他停了下来。接着他露出了笑容。"还有老奥玛珈音和不朽的比尔 ** 陪着我呢。"

---

* 《鲁拜集》的作者。——译注

** 指威廉·莎士比亚。比尔（Bill）是威廉（William）的昵称。——译注距罗杰的水箱 2 英里之外，在那条干涸的溪床对岸比商店更远处，住着博罗卢拉最坚决的隐士——"疯狂的小提琴手"杰克。他独自坐在自己的小屋里拉小提琴，可以一连拉上好几个星期。有人提醒我们，最好不要在未获邀请的情况下去拜访杰克。据说杰克有时候会用霰弹枪欢迎不请自来者，愤怒地警告他们不要踏入自己的土地。

然而，一天早上，我们开车前往旅馆去拜访马尔，却看到老邮局外停着一辆陌生的卡车。一个矮小的男人坐在车的踏脚板上。他戴着眼镜，有着火柴棍一样的双腿，活像一只鸟。

马尔把我们介绍给他。杰克狐疑地打量着我们，不情不愿地说了声"你好"，然后站起身来，打开车门。我以为他立刻就要离开，然而他只是伸手进去，拿出一只装满水的旋盖小水罐。他旋开盖子，喝了几口，小心翼翼地把盖子拧回去，然后把水壶放在卡车的引擎盖上。

马尔和他开始深入探讨自由意志的本质。这样的描述或许会让你觉得这些孤独者只对哲学问题感兴趣，然而我认为事实并非如此。理由很简单，身处这样的环境下，你不太可能进行闲聊——这里没有闲聊的素材。杰克的说话风格快速而紧张，澳大利亚用语习惯之下透出一丝爱德华时代上流社会的口音。他会用

"gels"*和"motoring"这样的词。这让我想起曾经听人提到他出身英格兰贵族，有自己的封号。

马尔指向我们，对杰克说："这些伙计问过我为什么到这里来。那你又是为什么来的，杰克？"

杰克用挑衅的眼神看着我们。"他们把我赶出英格兰，是为了英格兰好。"他说得直截了当。

接下来是令人尴尬的沉默。

"他们说你会拉小提琴。"我急于改变话题。

"没错。我练小提琴七年了。"

"你都拉些什么？"

"大多数是音阶练习。"他回答道。

"不拉曲子吗？"

"你听我说，"杰克语气柔和，"你也知道小提琴是很难的乐器。弗里茨·克莱斯勒**这样的家伙起步就占了太多便宜——他们还只有蚱蜢腿一半高的时候就开始学小提琴了。我是年龄很大了才开始的。"他从自己的水罐里抿了一口。

"不过，"他接着说道，"我明年打算试试亨德尔的《广板》。当然，我也不着急。"

杰克的雄心是演奏18世纪音乐。在他看来，无论18世纪之前还是之后，都没有什么值得演奏的东西。

---

* 即"姑娘们"（girls）。——译注
** 美籍奥地利小提琴家和作曲家。——译注

"再说，"他又补充道，"现代的曲子几页就要好几镑。巴赫和贝多芬的东西一先令就能买一大堆。

"好啦，"他说，"我不能再浪费时间跟你们闲聊了，我得走了。"他爬上汽车。

"哪天我们能到你那儿去拜访吗，杰克？"

"我看你们还是别来了，"他说，"谁也不知道我什么时候闹什么情绪。"

杰克摇动启动杆。引擎咔嗒咔嗒地响起来，好像喘不上气。他钻进了驾驶室。随着一声刺耳的尖叫，汽车挂上挡位。然后，他从窗口探出头来。"只要不带那些摄像机和录音机，我想你们可以来。回见。"

他松开离合器，把车开走了。

我们在第二天应邀前往，在一片美丽的新月形水沼边找到了他的小屋。这里有鹈鹕，有鸭子，还有鹦鹉。我们开车到达时，杰克正在小屋里忙碌，好一段时间没有说话，也没有对我们的"你好"做出回应，而是躲在里面不见人影，看起来好像正在受折磨。最后他还是出来了，表现得热情有礼，还让我们坐在盒子上。然而我们刚刚坐下，他又钻进屋子里不见了。透过那扇没有装玻璃并且敞开的窗子，我看见他站在屋中一动不动，盯着手里的小提琴。过了整整两分钟，他才将它放回琴盒，然后慢慢关上盒盖。他第二次走出来，我问他能不能让我们看看他的琴。

"还是算了。"他平静地说。

我们听从了他的要求，没有带摄像机和录音机。聊了一会儿之后，我再次提起小提琴的话题。"为什么不呢？"我打趣道，"世人有权知道北领地出了一位前途无量的小提琴家。说不定你就是明日之星。"

　　杰克身体前倾，回答中充满了情绪。"该有的名声我都已经有过了。四十年前，我就在英格兰北部的剧院登台演出。那时和我同台的演员，有的现在已经世界闻名。那不是我想要的。"

　　一时间我开始担心自己刺伤了他。他站起身来，端起一只原先放在简易桉木桌上晾干的搪瓷杯，用一块布使劲擦拭。

　　"你们也知道，别人管我们叫林中怪人。"他有些愤然地说，"他们说得没错。你们也觉得老马尔和罗杰过得挺快活吧？可是他们没说真话。他们也是林中怪人，和我一样。大多数时候他们都过得挺惨的，也和我一样。每个选择到这里来待上一段的人都各有缘由。他一直待下去，还没等他反应过来，就已经陷入了一种无法改变生活方式的状态，哪怕他想要改变。"

　　他把杯子挂在一颗钉子上，与一只搪瓷盘子并排。那只盘子边缘上被穿了一个洞，挂在另一颗钉子上。

　　"你们该走了。"他说，然后钻进小屋，再次消失不见。

第二十四章　腹地

在逗留博罗卢拉期间中段，有一天我开车到商店去买食物。"你们几个英国佬里，有没有一个叫拉各斯或者类似名字的？"柜台后的女人问道，"达尔文那个主持瞎扯频道的家伙正在找他，把消息传遍了整个北领地。我的收音机不怎么好使，所以我没听清楚细节，不过应该是急事。"

我们花了将近一整天来监听那条消息，最后终于收到了，是一条坏消息。查尔斯的一位家人得了重病。他得赶紧返回伦敦。我们用塔斯·费斯廷的电台订了一架包机。飞机在第二天抵达。我们将汽车和行李留在塔斯那里，然后全体返回达尔文。这段飞越北领地的旅程只花了两个半小时，之前我们开车可是艰难跋涉了两天。当晚，鲍勃和我与查尔斯道别，将他送上一架喷气式客机。再飞24个小时，他就能回到伦敦。博罗卢拉是那么偏远，无论在罗杰·乔斯还是在我们眼中，都是世界上最孤独的地方之一。然而，通过无线电和飞机的结合，它竟能与地球另一面的某座城市如此便捷地相连。这真令人惊叹，也令人庆幸。

在达尔文也有一封电报在等我——另一位摄像师尤金·卡尔已经从伦敦出发，前来接替查尔斯。两人应该在印度上空相遇，却互不知晓。第二天晚上，金*的飞机在达尔文着陆。第三天一大早，我们带着他跑遍全城，给他弄到驾照和一条短裤。到了下午，我们就催着他上了包机。当天傍晚，我们已经回到博罗卢拉。

金对自己经历了什么还有些稀里糊涂。四天前他还在伦敦拍摄一位政客；四天后，他已经身在博罗卢拉，拍摄的对象变成了杰克·马尔霍兰。他倒是没有说这两个人谁的话听起来比较靠谱。

哪怕只以最粗略的轮廓来呈现北领地的生活画卷，我们也还需要再拍摄一个主题。在北领地南部、澳大利亚腹地的空旷荒漠中，曾有相当数量的人类生活，我们要展现的就是他们曾经的生活方式。少数原住民仍在利用身边的岩石来制作所有必需工具和武器，仍能像我们阅读书本一样阅读沙漠，仍能在外来者只能饿毙的地方找到食物。或许我们可以遇见这样的人。

金到来后不久，我们就离开了博罗卢拉，沿那条"牛尘"肆虐的小道返回戴利沃特斯，在这里折向通往南方的"柏油路"。一英里又一英里，公路如同墨线一样笔直，穿过除了沙粒、石块和枯萎灌

---

* Gene，尤金（Eugene）的昵称。——译注

木之外空无一物的巨大沙漠。只有遇到突出地面的巨岩或流沙地带，公路才会转弯。路上的车寥寥无几，全都高速行驶。周围的旷野中没有任何能吸引司机们停留的东西。他们只关心一件事——尽快穿过达尔文与艾丽斯斯普林斯之间这片蛮荒的、宽达 1 000 英里的文明隔离带。我们偶尔也能见到"陆上列车"。这是一长串连接起来的庞大拖车，每一节的尺寸都有如运送家具的大型货车，总长足有 50 码。拖动它们的是一台巨大的柴油卡车，大小相当于军用的坦克运输车，有二十二个挡位，速度和轿车差不多。这种车高速行驶时，司机高高坐在巨大的驾驶室中，要想把车停住至少需要四分之一英里

一只雄园丁鸟在它的求偶亭中

的刹车距离，甚至连改变方向都难。其他车辆都要主动为它们让路。这些庞然大物将两段铁路连接起来，一头是艾丽斯斯普林斯的铁路终点，另一头是从达尔文向南的那条古怪小铁路，它延伸了146英里，遇阻后在丛林中戛然而止，距离艾丽斯斯普林斯还有160英里。

哪怕在最空旷的荒漠中，也必定有会面的场所，让一年中大部分时间都散居各处的人们聚集起来交换消息，看望旧友，举行聚会。在澳大利亚中部，艾丽斯斯普林斯就是这样的地方。早在欧洲探险者骑马到来之前，原住民就扛着长矛，拿着回旋镖，赤足翻越红色的山岭来到这里，在岩石间的幽深水泉边扎营，取水饮用。从不可考的古老年代开始，这片土地就属于他们。到了19世纪晚期，陆上电报线路建成。电报杆的行列从地平线外的南方延伸过来，又深入北方的干旱荒原。电报线路的建设者在这里修建了木质结构的中继站，使此处定居点成为他们的主要基地之一和给养仓库。很快，铁路线也追随电报杆的步伐延伸至此。艾丽斯斯普林斯于是发展起来。一个个身形精瘦、胡茬浓密的牧人沿着牧道将畜群从更靠北的牛场赶到这里。牲畜被赶上铁路货车，在颠簸中被运往南方。牧人们则会留下来放松庆祝。艾丽斯斯普林斯很快就有了酒吧，还有了一条赛马道，让这些牧人发泄多余的精力。后来，当那些单薄的小型飞机开始嗡鸣着大胆飞越沙漠，澳大利亚内陆传教团的约翰·弗林牧师选择了艾丽斯斯普林斯，使它成为后来的"飞行医生服务"机构的中心。

旅行者也来了。在他们眼中，艾丽斯斯普林斯就是荒野的代名词，而荒野是每个澳大利亚城市居民隐约认为属于自己的天然归属之地——荒野中的拓荒者硬朗而又精干，骑着马四处闯荡，这片土地依旧荒无人烟。艾丽斯斯普林斯同样接纳了他们。我们在这里找到了一家崭新的高档酒店。它有好几层高，在这座以小平房为主的城市里显得相当突兀。这里有不少出售凉鞋和牧鞭的商店，但也有一些商店卖的是成捆的矛枪、北方 1 000 英里外海滨地区传教站的原住民女孩们制作的手工贝壳项链，还有迷你尺寸的回旋镖，上面五颜六色地画着一张留着大胡子、皱起眉毛的黑人脸。

从艾丽斯斯普林斯往西，便是一片沙漠。因为环境太过严酷，它无情地拒绝众多尝试进入的旅行者。他们的皮肤受到烈日炙烤，他们的唇舌面临焦渴的折磨，他们的马匹会负伤跛行，他们的头脑会受到蜃景的欺骗。最后，他们眼睛半盲，濒临饿死，只能折戟而返。我们来到它的边缘，寻找居住在沙漠地带的原住民。他们对这里的岩石、草木和鸟兽了如指掌，在这片外人无法长久生存的荒原中活了下来。五十年前生活在这片绝地上的部落如今已经抛弃了他们的古老领地，接受了白人的方式，迁居到牛场和城镇。有的部落甚至完全消失了。然而还有一个部落坚拒改变的诱惑，不肯放弃祖先的土地，尽管它干旱而又凶险。他们是瓦尔比瑞人。

上个世纪，为了获得自己最喜欢的白人货物，例如斧子、刀具和毯子，部分瓦尔比瑞人走出沙漠，为探矿者和牧人工作。但他们很少依附于这些临时雇主。当挣到的钱足够买到想要的东西，或是不喜欢雇主对待他们的方式，他们就会回到这片沙漠，事实上，这里的许多区域至今尚未有白人探索者涉足。1910年，两名矿工的确深入了他们的家园。原住民用矛枪攻击他们，杀死了两个白人中的一个。瓦尔比瑞人凶狠危险的名声因为此次事件而得以坐实。

这样的局面一直延续到1924年。这一年，一场史无前例的大旱在北领地发生。从前，哪怕在旱情最严重的季节，有的水源仍能存留一点泛着白沫的绿色死水，这一次它们却彻底干涸。部落赖以为食的袋鼠、袋貂、袋狸和其他动物都消失了。旱情持续两年之后，就连瓦尔比瑞人也无法坚持下去。许多人死在了沙漠中，另一些人在濒临饿死之际走出沙漠，向定居在拓荒前沿的白人求助。旱情仍在持续。四年后，一群在绝望中觅食的部落成员遇到了一名坐在水塘边的年老淘金者。这些原住民将他杀死，偷走了他的给养。为了给老人复仇，一名警察单骑出发，搜寻瓦尔比瑞部落成员，并射杀了十七人。被他杀死的人中即使有那次谋杀的参与者，也不会太多。然而那对他来说不重要。黑人必须得到教训。

长达五年的干旱终于结束了。一些部落成员选择继续留在矿井中劳动，或是给牧场主做帮工。大多数人仍然没有忘记白人的报复，返回了荒野。

后来，政府为他们建起了定居点。第一处建在瓦尔比瑞人地区南部的哈斯茨布拉夫。第二处于1946年建立，位于艾丽斯斯普林斯西北方 170 英里处的延杜穆。这两处定居点已经运行多年，然而在那里居住的瓦尔比瑞人仍是曾经的沙漠居民中改变最少的一群。我们的目的地便是延杜穆。

延杜穆定居点的生活中心是一座高大的风车。它吱呀作响，从地下 100 英尺深处抽水，注入一只大水箱。这就是最强的束缚，将习惯迁徙游荡的原住民牢牢束缚在基地周围。附近的灌木丛中，他们用树皮、枝叶和波纹铁瓦搭成了杂乱的棚屋。他们总数约有四百人，看上去坚忍而骄傲。许多人身上都有吓人的伤疤，老人尤甚。那些让他们的大腿起褶的伤疤是他们自己造成的，是"哀悼之疤"——失去亲人之后，他们会用刀砍斫自己，显示自己的悲痛是多么深重。然而，那些肩上和背上的伤都是战斗的纪念。瓦尔比瑞人的一种战斗方式既简单，又体现出令人恐惧的坚忍。交手双方面对面盘腿而坐，一人首先向前俯身，将刀插入对手背部，而对手不抵抗。下一轮，挨刀的换成上一轮的出刀者。两人就这样相互捅刺，直到其中一方认输，或是因为失血过多而倒下。

就体格而论，这些人比我们见过的阿纳姆地原住民更强壮。他们胸廓粗圆，双腿肌肉发达。一个人如果穿得破破烂烂，围在货车旁等着接受每日供应的免费面粉和糖，就很难保持形象的尊严。然而这些人既不顺从，也不卑屈。当我们和一名男子交谈时，他能够直视我们的双眼。他和我们各有自己的标准。他和我们来自不同的世界。在这里，在两个世界相遇之处，他处于不利的地位。然而他和我们都一样清楚，如果我们失去了社会赠予的物质财富，被留在荒漠中孤立无援，那时他才是更强大的那一个。

　　要想一见面就和他们交上朋友并不容易。事先彼此打量必不可少。我们不能装出一副高高在上、仿佛是倚仗肤色和他们打交道的样子，也不能靠四处散发礼物来轻松收获善意。瓦尔比瑞人也会接受礼物，但只会认为我们愚蠢而浪费。我们第一个熟悉的瓦尔比瑞人是一位老人，名叫查理·贾伽玛拉。你总能在营地里看到他，因为他年纪大了，已经不适合学习许多年轻瓦尔比瑞人从事的放牧工作。然而他又不像部落中几位族长那样老迈得只能蹲坐在自己的棚屋阴凉里，等待每日发放的食物。他总是戴一项用粗草编成的、形似假发的怪帽子，上面密密捆着一束束用人发编织的丝线。他的两条大腿上满是深深的"哀悼之疤"，胸口上则是得自接纳仪式的长长割痕。除了裆间的一块破布，他很少穿别的衣服。作为一群居住在缺水沙漠中的人，他们顺理成章地没有洗浴的习惯和爱好。因此，每当查理攀上汽车，和我们坐在一起时，我们都会闻到一股刺鼻的臭味。我如果不承认这一点，就不够诚实。

　　我们向他解释说，我们迫切想了解他和他的族人"很久以前，按照瓦尔比瑞人的传统"如何在沙漠中生存。查理也不遗余力地向我们展示。

　　令人遗憾的是，我很难听懂他的话，因为他的皮钦语不像年轻人那样好。这样一来，我们在听他讲话的时候，经常并不清楚他想向我们展示什么。

　　进入丛林时，他通常会带上两三只回旋镖和一个投矛器。这种投矛器在功能上和我们在马宁里达见过的并无差别——其一端有一根木栓，可以卡在投矛器尾部的凹槽里，相当于延长了人的手臂，使矛在投出时得到更大的杠杆效力和力量。然而在形状上，这种投矛器与前一种大不相同。马宁里达的投矛器只是一块简单的窄木板，宽约1英寸。瓦尔比瑞人的投矛器更宽，两沿卷起，形成一只形状优雅、长达2英尺的窄长木盘，可以用来盛放东西。

此前我们还没有见过回旋镖，因为阿纳姆地的原住民并不制造这种东西。北方的丛林更密，让回旋镖变得毫无用处。查理的回旋镖也不能自己飞回来。那是东部和西部的原住民部落制造的回旋镖的特点。回归型的回旋镖有时被用于捕猎，比如在上方破空飞旋的回旋镖可以惊吓野鸭群，让它们飞入网罗，然而大多数时候它只是一种玩具。查理的回旋镖则不同，是一种武器。它们以长而沉重的硬木制成，尾部有一个短的弯曲，使重量得到完美平衡。瓦尔比瑞战士将回旋镖直接投向动物或是敌人，并不指望它回到手中，而是用它来杀伤目标。

为了方便我们，查理也将这些东西称为"回旋镖"和"投矛器"。这并非瓦尔比瑞人使用的名字，而是查理从白人那里学到的。这两个词就像"原住民歌舞会""迈沃人"之类欧洲人用于称呼原住民习俗和物件的名词那样，最初是波特尼湾等南方定居点的殖民者从当地部落那里学到的。这些名词成为英语的一部分，得以留存下来，而它们的创造者早已消失。

查理领着我们来到一道山梁上，径直走向一堆突出地面的石块，一边冲着它们比画，一边向我们露出笑容。他是在解释这些岩石在某些方面与众不同，很有价值。在我们眼里，它们与这片乱石丛生的荒野中的其他石块几乎一模一样。查理用一块卵石灵巧地敲了三下，从一块岩石上敲下了一堆石片。他拾起其中一片放在手上，向我们展示它有多么好用的锋刃。这还不是全部。查理又站起身来，招了招手。我们跟了上去。他步伐坚定，穿过一道畜栏，又经过第二处为牲畜挖掘的水坑，走进一条小山谷。在这里，他拾起一堆干枯扎手的鬣刺草，然后用一根木棍抽打草束。最后，他清理掉草叶，仔细搜集从草上落下的粉末，堆在一片树皮上。

查理从岩石上敲下一堆石片

接下来，他找到一根干裂的原木，用手中的硬木投矛器在原木的一条裂口上横向拉锯。原木冒起烟来，裂口中也多了一堆发烫的黑色粉末。他飞快地将这些粉末倒在一把草上，对着草束吹气。草束开始冒烟，然后燃起一团跳动的火苗。取得火种他只用了不到两分钟。随后，他在火上架起木柴，直到火苗变成熊熊烈焰，然后往火堆里扔了几块石头。等到石头被烧烫，他便用两根棍子夹出一块，扔在先前那一堆草末上，他的面容因为高温而扭曲。一阵咝咝声，一缕轻烟，那些草末便熔成一团类似软塑料的物质，因为其主要成分是鬣刺草茎秆上渗出后凝结的细小树脂。查理又往里面加了两三块烫石头，完成了整道工序。他小心地拾起这团软绵绵的东西，用两只手来回抛接，再把它裹在石片上，直到黏结牢靠。然后，他又把它伸近火堆，让它再次变得柔软可塑，以便改善其形状。就这样，他用岩石和草制成了一把完美的利刃，它足够坚固也足够锋利，可以用来杀死动物，也可以在战斗中给对手添加可怕的伤口。

另一天，他将我们带到了沙漠中的另一处地方。步履坚定地向前走了一段之后，他突然放慢步伐，开始仔细查看地面。最后，他终于发现了想要找到的东西——蚂蚁。费了好大力气，他才让我们留意到它们小小身躯上的一个小黄点。他的意思是，正是这个小黄点让这些蚂蚁与众不同。查理推开灌木，跟随这种沿着曲折路线急匆匆赶路的昆虫，直到它们钻进一个洞里消失不见。他就在这里开始挖掘，用回旋镖清理红土。挖到 3 英尺深时，整个蚁巢的地道结构便完全暴露出来。查理把手伸到下面，灵巧地掏出一把又一把的琥珀色透明物体，其大小和形状都像是小弹子球。他递给我一只。那是活的蚂蚁，在其膨起的巨大腹部末端，六条细腿动个不停。查理用手指夹住其中一只的头部，把它整个儿放进嘴里，然后示意我照做。液囊一般软绵绵的蚁腹在我齿间迸裂，我尝到了温暖的蜜糖滋味。我露出笑容。查理咂巴了一下嘴唇，哈哈大笑。

这些蚂蚁是蜜罐蚁。它们中的工蚁在丛林中忙碌奔走，搜集沙漠植物在短暂雨季中分泌的蜜露。它们不像蜜蜂那样把蜜露存在蜂房中，而是喂给蚁巢中的新生工蚁，直到后者膨大到无法移动。这些被喂饱的工蚁就攀附在地道顶上，像一只只有生命的罐子一样守

搜集蜜罐蚁

护着腹中的蜜露。到了旱季，当食物不再随处可得时，蚁群中的其他成员才会让它们把蜜露交出来。

查理无法把他们在沙漠中维持生存的技巧向我们一一展示。有的工作对他来说太不体面，只能由女人来完成。我们理解这一点，于是问他能不能领我们去看看女人们在哪里搜集根茎和种子。然而这并不容易。在马宁里达，丛林存在着隐形的边界，被划分为不同部族的领地。延杜穆也存在着类似的地理分割。毗邻营地的一大片区域就是专属于女人的。任何闯入的男人，尤其当他是独自一人时，都会被怀疑抱有不可告人的动机，很可能引发与某个疑心丈夫之间的战斗。在犹豫一阵之后，查理做出让步，只要在他的三名妻子之一和一名少女的陪同下我们一起进去，就不会造成任何丑闻。我们乘车一起出发。然而，刚刚来到女人们认为可以停车的地点，查理又改了主意，觉得他留在车上更好，而我们也不要走到车周围几码的范围之外。女人们拿起长长的挖掘杆，开始清理一丛低矮的金合欢树下的土地。这种挖掘杆用重木制成，两头尖锐。她们用它们挖出根茎，将之劈开，然后从许多被劈开的根茎里掏出一条条肥大而扭动的白色蛴螬，这是一种钻木甲虫的幼虫，这些女人当场生吃。

查理声称自己年纪太大，已经不能狩猎，建议我们跟随一些更年轻的男人出去。当我们放出风声，说可以用汽车载一群猎人进入沙漠时，志愿者便纷纷而至，因为乘车出发意味着可以抵达更遥远的荒野，很少有人去那么远的地方捕猎，因此那里的猎物不会太稀少。四个将与我们同行的男人先开了一个短会，以决定我们应该前往荒野中的哪个区域。他们最后选中了15英里外的一个地方，不仅因为他们确信那里会有很多动物，还因为那附近有一处小水源，以及一株按他们的估计正在开花的树。

一切完全如他们所料。我们来到一座花岗岩裸露的低矮山丘，在一侧山坡上的一条褶皱里找到了水。饮水之后，他们走向那株开满黄花的树，摘下一把把有着肥厚花瓣的花朵吃了起来，享用着花蜜的滋味。吃饱喝足后，他们拿起回旋镖，扛起矛和投矛器离开了。我们没有跟上去，因为我们的陪同会大大降低他们狩猎成功的机会。猎杀袋鼠需要潜伏技巧，也需要在袋鼠看向自己所在方向时保持纹丝不动。我们很清楚自己是蹩脚而又吵闹的猎手，因此留在花岗岩山丘上，用双筒望远镜观察他们。

他们散开来，陆续开始在地面寻觅踪迹。所有依靠狩猎为生的人，都拥有在城市居民眼中近乎神奇的观察能力和推理能力，但我们很难想象还有什么人比这些原住民更有狩猎技巧。细微的踪迹很容易被缺乏经验的观察者错过，他们却不仅能立刻看出留下踪迹的是哪一种动物，还能判断出这只动物的年龄、性别、体型，是健康还是有伤。更惊人的是，他们甚至能辨认出部落中每个熟人的脚印。因此，如果有不请自来的陌生人侵入他们的地盘，他们总能迅速发现对方的行踪。

延杜穆的一个欧洲人曾向我们讲述这样一个故事。一个老人在灌木丛林中行走时，在沙地上发现了一只隐隐约约的脚印。他认出那是他多年未见的兄弟留下的。从踪迹判断，他的兄弟经过该地是在几天以前，但这个老人还是立即决定沿着它追下去。他追踪了整整五天，终于在一处水源遇到了在那里扎营的兄弟。两人坐下来叙话，聊了一天两夜。然后，老人又花了整整五天才返回延杜穆。

没过多久，我们带来的猎手就发现了袋鼠的踪迹。由于需要严格保持安静，他们在追踪时彼此保持数百码间隔，像赛马场上的赌注登记人那样用一种丰富的手势语言交谈。很快，他们就从我们的视野中消失了。不出一个小时，三个人全部返回，每人肩上都扛着一只袋鼠。他们决定立刻将其中一只烤熟。他们像查理一样用投矛器生起火来，在火种上堆起树枝。他们先将袋鼠开膛，去掉一部分内脏，小心翼翼地不弄破胆囊，然后将还未剥皮的袋鼠扔进火堆。在火苗渐渐熄灭时，他们将柴灰堆在袋鼠身上，然后在树荫下睡起觉来。半小时之后，袋鼠肉已熟，多汁而鲜嫩。

就这样，瓦尔比瑞人向我们展示了他们如何倚靠技巧和知识在这片荒野上生存下来。其他种族的许多人却因为对此缺乏了解而在此地丧命。习得这些技巧和知识是因为瓦尔比瑞人别无选择，其完善则经过了一代又一代人的努力。现在，他们来到延杜穆，学到了不同的技巧。男人们在基地中接受成为畜牧工的训练，学习如何套住牲畜，照料它们，给它们打烙印，学习如何聚拢畜群和寻回走散的牲畜。他们成群结队，在荒漠中建起篱笆，以阻止畜群乱跑。技术格外出色的人会被派往附近的牛场担任畜牧工。女人则学习缝纫、洗衣和烹饪。一位浸信会传教士在这里工作了许多年。两名教师每天给孩子们上课。还有一位主管每周两次将老人们召集起来开会，讨论基地的工作和进展。我参加过他们的会议，当时他们讨论的是政府即将为他们修建的一片新房的选址问题。关于谁应该成为首批入住者，他们展开了长久的争论。主管在倾听时表现得极为耐心。一名瓦尔比瑞少年坐在他身边担任翻译。这个孩子在襁褓中就成了孤儿，由传教士抚养长大，说一口漂亮的英语。

少年看起来有些紧张，这不难理解，他肩负重大责任，也承受着巨大压力。一方面，他的养父母和白人群体中的其他成员期待他根据其基督教背景的道德与习俗行事。可是在白人群体中，他总会意识到自己来自一个完全不同的种族，没法感到自在。另一方面，他的血亲——那些老迈而坚忍的战士，以及那些在荒漠中接受艰苦训练的同龄人——都知道他并不是一个真正合格的瓦尔比瑞人，因为他不曾经历他们经历过的种种接纳仪式和其他仪式，他身上没有仪式留下的伤疤。就在不久前，他还遭遇了一场危机。主管急于了解部分长者对他的一个计划的反对程度，要求少年帮他翻译。长者们提出异议。他们要讨论的事情不可让一个没有经历过接纳仪式的人知晓。最后，双方达成妥协。他们要带走少年，在他的拇指指甲上刻上一个仪式符号。然而这并非完整的接纳仪式，因此人们怀疑它是否能真正解决问题。这名少年的遭遇毫不让人羡慕。

有一天，我们留意到一群男人坐在营地外的远处。我朝他们走过去，在大约还有 100 码的距离停下。他们大多数是身穿长裤、头戴宽边帽的牧人，但我发现查理·贾伽玛拉也在其中。他招手邀请我过去。这些人正在他们的木盾上描绘图腾符号。"他们为什么画这些东西？"我问查理。

"很快——小男孩们——他们要割。"查理说。

"什么时候？"

"不知道，"他回答我，"这不是我的梦境。我不是这里的头头。到明天，我做仪式。你愿意来，我就让你看看。"

我们让查理信守承诺。第二天，他领着我们进入丛林中的另一处地方。那里有十多个人正坐在一片树荫下，大多数是老人。其中有几人除了裆部垂着一小块遮羞布之外，什么也没有穿。气氛看起来相当友好。人们开着玩笑，不时发出笑声。一个男人开始唱歌，另一个则拿起两只回旋镖相互敲击，给他打着拍子。他们开始往自己身上涂抹混合了袋鼠油的红色赭石颜料。

接下来，他们又开始在另一个人身上描画装饰。这个人是仪式的主角。一个帮手正用草叶在他的头上编织一顶蘑菇形的帽子——为了将帽子系牢，还用了好几码以人发织成的丝线。这个帮手一边干活，一边尖叫，同时将伸开五指的手掌放在嘴前，使自己的叫声变成一种尖锐而吓人的颤音。他们从锈铁罐里抓出一把把或白或棕褐的毛茸茸的棉花种子，将它们贴在主角身上。渐渐地，主角背上出现了一个螺旋形的棕褐色图腾符号，以白色为背景。他变成了一条蛇。就在别人在他身上描画时，这个"蛇人"摇晃双肩，抽搐起来，仿佛全身都在战栗。人们往他的胸口、背上和头饰上粘贴羽绒，最后连他的脸也被贴满，让他的五官隐藏在一张不可名状的面具背后。羽绒像苔藓一样，垂在他的鼻子上，又遮住他的双眼和嘴巴。

在许多方面，这个仪式所代表的信仰都与阿纳姆地的马加尼及其族人的信仰惊人地相似。瓦尔比瑞人认为世界和世上万物都产生于梦境时代。创造它们的生灵和事物行遍大地，变出岩石和水源，又举行种种仪式。在这些仪式上，梦境时代的生灵就像眼前这个蛇舞者一样，摇摆身体，抖落上面的绒毛，为周围带来生机。它们摇落的颗粒被称为"古鲁瓦利"，是一切生命的源头。今天的袋鼠的生命正来自古时袋鼠的古鲁瓦利。因此，从某种意义上说，梦境时代仍存在于今天的袋鼠身上。与此类似，进入女人子宫的也是古鲁瓦利。至于所有梦境时代的生灵穿过这片大地时所走的具体路线，人们知道得一清二楚。因此女人只要回想自己在受孕时身处何地，就能知道自己的孩子所属的图腾。这样一来，亲兄弟也可能属于不同的图腾，而不同氏族的人之间也可以有亲缘关系，因为他们的母亲在怀上他们时位于同一个古老仙灵路线上的不同地点。

梦境时代尽管属于过去，却又与当下共存。通过仪式，一个人可以和他的"梦境"合二为一，从而感知永恒。他们举行这些仪式也正是为了寻求这种神秘的融合。不过他们的表演还有其他目的。在表演中，人们表达自己对古鲁瓦利的珍爱，从而确保他们所属的图腾动物能繁衍不息。有时他们也会让新近通过接纳仪式的男人来观看仪式，让他们学会仪式的歌谣并见证神秘。有时并无新人在场，举行仪式只是为了巩固氏族与图腾的统一，并证明彼此间的血脉联系。通过对这些秘仪的共同参与，通过准备过程和表演过程中的分工与合作，联结他们的纽带得以加强。

在蛇舞仪式上，我们认识了蒂姆。在场众人中，他属于最年轻的一批之一。我们在表演结束后和他攀谈起来。蒂姆对沙漠之外的世界相当熟悉。战争期间，他在军方得到过一份开卡车的工作。有此经历的瓦尔比瑞人寥寥无几。他曾多次驾车走完"柏油路"全线，对艾丽斯斯普林斯很熟悉，也去过达尔文，甚至还坐过一次飞机。现在，他是这个定居点的货车司机。蒂姆很了解白人的生活方式，然而他所见过的一切都不能削弱他对自己的古老神祇的忠诚。他在谈到这场仪式时充满了感情，迫切想让我们接受其重要性和力量。正是他向我们提出建议，让我们跟随他去见证大地上第一条蛇出现时所在的圣石。

我们开着车出发了。查理和另外两名参加了仪式的老人与我们同行。在蒂姆的指引下，我们把车开到了一处偏僻的山谷。山谷的一侧有一块长长的悬空岩面，上面画满了各种动物、符号和人形。"这就是梦境之地。"蒂姆指向它。

他领着我们来回走动，为我们指出各种不同的图案，告诉我们每个图案对他的族人来说意味着什么。我们在谈论时，查理和另外的老人走到了岩石的另一端。此前他已从一块石头后面取出一罐白色赭石颜料，正往岩面上绘制另一个图案。

此时已经超过我们原定返回伦敦的日期。旅程结束了。在返回艾丽斯斯普林斯途中，我们的车罢了工。它在荒漠中饱受种种撞击摧残，不经彻底检修已经无法继续陪伴我们走完前往达尔文的1 000英里路程。我们把它留在了一座车库里，让它乘坐"陆上列车"回到达尔文。

我们自己只能选择乘坐飞机返回。北领地横亘在我们下方，斯图尔特公路看起来只是地面上的一道细细划痕。为了探索这片大地，许多人付出了生命。种植者和牧场主都曾想占领它，却都遭到失败。勘探者因为在这里寻找矿藏而丧生。杰克·马尔霍兰和博罗卢拉的其他人选择在这片孤寂中隐藏自己。然而，只有遵循传统方式的原住民无须凭借外力就能在这里活下来。他们与白人不同，从不试图成为这里的主人。他们并不想驯服动物，也不想开垦沙地，这片土地却提供了足够的滋养，让他们的灵魂继续栖居于他们的身体。作为回报，原住民崇拜这片土地。这里的岩石和水源都是他们神灵的创造，而神灵走过的道路都成为圣迹。或许，没有人能像他们一样理解这片土地，同时接受它的美丽与荒蛮。

很快，连斯图尔特公路也从视野中消失了。我们眼中只剩下一片空旷的干旱沙漠。零星的灌木丛点缀其间，一成不变地向天际延伸。

"天际线"丛书已出书目

云彩收集者手册

杂草的故事（典藏版）

明亮的泥土：颜料发明史

鸟类的天赋

水的密码

望向星空深处

疫苗竞赛：人类对抗疾病的代价

鸟鸣时节：英国鸟类年记

寻蜂记：一位昆虫学家的环球旅行

大卫·爱登堡自然行记（第一辑）

三江源国家公园自然图鉴

浮动的海岸：一部白令海峡的环境史

时间杂谈

无敌蝇家：双翅目昆虫的成功秘籍

卵石之书

鸟类的行为

豆子的历史

果园小史

怎样理解一只鸟

天气的秘密

野草：野性之美

鹦鹉螺与长颈鹿：10½章生命的故事

星座的故事：起源与神话

一位年轻博物学家的探险

前往世界彼端的旅程